최근 국제협약 개정에 따른

최신항해실습(V)

The Essential Guide to Navigation

김종성
이윤석
조익순
전해동
배병덕
윤귀호 공저

도서출판 상학당

欲爲大者 當爲人役

크고자 하거든 남을 섬기라

머리말

해기사의 직무능력에 대한 국제적인 최저 기준을 제시하는 국제해사기구(IMO)의 STCW 협약(선원의 훈련, 자격증명 및 당직근무의 기준에 관한 국제협약)은 1978년 채택된 이래로 1995년 대폭적인 협약개정을 거쳐 최근 2010년 마닐라 개정까지 많은 변화를 거쳐 왔다.

1995년 STCW 개정 협약에는 선원의 교육과 훈련목적 및 성취해야 할 능력의 향상, 해기사 시험 평가기준 설정 및 해기사 교육기관에 대한 내부 및 외부 감사제도 설정의 국내법 입법화 등이 추가되었으며, 특히 당직 해기사로서의 임무를 수행할 수 있는 능력의 평가를 강조하여 해기면허를 발급하는 주무관청이 승인한 훈련기록부에 실습생의 승선실습 내용을 기록하도록 하였다.

2010년 STCW 개정 협약에는 선교자원관리(BRTM), 전자해도(ECDIS), 해상교통관제(VTS), 조난신호 및 모르스 부호 해독능력(single letter), 선위통보제도, 탱커선 해기능력 및 시험제도, 선박보안기초교육 등의 내용이 기존 해기능력표에 추가되었다. 개정 협약은 2012년 1월 1일 발효되었으며, 2017년 1월 1일까지 경과규정을 두고 있으나, 모든 개정사항은 이미 해사대학 교과과정에 반영되어 진행 중이다.

따라서 항해계열 학생들은 최근 개정된 STCW 협약의 제II/1조 및 STCW 코드의 제A-II/1의 기준에 따라 교육 및 훈련을 이수해야 하며, 이러한 최근 국제협약의 동향을 반영한 적합한 항해실습 교재의 필요성이 대두됨에 따라 이 교재가 만들어지게 되었다.

이 교재의 주요 구성은 다음과 같다.

- 최신항해실습(I) : 당직근무, 항해학, 해상안전
- 최신항해실습(II) : 항해기기, 해사 / 통신영어
- 최신항해실습(III) : 선박운용, 선박적화, 선체구조 및 정비
- 최신항해실습(IV) : 선박보안 및 안전관리, PSC, 해양사고비상대응
- 최신항해실습(V) : 선화운송, 탱커운송

이 교재는 최근 STCW 개정 협약을 반영한 항해계열 3학년 교과과정에 맞춰 구성되었으며, 정박 및 항해 중에 필요한 이론 및 실습의 내용에 대한 체계적인 정리를 통해 실습생이나 수업에 임하는 교수 모두에게 편리한 교재가 될 것으로 예상한다.

부족한 교재이지만 아무쪼록 이 교재가 항해계열 실습생의 교육 및 훈련에 도움이 되길 바라며, 앞으로도 지속적인 개정 및 보완을 할 것임을 다짐하는 바이다.

끝으로 이 교재의 편집과 출판에 많은 도움을 주신 도서출판 상학당 관계자에게도 감사의 말씀을 전하는 바이다.

2016. 3.

저자 일동

차 례

제 I 편
선화운송

제Ⅱ편
탱커운송

제 I 편

선화운송

제1장 컨테이너선
제2장 벌크선
제3장 자동차운반선

제1장

컨테이너선

1.1 컨테이너선 운항의 개요
1.2 컨테이너선의 화물
1.3 컨테이너선의 선체
1.4 컨테이너선의 시스템
1.5 화물운송 절차
1.6 컨테이너 터미널의 개요

1.1 컨테이너선 운항의 개요

1.1.1 컨테이너선의 발전과정

1950년대 중반경 미국의 철도회사가 Piggy Back System(TOFC : Trailer On Flat Car) 라고도 하며, 철도차량 위에 컨테이너(container)를 적재한 트레일러를 실어 수송함으로써, 철도 및 도로수송의 효율성을 제고한 수송방식)이라는 혁신적인 철도 운송방법을 개발함으로써 철도 및 도로의 연계운송이 가능하여졌으며 이것이 컨테이너 운송의 기초가 되었다.

해상에서는 1956년 4월 SEA Land사의 전신인 Port Atlantic사에서 뉴욕과 휴스턴 항로에 60개의 컨테이너를 적재한 개조선박을 투입함으로써 해상 컨테이너 운송의 효시가 되었다. 그 후 SEA Land사는 1966년 4월 미국 유럽간의 국제항로에 처음으로 Full Container선을 투입하였고, 뒤이어 1967년에는 미국의 Matson사가 NYK 및 소화해운과 연계하여 일본~PSW간 정기항로를 개설하였다.

계속하여 1968년에는 American Mial Line에 의해 극동~PNW간 정기항로가 개설되었고, 1969년에는 호주~유럽 항로 및 호주~극동항로, 그리고 1970년에는 극동~New York 항로가 각각 개설되었다.

〈표 1-1〉 컨테이너선의 세대 구분

세 대	연 대	적재능력	선박의 길이	선박의 형태
1 세대	1956~1975	1,000TEU 이하	137~192m	개조 선박
2 세대	1970~1990	2,000TEU 전후	220~280m	풀 컨테이너선, 터빈
3 세대	1980~현재	3,000TEU급	260~290m	파나막스, 디젤
4 세대	1988~현재	4,000TEU급	270~290m	포스트 파나막스
5 세대	1991~현재	5,000TEU급	300m 이상	포스트 파나막스
6 세대	1996~현재	6,000TEU급	310m 이상	슈퍼포스트 파나막스
7 세대	2000~현재	7~9000TEU급	330m 이상	슈퍼포스트 파나막스
8 세대	2006~현재	1만~1만3천TEU급	350m 이상	수에즈막스
9 세대	2014~현재	1만8천~2만TEU급	400m 이상	포스트 수에즈막스, 에코십
미래의 컨테이너선				고속, 소형화, LNG 추진

우리나라에서는 대한해운공사가 1972년 Container Feeder선 '인왕호'를 한일 간에 처음으로 취항시킨데 이어 1975년 첫 Full Container선인 'Korea Woins One호'를 극동~PNW간 항로에 취항시켰다.

1. 1세대 컨테이너선

1세대 컨테이너선은 선박의 길이가 137~192m이며, 적재능력 1,000TEU 전후의 선형이다. 주로 1960년대 후반에 출현한 세미 컨테이너선 및 풀 컨테이너선으로 1960년대 이전에 개조된 일반화물선과 1960년대에 개조된 탱커가 모두 1세대선에 속한다.

1960년대에 건조된 컨테이너선은 기본적으로 수에즈 운하의 경유를 전제로 설계된 선형이기 때문에 비교적 속도가 느리고 작은 편이다. 전형적인 1세대선의 제원을 보면 1,300~1,600TEU급으로 32,000마력의 증기터빈을 탑재하고 스크류는 하나이며 속도는 21~22노트 수준이다. 기관실은 선미에 있고, 컨테이너는 9열 5단적으로 적재되며, 선체의 길이는 215m, 폭 30.5m, 흘수는 11m이다.

[그림 1-1] General Cargo Ship

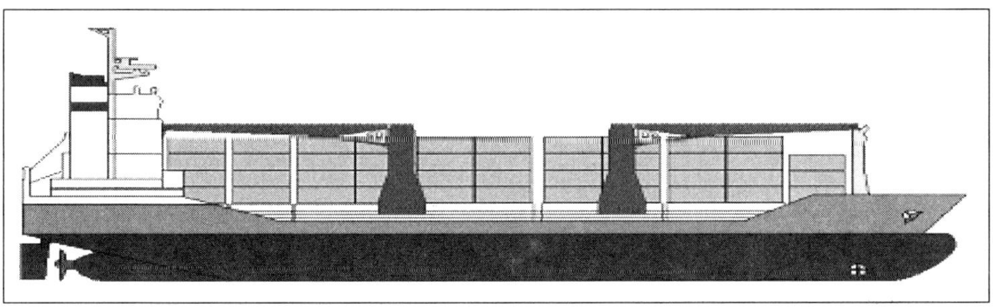

[그림 1-2] Multipurpose Container Vessel

그러나 이들 1세대선들이 채 진수되기도 전인 1967년 6월 3차 중동전 이른바 6일 전쟁이 발발하여 수에즈 운하가 봉쇄되고 만다. 따라서 신조 취항선들은 멀리 희망봉을 돌아 오랜 항해를 하지 않으면 안되었다. 따라서 새로운 환경, 즉 장거리 항해에 적합한 2세대선이 곧이어 설계되기 시작하였다.

2. 2세대 컨테이너선

수에즈 운하의 봉쇄로 장거리 항해를 위한 대형 고속선이 등장하면서 2세대로 접어든다. 1970년대에 새로이 등장한 2,000TEU 전후의 풀 컨테이너선으로 8만 마력의 증기터빈을 탑재하여 26노트 이상을 내는 대형 고속선을 2세대 컨테이너선으로 정의할 수 있다.

그런데 선박의 대형화시 직면하는 문제가 파나마 운하 가툰 갑문(Gatun Dock)의 통과이다. 갑문 6개 길이가 각각 302m, 폭은 33.5m, 수심 12.2m에 불과해 근본적으로 파나마 운하가 선박의 대형화에 크나큰 제약요인으로 작용했다.

전형적인 2세대 컨테이너선의 제원을 보면 2,300TEU에 길이 290m, 폭 32.3m, 흘수 12m, 선창은 선교 앞에 6개 그리고 뒤에 2개, 10열 9단적으로 적재되고 선창에 1,900TEU, 갑판상에 400TEU를 적재되어 있다.

따라서 흔히 말하는 파나막스 컨테이너선은 이미 2세대 컨테이너선으로 시발되고 있음을 알 수 있다. 그러나 아직도 1세대 컨테이너선이 그 태반을 이루고 이른바 파나막스선은 그 비중이 작아 2세대 컨테이너선을 파나막스선으로 통칭하지 않는 것 같다. 파나막스선이라는 용어가 일반화된 것은 3세대 컨테이너선, 즉 3,000TEU급이 등장하면서부터이다.

1975년 8년 만에 수에즈 운하가 개통된다. 이제 다시 크고 빠른 선박들이 수에즈 운하를 통과함으로써 경제성에 대한 문제가 제기되었다. 더욱이 1973년 10월의 1차 오일 쇼크로 이들 연료 다소모형 2세대 컨테이너선은 진수가 되자마자 비경제선으로 전락한다.

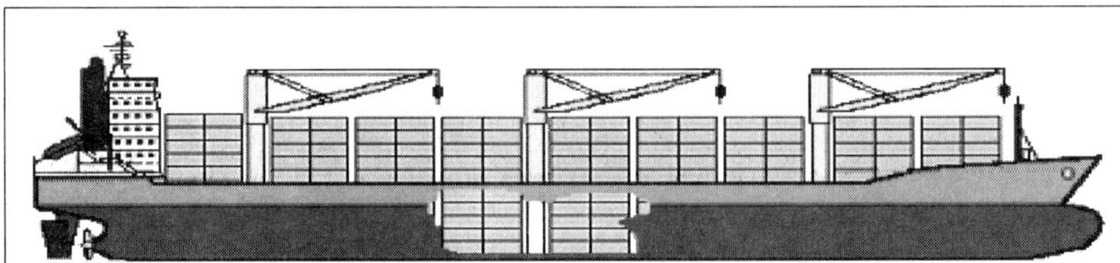

[그림 1-3] 2nd Generation Container Ship

나아가 1979년 2차 오일쇼크로 대부분의 대형 고속 2세대 컨테이너선들은 연료절약형 디젤엔진으로 개조되거나 추진방식을 변경하게 된다.

3. 3세대 컨테이너선

3세대 컨테이너선은 대체로 3,000TEU급 파나막스선과 4,000TEU급 파나막스선으로 구분된다. 한마디로 3세대 컨테이너선은 연료절약형 엔진을 탑재하여 운항비 절감을 목표로 한 선형이다. 1980년대 들어 규모의 경제를 통한 경쟁력의 강화, 원가절감에 초점이 맞추어지면서 다시 대형선이 선호되고 속도는 줄기 시작하였다.

예컨대 1986년에 건조된 에버그린의 'Ever Guest호'는 46,411dwt, 53,240총톤, 길이 241.66m, 폭 32.31m, 깊이 19.16m, 흘수 11.63m, 3,428TEU, 23,180마력의 저속 디젤엔진 1기를 장착하여 21노트를 내는 선박이다. 1991년 건조된 'Nedlloyd Asia호'는 길이 226.0m, 폭 32.26m, 깊이 23.25m, 흘수 12.5m, 41,600마력의 엔진에 스크류 하나, 21.5노트, 48,508총톤, 3,568TEU급으로 선원 15명이 승선하고 있다. 이들 3세대 컨테이너선들은 2세대 컨테이너선들에 비해 적재효율이 크게 증대되었다.

고속선은 선체가 날렵한 유선형으로 적재능력에 한계가 있었으나, 저속선은 굳이 유선형일 필요가 없으므로 적재능력을 상당히 늘릴 수 있었다. 또한 엔진이 작아져서 기관실과 연료창이 줄어 그만큼 적재공간이 늘어났고, 2세대 컨테이너선의 갑판적은 4단인데 반해 4세대 컨테이너선은 5단으로 설계되었기 때문이다.

1970년대 초의 증기 터빈의 연료소모가 마력/시간당 190g이었는데 비해 저속 디젤엔진의 경우 124g에 지나지 않아 3세대 컨테이너선은 하루 150톤 이하를 소모한다. 승선인원도 2세대 컨테이너선의 경우 45명이나 되었으나 자동화에 의해 12~14명선이면 충분하였다. 그러나 여러 가지 사정을 이유로 유럽선의 경우 23명선, 에버그린은 16명을 승선하게 하고 있다.

4,000TEU급 파나막스선은 USL의 슈퍼 컨테이너선, 일명 이콘선(Econship)으로부터 시발한다. 1977년에 USL을 매입한 맥린(Malcom P. McLean)은 SEA Land사의 경영시절부터 꿈꾸어 오던 세계일주 서비스를 위해 대우조선과 1883년 4월 21일 초대형 컨테이너선, 12척을 1984~1985년간에 인수받는 조건으로 5억7,000만 달러에 선소계약을 체결한다. 이 배들은 공히 4,458TEU, 57,800dwt, 52,000총톤, 18,700순톤에 길이 289.5m, 폭 32.2m, 깊이 21.5m, 흘수 10.7m, 28,000마력의 엔진을 장착하여 18노트를 낼 수 있는

파나막스 저속선들이다.

USL은 1984년 12월 3일 네 번째 선박의 인수와 동시에 공식적인 세계일주 서비스의 개시를 선언한다. 그러나 1985년 9월 12번째의 선박을 인수한 이후 1년 동안의 누적적자가 5억달러에 달해 1986년 11월 24일 법정관리를 신청하고 재기를 위해 안간힘을 썼으나 마침내 1987년 5월 도산하고 만다.

한편, 최근에도 4,000TEU 이상이면서 파나막스선인 제3세대 컨테이너선이 계속 발주, 건조되어 제4세대 컨테이너선인 포스트 파나막스선과 함께 공존하고 있음을 볼 수 있다. 1988년에 건조된 Maersk Line의 'Marchen Maersk호'는 52,191총톤, 4,422TEU, 길이 294.32m, 폭 32.26m, 깊이 21.52m, 흘수 13.52m, 57,675마력의 엔진에 스크류가 하나인 24노트를 내는 선박이다.

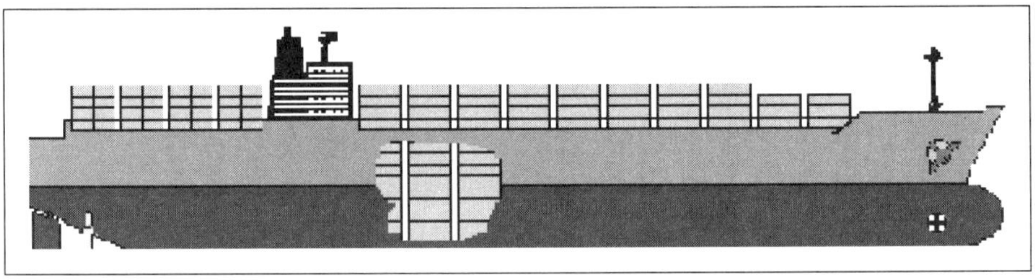

[그림 1-4] 3rd Generation Container Ship

4. 4세대 컨테이너선

4세대 컨테이너선은 4,000~5,000TEU, 길이 262~290m로 이른바 포스트 파나막스선이며, 1988년 이후에 등장한 선형이다. 대표적인 4세대 컨테이너선은 1988년 4월 15일에 진수된 APL사의 C-10선이다.

C-10선은 61,785총톤, 길이 275.22m, 폭 39.41m, 깊이 23.63m, 흘수 12.73m,

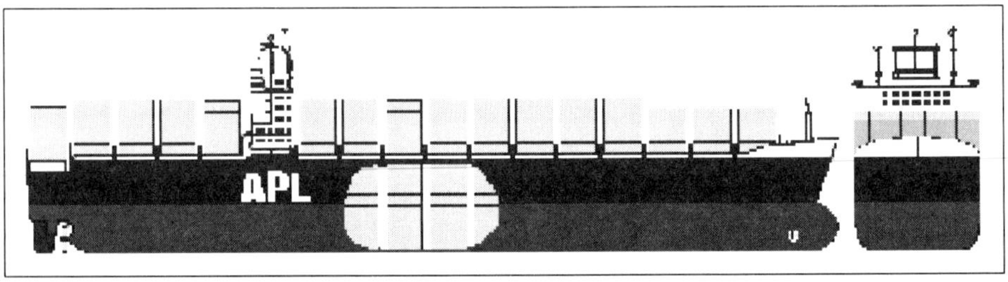

[그림 1-5] 4th Generation Container Ship

4,340TEU, 57,000마력의 디젤엔진을 장착, 하루 연료 150톤을 소모, 24.25노트를 낸다. 파나막스선의 선폭이 32.3m인데 반하여 C-10선의 선폭은 39.41m로 7m나 넓은 것이다.

포스트 파나막스선인 C-10선과 파나막스선인 USL의 이콘선의 장단점을 비교해 보면, USL의 이콘선은 4,480TEU급 선으로 파나막스이면서 포스트 파나막스인 C-10선보다 적재량이 많고 길이가 같다. 그러나 C-10선은 길이 대 폭의 비가 7 : 1이 되어 그 비가 9 : 1인 이콘선에 비해 공학적으로 안정성이 높아 밸러스트의 양이 적고, 본선 내의 적부시간이 단축된다. 즉, 이콘선은 선폭이 좁아 본선의 안전을 위해 배수량의 25%에 달하는 밸러스트를 필요로 하지만 C-10선은 5%면 충분하여 약 1만톤의 중량차이가 나게 된다.

컨테이니선의 경우 적재중량은 그다지 문제가 되지 않지만 1만톤은 연료효율면에서 큰 차이를 보인다. 또 이 선박은 전후의 중량배분을 위해 본선 내에서 컨테이너의 이동이 필요한데 비해, C-10선은 중량배분에 그다지 유의하지 않아도 되므로 항만에서의 정박시간이 이콘선보다 짧아진다.

5. 5세대 컨테이너선

길이 300m 이상 5,000~6,000TEU급을 5세대 컨테이너선이라 할 수 있다. 그러나 운항효율면에서 소형선보다는 대형선에 의한 대량 수송의 이익이 더 크고, 컨테이너 장치장, 겐트리크레인, 항만의 준설 등 컨테이너 기반시설의 현대화가 진전됨에 따라 대형선의 수용가능성이 높아지고 있으며, 선사 간 제휴에 의한 선복의 공동이용에 따른 적재율(Load Factor) 제고, 규모의 경제를 통한 경쟁력 제고의 실현, 거기에 최근 들어 낮은 수준의 신조선가에 힘이어 선박은 꾸준히 대형화되고 있다.

1994년 중반 현대상선이 5,046TEU급 5척을 현대중공업에서 건조하여 1996년에 북미항로에 투입하였다. 이 선박들이 취항하면서 5000TEU를 초과하는 최초의 선박이 되어 5세대 시대를 개막하게 되었다.

한편, 미스크(Maersk)는 원래 4,900TEU급 9척의 신조를 계획했다가 5,500TEU급으로 설계를 변경하여 건조하여 1996~97년간에 취항하였다. 그리고 중국의 COSCO(China Overseas Shipping Corp.)가 1994년 12월에 5,250TEU급 6척을 발주하여 건조하였고, 1995년 5월 영국의 P & O와 일본의 NYK가 제휴를 발표하고 뒤이어 6월에 5,800~6,300TEU급 선박을 각각 4척, 5척씩 신조하였다.

그러나 컨테이너선은 여러 면에서 제약요인이 남아 무한정 커질 수는 없을 것 같아

먼저 항만의 수심이 문제이고 선박의 적재흘수가 14미터 이상이 되면 소수의 항구를 제외하고 대부분이 항구가 수로 및 부두의 준설을 필요로 한다. 항문시설의 확충 및 준설은 예산문제뿐만 아니라 환경문제와도 결부되어 있어서 쉽지 않을 것이다. 그리고 컨테이너 터미널 내 또는 주변의 하부구조의 제약 및 야드 장비의 설계능력 제약 등으로 신속 하역이 방해를 받아 대형화의 이점이 상쇄되는 문제점이 있다.

그러나 이러한 문제점은 주요 항만들이 겐트리 크레인 및 야드 기기를 보완함으로써 점차 해소되었고, 더욱이 컴퓨터 및 통신 시스템의 개발로 컨테이너 하역의 능률을 크게 높일 수 있는 단계에 와 있다.

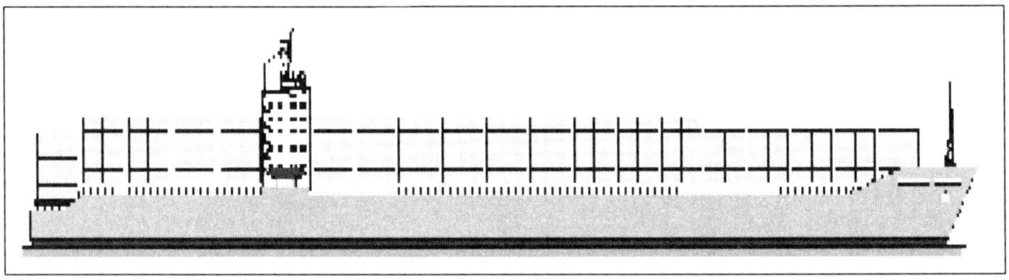

[그림 1-6] Silhouette of a 5th Generation Container Ship

6. 6~7세대 컨테이너선

길이 310m 이상 6,000TEU급을 6세대 컨테이너선, 길이 330m 이상 7~9,000TEU급을 7세대 컨테이너선이라 할 수 있다. 대표적인 6세대 컨테이너선은 1996년에 진수된 Maersk사의 Regina Maersk호이다. 덴마크의 오덴세 조선소에서 건조하여 유럽 - 극동항로 컨테이너 운송서비스에 정식 투입되었다. 이 선박이 취항함으로써 6,000TEU를 초과하는 최초의 선박이 되었고 대형화가 본격화되었다. 이 선박은 81,488 총톤, 길이 318.2m, 선폭 42.8m, 깊이 24.1m, 흘수 14.2m, 화물적재량 6,418TEU, 24노트로 운항할 수 있다.

대표적인 7세대 컨테이너선은 1997년 진수된 Sovereign Maesrsk호이다. Regina Maersk와 마찬가지로 덴마크의 오덴세 조선소에서 건조되었으며 8,000TEU를 초과하는 최초의 선박이다. 이 선박은 91,560 총톤, 길이 331.98m, 선폭 42.8m, 깊이 24.1m, 흘수 14.5m, 화물적재량 8,160 TEU, 최대 24.7노트로 운항할 수 있다. 선형이 3,000TEU급에서 6,000TEU급으로 두 배로 증대하는 데 약 24년이 걸렸다. 6~7세대가 컨테이너 선박대형화의 시발점이 되었으며, 2006년에는 Maersk사에서 최초로 수송능력이 10,000TEU를 초과하는 선박을 투입할 예정으로 있다.

7. 8세대 컨테이너선

길이 350m 이상 10,000~13,000TEU급을 8세대 컨테이너선이라 할 수 있다. 대표적인 8세대 컨테이너선은 2006년 8월 11일에 진수된 Emma Maersk(L-203 시리즈)호이다. 덴마크의 오덴세 조선소에서 건조하여 유럽~극동항로 컨테이너 운송서비스에 정식 투입되었다. 이 선박이 취항하면서 10,000TEU를 초과하는 최초의 선박이 되어 8세대 시대를 개막하게 되었다. 이 선박은 170,794 총톤, 길이 397미터, 선폭 56미터, 깊이 30미터, 흘수 16.02미터, 화물적재량 11,000TEU(실제 용량은 14,770 이상), 25노트로 운항할 수 있도록 실린더를 14개(RT-flex 96엔진)로 만들었다. 12개 실린더 엔진에서 낼 수 있는 최대 9만 3,360마력보다 1만 5,560마력을 더 낼 수 있는 규모이다.

Maersk Line을 뒤따라 COSCO와 ZIM Line이 10,000TEU급 이상 선박을 주문하였고 우리나라의 한진해운도 10,000TEU급 컨테이너선을 발주했다. 이제 남은 관심의 하나는 컨테이너선이 과연 어디까지 커질 것인가 하는 점이다. 여러 제약요인이 남아 무한정 커질 수는 없을 것이다. 많은 전문가들이 현재 기술과 운항여건을 고려할 경우 다음 세대의 선형이 15,000TEU 정도까지는 올라갈 것으로 내다보고 있다.

수에즈 운하와 말라카 해협, 그리고 파나마 운하의 통항 한계를 넘을 수 없다. 수에즈 운하의 경우 12,000~13,000TEU, 말라카 해협은 15,000TEU 그리고 확장될 파나마 운하(2016년 완공 예정)는 13,000TEU급 컨테이너선박에 운항할 수 없다. 즉 향후 다음 세대 컨테이너 선박은 15,000TEU가 한계로 예상된다.

8. 9세대 컨테이너선

2013년 18,000TEU Triple - E Class급의 최초 배인 Maersk M-kinncy Moller가 한국의 대우조선해양에서 건조되었다. 18,000TEU를 초과하는 최초의 선박이 되면서 극초대형 선박의 시대인 9세대의 시작을 알렸다. 이 선박은 165,000 총톤, 길이 399m, 폭 59m, 깊이 30.3m, 흘수 14.5m, 화물적재량 18,270TEU, 25노트로 항해할 수 있도록 43,000마력을 가진 엔진 두 개를 장착하였다.

Triple - E급 선박이란 Economy of Scale, Energy Efficient, Environmentally Improved

의 앞 글자를 딴 친환경 선박의 모델을 의미한다.

Triple - E급 선박은 현존하던 최대 규모의 선박인 Emma Maersk급(기존의 E급 선박)에 비해 길이 3m, 폭 4m씩 커졌을 뿐이지만 새로운 U자형 선체를 도입하여 E급 선박보다 2500개의 컨테이너를 더 실을 수 있게 되었다(Economy of Scale). 기존 선박에 비해 이산화탄소 배출량은 컨테이너당 50% 감소(Environmentally Improved)하였고, 20노트로 항해하였을 때 37%의 연료소모를 감소(Energy Efficient)시켰다.

[그림 1-7] Triple-E Class Container Ship

9. 미래의 컨테이너선

운송에 있어서 속도는 첫 번째로 꼽는 매력요소이다. 해상 컨테이너 운송의 많은 장점에도 불구하고, 결정적인 약점은 아직도 항공기에 비해 속도가 현저하게 떨어지는 것이다. 만약 선박이 40노트를 항해하여 대서양을 3일 만에 횡단할 수 있다면 많은 항공화물이 해양으로 복귀할 것이다.

이에 해상에서 보다 빠르고 효율적인 서비스를 제공하기 위한 갖가지 아이디어가 나오고 그것이 현실화 되고 있다. 사실 지금의 컨테이너선으로도 현재의 속도보다 40% 정도 더 빠르게 할 수 있지만 이러한 고속화는 많은 연료의 소모로 경제성에 문제가 생긴다.

따라서 선박의 고속화는 선박의 소형화와 강력한 소형엔진의 개발을 통해 가능하다. 미래의 컨테이너선은 대형화의 지속과 함께 소형화에 의한 고속화의 추진도 병행될 것으로 보여진다. 이에 발맞추어 일본, 미국 등이 현재 소형 고속 컨테이너선을 개발하고 있는 중이다.

일본의 경우 지난 1989년부터 일본 조선업계 7개사와 운수성이 참여하는 국가 프로젝트로서 '테크노 슈퍼라이너(Techno-Superliner)'를 개발 중이다. 이 테크노 슈퍼라이너라 하는 초고속 컨테이너선은 배수톤수 3,000톤, 적재중량 1,000톤 이상으로 컨테이너 150TEU와 항공기용 컨테이너 및 자동차 등을 적재하고, 25,000마력의 가스터빈을 장착 50노트를 낼 수 있는 초고속선이다.

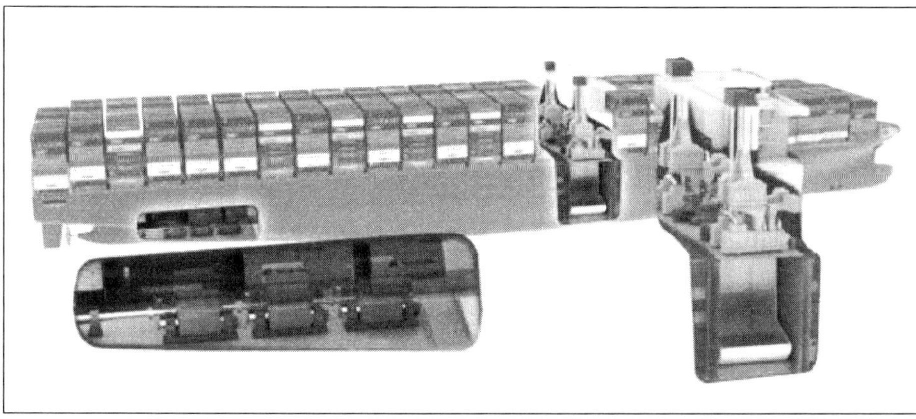

[그림 1-8] Piston Engine Room Free Efficient Container Ship

이외에도 기관실을 갖고 있지 않는 2만TEU급 초대형 신조컨테이너 선박을 프랑스의 엔지니어링 업체 GTT와 CMA CGM 그리고 DNV GL 선급이 공동 연구 중에 있다. 이 선박은 LNG 동력선으로서 가스와 증기터빈을 혼합하여 운항할 수 있으며 전기추진도 가능하다. LNG 탱크와 같은 높이의 갑판 실내에 가스와 증기 터빈의 통합된 시스템을 설치함으로써, 기존의 기관실이 차지하던 공간은 중유 연료 선박에 비해 컨테이너 약 300개 이상을 더 실을 수 있는 화물용량을 확보할 수 있다. 기관실이 없는 개념설계를 한 컨테이너 선박(Piston Engine Room Free Efficient Containership, PERFECt)은 매출을 늘리고 추가 운영비용을 줄일 수 있다. 이와 같은 개념설계를 한 선박은 현재 2만TEU급 스트로크 디젤형 초대형컨테이너선에 비하여 효율성과 유연성이 훨씬 우수할 것이다.

1.1.2 컨테이너의 운송특징

1. 정기선 운송

정기선(Liner) 운송은 크게 두 개 이상의 항구로 구성된 일정한 항로를 화물의 집화량에는 크게 관계없이 미리 공시된 운항계획에 따라서 규칙적으로 반복 운항하는 것을 말한다. 운송화물로는 주로 공산품, 반제품 등 일반화물을 취급하며, 불특정 다수의 화주를 대상으로 한 선하증권에 의한 개품운송계약에 의하고, 화물운임은 사전에 공시된 운임표(Tariff)상의 운임률이 적용된다. 정기선 운송의 특징은 다음과 같다.

1) 특정항로의 반복 운항

정기선 운송은 투입선박의 항로, 기항지, 출입항일자, 항해일수 등이 미리 정해져 있으며, 이러한 스케줄에 따라서 공시된 특정 기항지를 순차적으로 기항하고 주기적으로 항해하는 서비스를 화주에게 제공한다.

2) 공공 서비스의 제공

정기선 해운업자는 불특정 다수의 화물을 운송하는 보통운송인 또는 공중운송인으로서의 역할을 수행하여, 마치 육상 교통운송에서의 버스, 지하철 등의 대중교통수단과 같은 개념의 서비스를 제공한다.

3) 고가 서비스

정기선 운항은 주로 고가의 컨테이너선들을 이용하고, 화물로도 완제품 또는 반제품의 공산품이 주종을 이루기 때문에 부정기선이 주로 운송하는 화물인 원자재 또는 농산물, 광산물 등에 비하여 운임이 비싸다.

4) 표준화된 계약 서비스

부정기선 운송과는 달리 화물의 종류, 수량 등에 관계없이 표준화된 계약인 선화증권(Bill of Landing, B / L)을 사용한다.

5) 운임률의 공시

해당 항로에 따라서 취급하는 화물의 운임표를 사전에 작성하여 공시하며, 경우에 따라서는 관련 정부가 정기선 해운업자 또는 해운동맹에 운임율의 조정 및 신고를 요구할 수 있다.

6) 광범위한 조직

불특정 다수의 화주를 상대로 다양한 화물을 취급하고, 수많은 항구를 기항하고 또 내륙지역에서 영업활동을 해야 하기 때문에 지사, 사무소, 대리점, 현지법인 등을 설립하여 집화활동을 해야 한다.

7) 자본집약적 산업

특정항로에서의 안정적이고 반복적인 서비스 제공을 위해서는 적정규모의 컨테이너선대 확보, 컨테이너 용기확보, 내륙운송장비 확보, 전용터미널 확보, 전자정보교환(Electronic Data Interchange, EDI)구축 등이 필수적이며, 이를 위해서는 막대한 규모의 자본투자를 필요로 한다.

2. 개품운송계약

개품운송계약(Affreightment in a General Ship)은 운송인이 불특정 다수의 화주로부터 소량 화물의 운송을 위탁받아 이들 화물을 혼재하여 운송하는 것으로, 정기선의 화물운송에서 일반적으로 이용한다. 운송계약서는 따로 작성하는 것이 아니고, 선적 후 운송인이 발행하는 선하증권에 의하여 운송계약이 성립한다.

선하증권의 이면에는 각종 이면약관이 아주 작은 글씨체로 인쇄되어 있어서 일반 화주들은 간과하기 쉬운 부분이다. 경우에 따라서 한 하주가 동종의 대량화물을 운송하고자 할 때에는 별도의 특별 운송계약서를 작성하여 이용하기도 한다.

〈표 1-2〉 개품운송계약과 용선계약의 차이점

개품운송계약	용 선 계 약
1. 개개 화물의 운송을 계약함	1. 운송인이 선복의 일부 혹은 전부를 대절하는 계약형태임
2. 선박이 화물을 찾음	2. 화물이 선박을 찾음
3. 주로 정기선 운송에 이용함	3. 주로 부정기선 운송에 이용함
4. 특정항로에 정기적으로 행해짐	4. 불특정 항로에 부정기적으로 행해짐
5. 선형은 대형이고 고속임	5. 주로 선형은 중소형이고 경제속력임
6. 계약내용은 B/L 약관에 의함	6. 계약내용은 각각의 계약마다 따로 정해짐
7. 재운송(Cargo Relet) 계약을 허락하지 않음	7. 재운송 계약이 가능함

1.1.3 컨테이너선의 경영 및 운항

1. 컨테이너선의 경영

컨테이너선의 경영은 거액의 자본이 필요하기 때문에 위험부담이 매우 크다. 이로 인해 과거 재래 정기선의 경영에서는 볼 수 없었던 새로운 기업 경영형태를 가져오게 되었다. 현재 많이 채택되고 있는 컨테이너선의 경영형태로는 다음 3가지가 있다.

1) 스페이스 차터 방식

NYK, MOSK 등 일본 선사에서 주로 채택하고 있는 방식이다. 이 방식은 2개 이상의 선사가 1척 또는 수척의 컨테이너선을 소유하여 운항하고 ㉠ 그룹 내에서의 배선조정, ㉡ 터미널의 공동 사용, ㉢ 컨테이너 개수를 단위로 하는 멤버간의 스페이스 차터(Space Charter), ㉣ 컨테이너와 관련 기기의 상호 융통, ㉤ 그룹 내에서의 협의 배선 등을 행한다. 그러나 집화, 컨테이너선의 운항 등에 대하여는 각 사가 독립성을 갖고 있다.

2) 컨소시엄

컨소시엄(Consortium)은 거액의 자본을 필요로 하는 분야에서 멤버들이 공동의 목표를 달성하기 위하여 구성하는 기업연합체를 의미한다. 선박회사에서 실제로 행하여지고 있는 컨소시엄은 내용은 매우 다양해서 독립기업체에 가까운 컨테이너선의 운항과 집화기구를 일원화한 연합 서비스 형식을 취하고 있는 등 여러 가지 형태가 있다. 국제적 컨소시엄 결성의 좋은 예로는 1975년 한국, 일본, 대만, 싱가포르, 프랑스 및 벨기에의 5개 선사가 결성한 에이스 그룹이 있다.

3) 기업합병

기업합병(Conglomerate)의 예로 독일의 대표적인 선사인 Hapag - Lloyd Container Line과 네덜란드의 Barber Blue Sea Line을 들 수 있다. Hapag - Lloyd Container Line은 Hamberg-America Line과 Norddeutscher Lloyd 2개 선사에 의한 합병회사로서, 미국의 New York, Baltimore, Philadelphia, Norfolk와 유럽의 Antwerp, Amsterdam, Rotterdam, Bremen의 항로에 컨테이너선을 공동운항하여 터미널의 공동사용, 기기의 상호이용을 행하고 있다.

4) 해운동맹(Shipping Conference)

해운기업의 경영형태라고 볼 수는 없지만, 기업 간의 불필요한 경쟁을 지양하고 상호간의 이익을 유지, 증진하기 위한 목적을 가지고, 화물, 운임, 배선 및 기타 운송조건에 관하여 협정을 체결하는 것을 말하며 일종의 카르텔(Cartel)이다. 협정 분야에 따라 항로동맹, 운임동맹 및 공동배선 협정 등이 있다.

2. 컨테이너선의 운항

1) 컨테이너선의 특징

현재 운항 중이거나 계획 중에 있는 컨테이너선 운항에 대하여 그 특징을 말하면 다음과 같다.

① 선형의 대형화 : 대량수송과 항만하역이 기계화에 따라 선형의 대형화가 지속적으로 이루어지고 있다. 초창기인 1970년대에는 1,000TEU 내외의 선박이 주류를 이루었으나, 1980년대에는 2,000~3,000TEU급이, 1990년대에는 4,000TEU~5,000TEU급, 2000년대에는 6,000~10,000TEU급, 2010년대에는 11,000~18,000TEU급의 대형 컨테이너선이 취항하고 있다. 곧 2만 660TEU급의 초대형 컨테이너선의 출현이 예정되어 있다.

② 고속화 : 현재 취항 중인 신조 풀 컨테이너선의 속력은 모두 22노트 이상이며, 최고 30노트 이상도 가능한 풀 컨테이너선이 출현하고 있다. 이러한 고속화는 본선의 운항일수를 단축시켜 배선 척수의 감소와 대고객 서비스를 강화하는 이점을 가지게 된다.

③ 주기성 : 컨테이너선은 대고객 서비스를 안정적으로 제공하기 위하여 정해진 스케줄에 따라 주기성을 가지고 운항되는 것이 특징이다. 대고객 서비스, 항만사정, 배선간격, 선사의 능력 등을 감안하여 스케줄이 작성되며, 이는 다음에 기술하는 컨테이너선의 운항방식과 밀접한 관련이 있다.

2) 컨테이너선의 운항방식

① 피스톤 서비스(Piston Service) : 소수의 정해진 기항지 사이를 일정한 시차로 왕복하며 반복 수송하는 운항방식을 말한다. 피더 서비스와 함께 가장 기본적인 운항방식이며, 기항지 사이의 거리가 짧을 때에는 소수의 선박으로도 서비스가 가능하다.

② 피더 서비스(Feeder Service) : 컨테이너 물동량이 비교적 작은 지선 항로에는 소형의 피더 컨테이너선을 투입하게 되며 이를 피더 서비스라고 한다. 때때로 육상운송이나 항공운송을 통하여 연계 수송하는 방식을 취하기도 하는데, 넓은 의미에서 이것도 피더 서비스라고 볼 수 있다.

③ 시계추 서비스(Pendulum Service) : 일정한 항구를 중심으로 하여 동·서방향으로 시계추처럼 왕복하면서 수송하는 운항방식이다. 피스톤 서비스에 비해 통상 서비스 구간이 더 길고, 한 단계 발전한 운항 서비스이다.

④ 세계 일주 서비스(RTW(Round-The-World) Service) : 지구를 한 바퀴 돌면서 서비스를 하는 방식이다. 대형 선단과 잘 갖추어진 집화망, 터미널 시설 등을 필요로 하기 때문에 위험부담이 큰 운항방식이다.

1.2 컨테이너선의 화물

1.2.1 컨테이너 용어에 관한 정의

〈표 1-3〉 컨테이너 용어

용 어	영 어	정 의
자 중	Tare Weight	빈 컨테이너의 중량
최대 총중량	Max.Gross Weight or Rating(R)	화물을 적재하였을 시의 최대 중량
최대 적재중량	Max.Pay Load(P)	최대 총중량에서 자중을 뺀 중량
외부 치수	Overall External Dimensions	컨테이너 외부의 높이, 폭, 길이에 항구적인 부속품을 포함한 최대치
내부 치수	Internal Dimensions	높이는 Roof 하면에서 Floor 상면까지의 치수, 폭은 Side Lining의 내면간 치수, 길이는 Door Sheet의 내면에서 앞벽 내장까지 치수
내부 용석	Unobstructed Capacity	내부 치수로서 결정되는 용적
문의 개구부 치수	Dimensions of Door Opening	문의 개구부의 최소 높이 및 최소 폭의 치수

1.2.2 컨테이너의 규격

컨테이너는 여러 가지 화물을 일정한 크기의 상자에 넣어 해상과 육상수송을 쉽게 하기 위해 고안된 규격으로, 컨테이너의 규격치수, 강도 및 구조에 대하여 국제표준화기구(International Organization Standardization, ISO)에 규정되어 있다. 〈표 1-2〉는 규정한 컨테이너의 외형 치수와 중량을 나타내고 있다. 이들 중에 선박용으로는 주로 1AAA, 1AA, 1CC 등이 사용되고 있으며, 특히 1AAA는 높이가 보통의 컨테이너보다 1피트 높아 부피가 크므로 하이큐브(High Cube) 컨테이너라고 한다. 특히 하이큐브 컨테이너 선적 시 Panam이나 IMO Visibility에 유의하여야 한다.

컨테이너 박스 자체의 강도는 최대 중량의 컨테이너 9단에 해당하는 정하중의 0.25배에 해당하는 하중을 컨테이너의 네 귀퉁이에 각각 가하여도 견딜 수 있도록 설계, 제작되도록 요구하고 있다. 이것은 10개 컨테이너를 한 줄로 쌓았을 때 맨 아래의 컨테이너가 찌그러지지 않아야 한다는 것이다.

실제로는 선박의 동요에 의한 가속도 때문에 그렇게 많이 선적할 수 없으며, 대형의 컨테이너선의 화물창 내에는 일반적으로 9단까지의 컨테이너를 선적하도록 하고 각 Bay 당 컨테이너의 하중을 지정한다.

〈표 1-4〉 ISO 표준규격

<table>
<tr><th rowspan="3"></th><th colspan="6">외 부 치 수 (mm)</th><th rowspan="3">최대 총 중량(R) (kg)</th></tr>
<tr><th colspan="2">높이(H)</th><th colspan="2">폭 (W)</th><th colspan="2">길이(L)</th></tr>
<tr><th>mm</th><th>ft-in</th><th>mm</th><th>ft-in</th><th>mm</th><th>ft-in</th></tr>
<tr><td>1A</td><td>2,438</td><td>8′</td><td rowspan="7">2,438</td><td rowspan="7">8′</td><td rowspan="3">12,192</td><td rowspan="3">40′</td><td rowspan="3">30,480</td></tr>
<tr><td>1AA</td><td>2,591</td><td>8′ 6″</td></tr>
<tr><td>1AAA</td><td>2,896</td><td>9′ 6″</td></tr>
<tr><td>1B</td><td>2,438</td><td>8′</td><td>9,125</td><td>29′ 11 1 / 4″</td><td>25,400</td></tr>
<tr><td>1C</td><td>2,438</td><td>8′</td><td rowspan="2">2,991</td><td rowspan="2">9′ 9 3 / 4″</td><td rowspan="2">10,160</td></tr>
<tr><td>1CC</td><td>2,591</td><td>8′ 6″</td></tr>
<tr><td>1D</td><td>2,438</td><td>8′</td><td>2,991</td><td>9′ 9 3 / 4″</td><td>10,160</td></tr>
</table>

세계 각국의 대부분 해운선사는 국제표준화기구(ISO)규격을 사용하고 있고 그 중에서도 1C(20foot)와 1AA(40foot)의 2종류가 대부분을 차지하고 있다.

① 20footer CNTR : 길이 20′×폭 8′×높이 8′6″

② 40footer Normal CNTR : 길이 40′ × 폭 8′ × 높이 8′6″

③ 40footer High Cube CNTR : 길이 40′ × 폭 8′ × 높이 9′6″

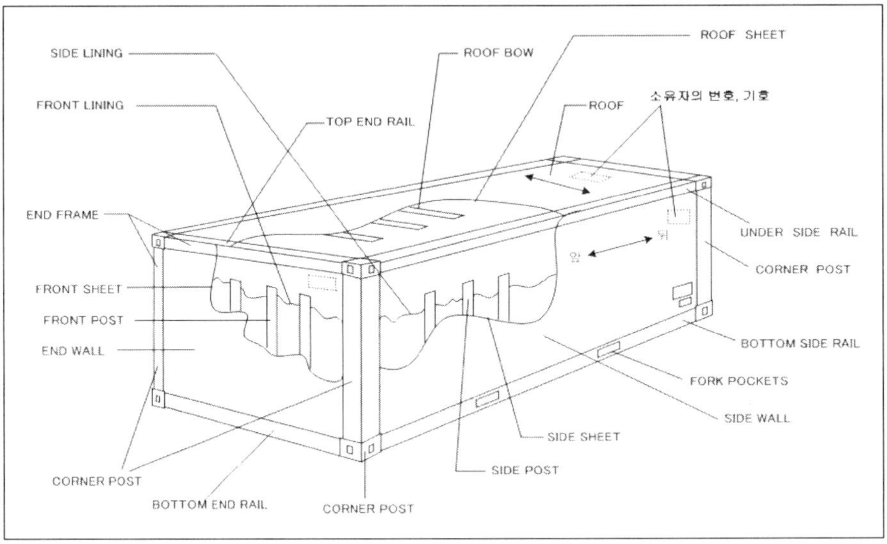

[그림 1-9] 컨테이너 명칭 및 표시(1)

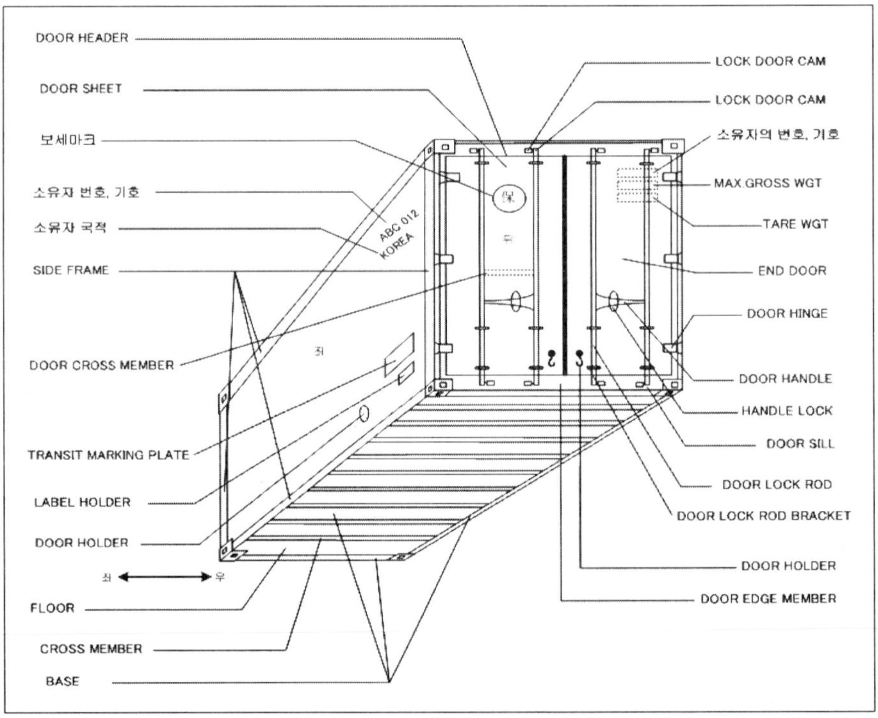

[그림 1-10] 컨테이너 명칭 및 표시(2)

1.2.3 컨테이너의 종류

컨테이너의 구조는 그 사용목적, 사용치수, 사용재질에 따라 다르다. 사용목적별로는 크기, Open형과 Closed형으로 나누고, 사용치수별로는 20footer와 40footer, 사용재질별로는 알루미늄 경합금재, 강재, FRP재(Fiber glass Reinforced Plastic재) 등으로 대별된다.

1. 재질에 따른 분류

1) 알루미늄 컨테이너(Aluminium Container)

주로 구조재가 알루미늄 경합금재로 제작된 것으로서 가벼우며 내구성이 비교적 큰 편이다. 그러나 제작비용이 비싸고 해수에 부식되기 쉬우며, 강도가 약하여 약한 충격에도 파손될 수 있는 단점을 지니고 있다.

2) 강재 컨테이너(Steel Container)

주요 구조재가 강철로 제작된 컨테이너로서 중량은 비교적 무거운 편이지만 내구성이 좋고 제작비용이 싼 장점이 있다.

3) FRP 컨테이너(Fiberglass Reinforced Plastic Container)

플라스틱 유리섬유로 보강하여 베니어 합판의 표면에 접착제로 플라스틱 유리섬유를 붙여 만든 것으로서, 내부 용적이 상대적으로 크고 충격 및 방열성이 좋아서 특정화물을 적재하기 위해 사용되고 있다.

4) 스테인리스강 컨테이너(Stainless Steel Container)

주요 구조재가 스테인리스강으로 제작된 것으로서 강도가 크고 내식성 및 내마모성이 우수하나, 무게가 무거운 것이 단점이다. 특수화물 적재를 위한 탱크 컨테이너나 냉동 컨테이너의 제작에 주로 사용된다.

2. 규격에 따른 분류

컨테이너 운송 초기에는 20′ 및 40′ 컨테이너가 주종을 이루었으나, 컨테이너의 사용이 보편화됨에 따라 점차 그 규격이 다양화되고 있는 추세이다. 일반적으로 널리 사용되고 있는 컨테이너의 규격은 다음과 같다.

① 20′ 컨테이너 : 길이 20ft, 폭 8ft, 높이 8ft 6in

② 40′ 컨테이너 : 길이 40ft, 폭 8ft, 높이 8ft 6in

③ 40′ 하이큐빅 컨테이너 : 길이 20ft, 폭 8ft, 높이 9ft 6in

④ 기타 컨테이너 : 길이 35ft, 45ft, 48ft, 53ft 등

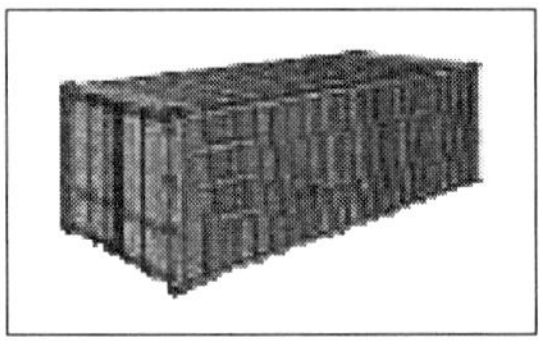

[그림 1-11] 20′ 컨테이너

[그림 1-12] 40′ 컨테이너

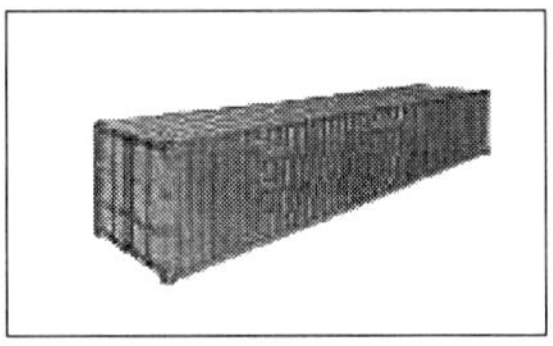

[그림 1-13] 40′ 하이큐빅 컨테이너

3. 용도에 따른 분류

1) 드라이 컨테이너(Dry Container)

온도조절이 필요 없는 일반 잡화용으로 제작된 표준 컨테이너로서 가장 많이 사용하고 있는 전형적인 컨테이너이다.

(1) 구 조

전후 방향의 한쪽에는 2개의 문이 달려 있고, 문을 닫으면 기밀이 된다. 컨테이너의 내부 바닥에는 25~30mm의 목재를 깔고 뒷벽은 6mm 두께의 합판으로 내장되어 있다. 천장 부분은 보통 내장판을 붙이지 않지만 특별히 내장을 한 것도 있다. 재질은 알루미늄 합금 또는 강판으로 만들어지는 경우가 많다.

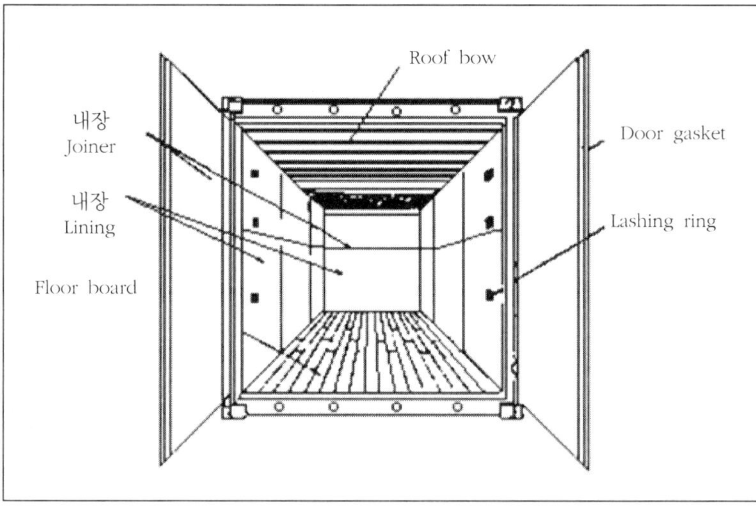

[그림 1-14] 20′형 컨테이너 내부

(2) 이용화물

대부분의 일반 잡화를 적부할 수 있지만 다음과 같은 화물은 적합하지 않다.

① 냉동화물, 중량화물, 대형화물

② 드라이 컨테이너 속에서 충분한 라싱(lashing)이 될 수 없는 화물

③ 벌크 화물, 액체화물

④ 통풍 환기를 요하는 화물

⑤ 살아 있는 동물 · 식물

2) 오픈 톱 컨테이너(Open Top Container)

윗면과 옆면이 개방되어 있어서 상부 또는 옆면에는 화물작업이 가능하도록 되어 있는 컨테이너이다.

(1) 구 조

고정된 천장이 없고 캔버스 등으로 개폐할 수 있게 만들어져 있다. 천장이 없기 때문에 강도가 약해지는 것을 보강하기 위해 보강재들이 설치되어 있고, 또 필요할 때에는 이들 보강재와 캔버스를 들어낼 수도 있다.

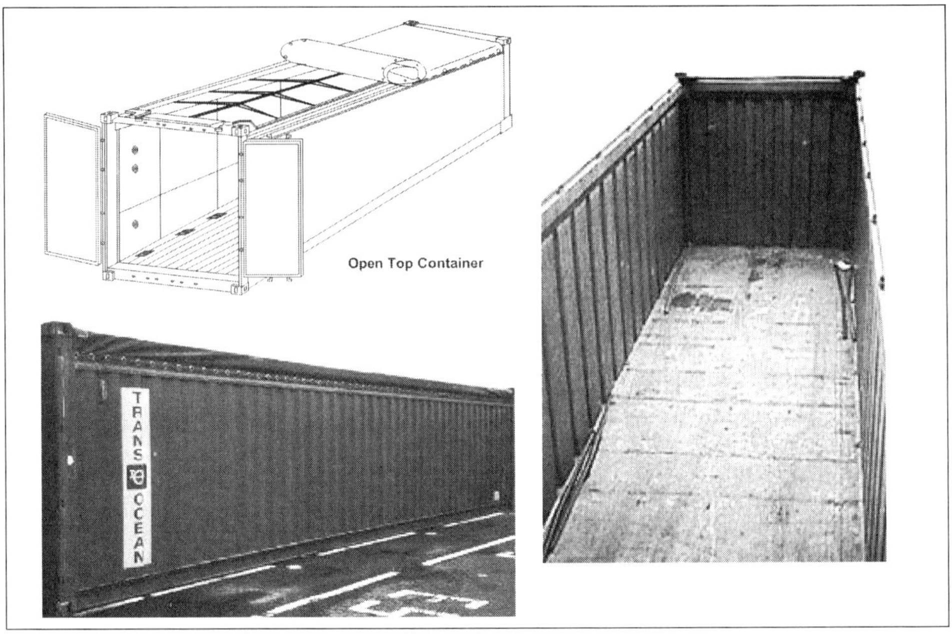

[그림 1-15] Open Top Container

캔버스는 보통 아일릿(Eyelet)으로 컨테이너에 붙이고 뗀다. 바닥에는 중량물의 라싱을 위하여 몰입식 링(강도 약 3t)이 1줄에 5개씩 2줄로 설치되어 있고, 뒷벽에는 소형 라싱 링(Lashing ring, 강도 약 0.25t)이 2개 설치되어 있다. 20푸터형은 개폐가 가능한 통풍구가 5개 설치되어 있다.

(2) 이용화물

① 판유리, 패널(Panel) 화물 등 컨테이너의 문으로 넣고 꺼내기가 불편하여 천장으로 작업하는 것이 편리한 화물이다.
② 기계류 등 높이가 지나치게 높아서 옆문으로 작업할 수 없는 화물이다.

3) 하드 톱 컨테이너(Hard Top Container)

오픈 톱 컨테이너와 마찬가지로 상부 또는 옆면에서 하역 작업이 가능하도록 조립식 구조로 되어 있으나, 견고한 구조로 되어 있는 것이 다르다.

[그림 1-16] Hard Top Container

(1) 구 조

천장은 견고한 패널로 만들어져 있으나 떼어 낼 수 있게 된 것으로서, 오픈 톱 컨테이너와 다른 점은 윗덮개의 커버가 방수성이 부족한 캔버스가 아닌 견고한 패널을 사용한 점이다. 천장은 들어 낼 수 있으나, 견고하기 때문에 높이가 초과되는 화물은 적재할 수 없다. 컨테이너 바닥의 강도도 오픈 톱 컨테이너에 비해 강하다.

(2) 이용화물

오픈 톱 컨테이너에 적합한 화물과 마찬가지이다. 다만, 높이를 초과하는 화물은 적재할 수 없다. 주로 정밀 기계류의 수송에 많이 이용된다.

4) 플랫 랙 컨테이너(Flat Rack Container)

윗면과 옆면이 모두 없고 기둥만 있으며 전, 후, 좌, 우 및 상방에서 모두 화물작업이 가능하도록 되어 있다.

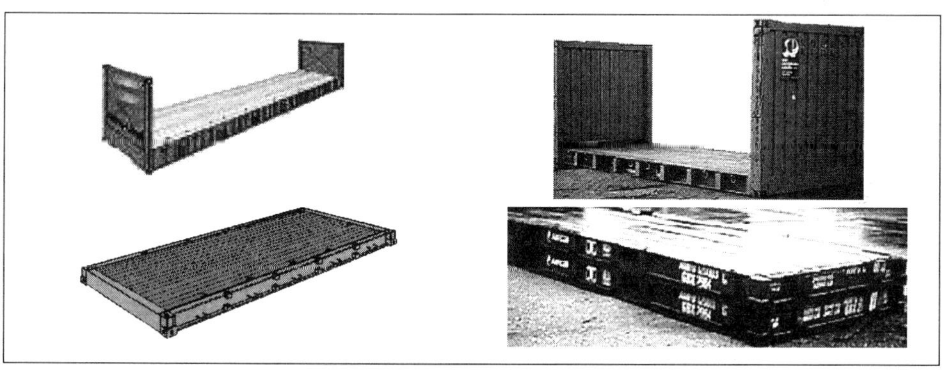

[그림 1-17] Flat Rack Container

(1) 구 조

덮개와 벽면이 없고, 강도가 높은 바닥과 4개의 모서리에 기둥(Corner Post)만을 가지고 있다. 지게차(Fork Lift)나 크레인을 사용하여 중량물이나 긴 화물을 적재할 수 있고, 바닥에는 라싱 설비가 갖추어져 있다. 커버 설비가 없어 비와 바람을 막을 수 없기 때문에 화물을 적재한 후에는 비닐 시트 등으로 덮을 필요가 있다.

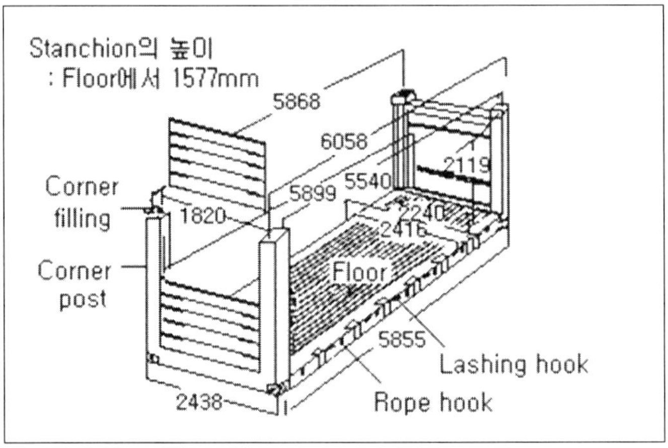

[그림 1-18] 20′형 Flat Rack Container

(2) 이용화물

① 집중 하중이 걸리는 중량물
② 측면이나 천장으로 하역하는 것이 편리한 화물
③ 비교적 비와 바람의 영향을 적게 받는 화물
④ 컨테이너의 규격을 초과하는 화물
⑤ 구체적으로는 강재, 코일, 크고 긴 화물, 기계류, 운반기기, 각종 파이프, 합판, 드럼, 변압기, 목재, 오토바이 등의 화물이 있다.

5) 냉동 컨테이너(Reefer Container)

냉동화물이나 과일, 야채 등의 보온 및 보냉이 필요한 화물을 수송하는 용기로서 온도는 −25~25℃까지 유지되는 것이 보통이다.

[그림 1-19] Reefer Container(1)

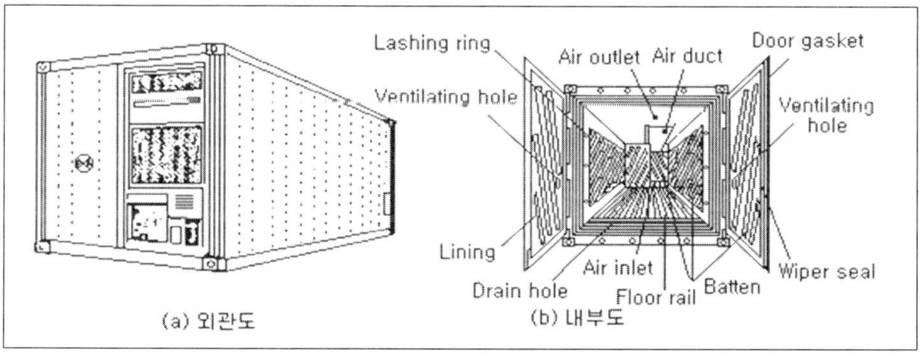

[그림 1-20] Reefer Container(2)

(1) 구　조

대부분이 스테인리스강으로 제작되며, 단열 구조로 되어 있다. 보냉 화물수송용 특수 컨테이너로 냉동기기(R / F Unit 또는 R / F Machinery)가 부착되어 있어 수송중의 내부 온도 보존이 가능하며 컨테이너 외부의 온도계를 통하여 내부온도를 점검할 수 있다. 냉각방법에 따라 Top Discharge형과 Bottom Discharge형이 있으며 근래에는 Bottom Discharge Type을 많이 쓰고 있다.

(2) 이용화물

어류, 육류 등의 냉동화물과 냉온육, 과일, 치즈, 달걀, 채소 등의 냉장화물이다.

(3) 주의사항

냉동 · 냉장화물을 냉동 컨테이너에 적재할 때에는 미리 컨테이너의 상태를 검사하고, 예냉(Pre-cooling, 충분한 시간을 두고 사전 냉각)하여 컨테이너 내부의 온도를 지정온도까지 내려놓아야 한다. 운송 중에도 항상 지정된 온도가 유지될 수 있도록 주의하여야 한다.

6) 보냉 컨테이너(Insulated Container)

내벽에 보온재를 넣은 구조로서 소정의 보냉 성능을 가진 컨테이너이다. 단기 수송용 냉장화물의 운송에 많이 사용된다.

[그림 1-21] 온도조절(Thermal) Container

7) 통풍식 컨테이너(Ventilated Container)

과일, 야채, 식료품 중에서 굳이 냉장할 필요는 없으나 환기가 요구되는 화물을 운송하는 데 사용된다.

8) 벌크 컨테이너(Bulk Container)

벌크 화물 중에서 입자나 가루로 된 것을 적재하기 위한 컨테이너이다. 천장에 설치된 개구부(Opening)를 통하여 화물을 싣거나 퍼낼 수 있다.

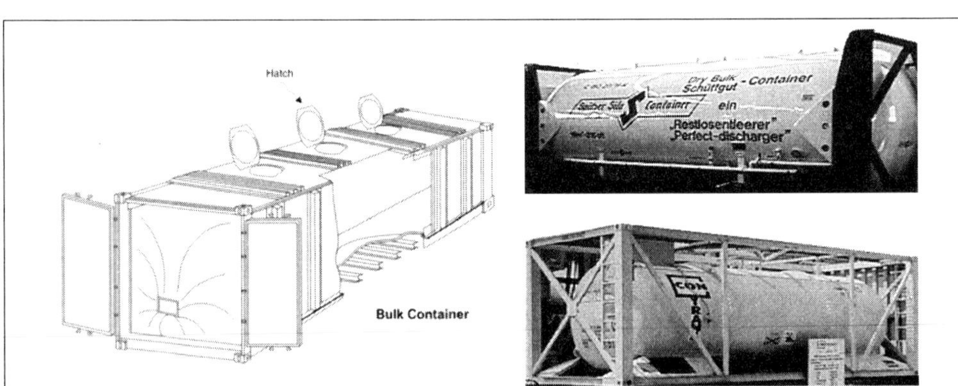

[그림 1-22] Bulk Container

9) 탱크 컨테이너(Tank Container)

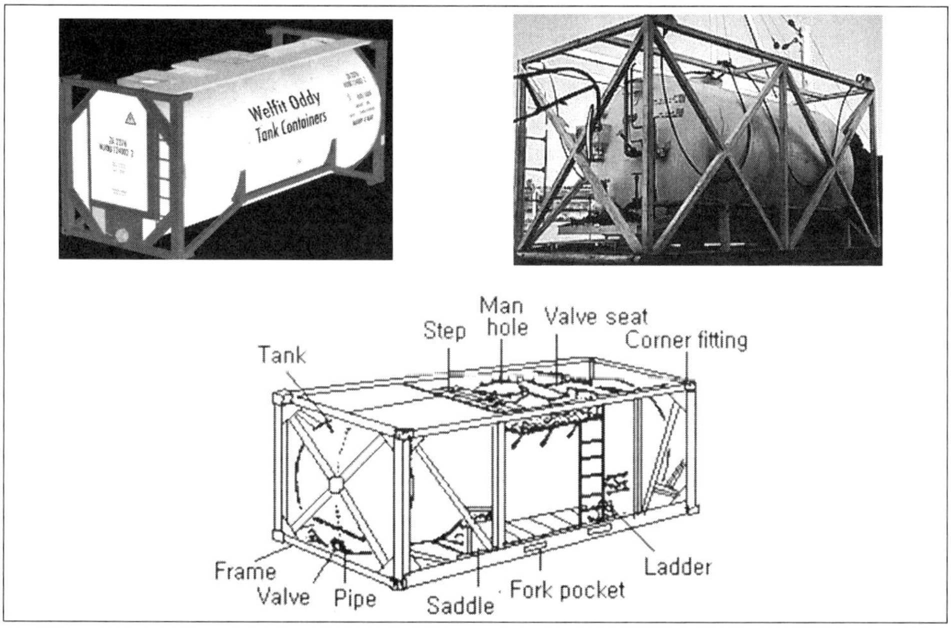

[그림 1-23] Tank Container

내부에 원통형의 탱크를 위치시키고 외부에 철제 프레임으로 고정시킨 컨테이너로서 술, 기름, 화학약품 등의 액체화물 운송에 사용된다.

10) 자동차용 컨테이너(Vehicle Rack Container)

플랫 랙 컨테이너와 외관이 거의 유사하지만 자동차 수송에만 사용되며 2단으로 된 것이 많다.

11) 가축용 컨테이너(Live-stock Container)

소, 말, 양 등의 살아 있는 동물을 운송하는 데 사용되며, 통풍을 위해 측벽은 금속망으로 되어 있다. 지붕은 햇볕을 가릴만한 합판으로 되어 있고 측면이나 단면에는 적당한 창구가 있어 통풍이 용이하고, 측면하부에는 소제구나 배수구가 설치되어 있다. 또, 사료 주입과 분뇨처리를 위한 특수 설비를 갖추고 있다.

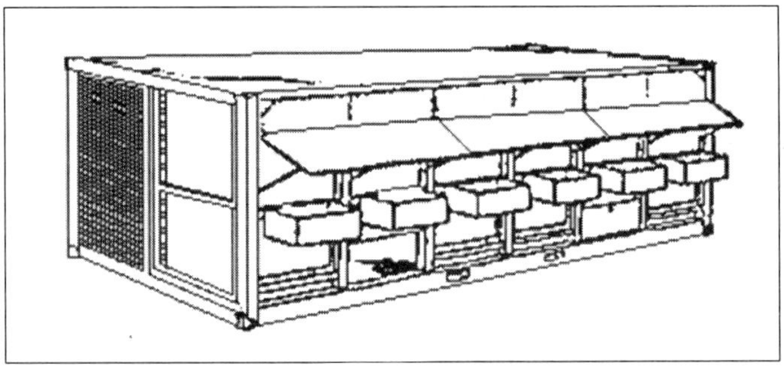

[그림 1-24] Live-stock Container

12) 하이드 컨테이너(Hide Container)

생피(말리지 않은 피혁)나 액즙 등의 습한 화물의 운송에 사용되는 컨테이너이다. 바닥에는 이중저를 설치하여 운송 중에 흘러나오는 액체를 저장할 수 있는 구조로 되어 있다.

13) 행어 컨테이너(Hanger Container)

일반 건화물을 매어 달아 운송할 수 있도록 설계된 컨테이너이다.

1.2.4 컨테이너의 하역서류

하역관계 서류로는 General Stowage Plan, Bay Plan, Crane Sequence Sheet, D / G Cargo Manifest, R / F Container List, 기타 Special Cargo List 등이 있다.

1. General Stowage Plan(Master Plan)

Bay Plan을 바탕으로 전체 Bay에 적재되어 있는 컨테이너에 대해 양하항의 약호 등을 표시한 컨테이너의 화물적부도이며 다음 사항들을 표시할 수 있다.

① 양하항별 구분 및 컨테이너 위치표시
② 20′ 및 40′ 컨테이너 위치표시
③ Empty Container에 대해 'E'로 표시
④ Reefer Container를 'R'로 표시
⑤ 위험화물 컨테이너에 대해 IMDG Code 기입
⑥ 기타 특수화물의 적재위치 및 내용표시 등

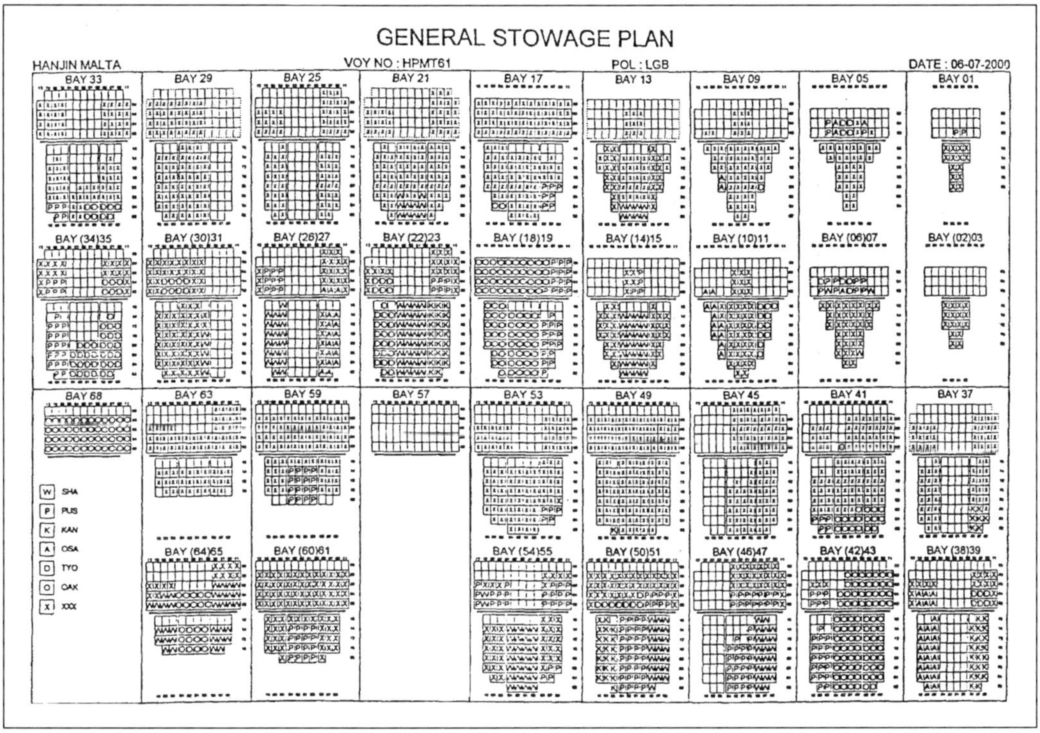

[그림 1-25] General Stowage Plan

2. Bay Plan

컨테이너선의 적부계획은 통상 Bay Plan에서부터 시작되며, 이 Bay Plan에 표시되는 사항을 간단히 설명하기로 한다.

1) 선적항 및 양하항

컨테이너의 선적항과 양하항을 표시하고 있으며 각 항구에 대한 당사의 약호는 컨테이너의 선적항과 양하항을 표시하고 있다.

2) 컨테이너 번호

컨테이너의 고유번호를 표시하며 통상 영문 4자, 숫자 7자리로 나타낸다. 예를 들면 HJCU7267990 등이다.

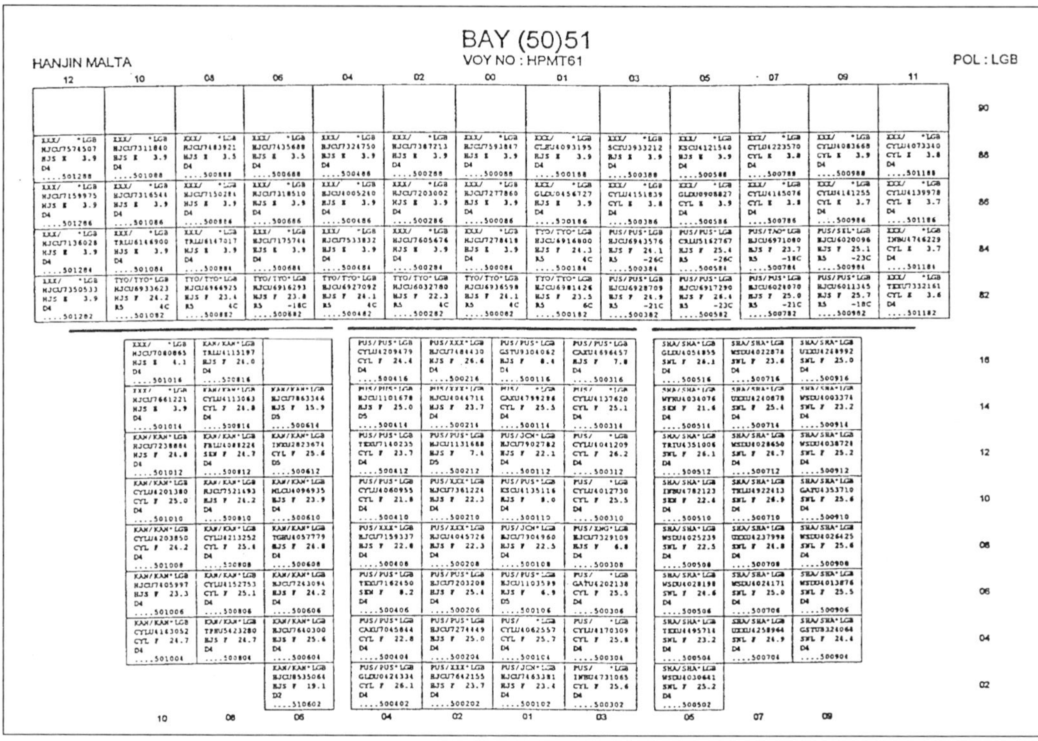

[그림 1-26] Bay Plan

3) 컨테이너의 상태

컨테이너의 상태를 나타내는 약호로는 다음과 같다.

① E(Empty) : 빈 컨테이너를 표시하며 MT 또는 MTY로도 표시한다.

② F : FCL(Full Container Loaded) : 한 품목의 양으로 채워져 있는 컨테이너를 말하며, 주로 화주의 공장이나 창고 등에서 화주의 책임하에 화물을 컨테이너에 채워 넣게 된다.

③ L : LCL(Less Than Container Loaded) : 한 품목의 양이 1개의 컨테이너에 미달됨으로써 2종류 이상의 품목으로 채워져 있는 컨테이너를 말하며 CFS(Container Freight Station)에서 수납하게 한다.

④ 컨테이너 총중량 : 각 컨테이너의 총중량은 소수점 이하 첫째자리까지의 숫자로 나타내며 선박의 복원력, 트림 및 종강도의 계산 등에 사용된다.

⑤ 기타 : 컨테이너의 종류 및 소유자, R/F Container의 식별과 위험화물에 대한 IMDG code 등을 표시한다.

4) Crane Sequence Sheet

컨테이너의 적양하 순서를 나타내는 서류로서 사용하는 Crane마다 별도의 계획표가 만들어진다. 이 계획표와 General Stowage Plan으로 적양하 작업의 진행과정을 파악할 수 있으며, 원활한 하역작업의 진행을 위하여 필요한 사항을 조치하거나 당직자를 지휘하여야 한다. 특히 특수화물 등이 적양하될 시에는 당직자로 하여금 현장 입회하여 그 상태를 확인하며 필요한 조치를 취하게 한다.

5) D / G Cargo Manifest

D / G Cargo Manifest는 D / G Container 선적에 반드시 필요한 것이며, 국제법규에 따라 당국의 요청이 있을 때는 항상 이 리스트를 제출할 수 있도록 준비되어 있어야 한다. 이 D / G Cargo Manifest는 대단히 중요한 화물 관련 서류로서 1항사는 그 내용과 기재사항, 서명 등을 직접 확인하고 현장에서 상태와 위치 등을 대조 확인하여야 한다.

DANGEROUS CARGO MANIFEST

Date : 31-May-00 14:43:5
Page 1 of 2

No	Container No	TP	Q'TY NO & Kind Of PKG	Grs. Weight	Net Weight	IMDG Class	UNNO	PSA	Pack Grp.	EMS	Flash. Point	MFAG	Marine Poll.	Stowage Location
	Vessel Name HANJIN MALTA		Nationality KOREA			Official No ICR-922839				Port Of Loading PUSAN				
	Voyage No 0062E Call Sign D9ZZ		Kind Of Ship FULL CONTAINER SHIP			BL/No PUSA99383600				Port Of Discharg. LONG BEACH, CA				
1	HJCU7416733	D4	2002 FIBERBOARD BOX	939.32KGS	892.88KGS	2.1	2037	2	N	2-13		620	N	180582
	Emergency TEL.: 82-2-3470-5323					Sub Label:								
	Technical Name: GAS CARTRIDGES (WITHOUT A RELEASE DEVICEM NON-REFI					Hazard Contents:								
2	HJCU8677650	D2	365 FIBERBOARD BOX	10407KGS	6307.2KGS	2.1	2037	2	N	2-13		620	N	090882
	Emergency TEL.: 82-51-466-9084					Sub Label:								
	Technical Name: GAS CARTRIDGES (WITHOUT A RELEASE DEVICEM NON-REFI					Hazard Contents:								
			15 FIBERBOARD BOX	167KGS	193KGS	2.1	1057	2	N	2-13		311	N	
	Emergency TEL.: 82-51-466-9084					Sub Label:								
	Technical Name: LIGHTERS (CONTAINING FLAMMABLE GAS)					Hazard Contents:								
3	HJCU8699920	D2	80 STEEL DRUM	15000KGS	13600KGS	8	2672	3	3	8-06		725	N	111082
	Emergency TEL.: KOIZUMI: 81-25-256-1811					Sub Label:								
	Technical Name: AMMONIA SOLUTION (RELATIVE DENSITY BTWN 0.88 0.9 57					Hazard Contents:								
4	HJCU8742842	D2	50 STEEL DRUM	15000KGS	13500KGS	8	2735		3	8-05		320	D	110882
	Emergency TEL.: HASEGAWA: 81-25-256-1177					Sub Label:								
	Technical Name: AMINES LIQUID CORROSIVE N.O.S.					Hazard Contents:								
5	HJCU8821258	D2	2480 EXPANDED PLASTIC DRUM	15905KGS	15800KGS	8	2796	3	1	8-06		700	N	050784
	Emergency TEL.: 13803075131					Sub Label:								
	Technical Name: BATTERY ACID					Hazard Contents:								

Prepared By :

Master's Signature :

[그림 1-27] Dangerous Cargo Manifest

6) R / F Container List

R / F Container List에는 Container NO., Setting 온도, 상품명, Cell NO., 통풍구 상태, 기타 운송 중 주의해야 할 사항 등이 기록되어 있다.

REEFER CARGO MANIFEST

Date : 31-May-00 14:44:4
Page 1 of 1

Vessel Name HANJIN MALTA　Nationality KOREA　Official No ICR-922839　Port Of Loading PUSAN
Voyage No 0062E　Call Sign D9ZZ　Kind Of Ship FULL CONTAINER SHIP　BL/No　Port Of Dischang. LONG BEACH, CA

No	Container No.	TP	Grs. Weight (Type)	Temp.	Ventilation	R/F Plug Voltage	Stowage Location	Operator	Remark
1	HJCU6037210	R5	13671KGS	-20C	08	0	300082		
	Commodity	:Mackerel, Squid, Frozen for Canning, NOS							
			8500KGS	-20C	08	0			
	Commodity	:Mackerel, Squid, Frozen for Canning, NOS							
2	HJCU6938672	R5	19489KGS	-18C	08	0	300482		
	Commodity	:Frozen Pollock Fillet, NOS							
3	HJCU6965256	R5	19489KGS	-18C	08	0	300282		
	Commodity	:Frozen Pollock Fillet, NOS							

Prepared By :

Master's Signature :

[그림 1-28] Reefer Cargo Manifest

7) Port Log

어느 항구에 기항하여 양하 및 적하를 마친 후 그 상세를 기록한 것으로서 적양하 이후의 본선 적하상태 및 차항의 하역수량을 나타내고 있다. 이는 하역담당자인 1항사가 작성하여 선장에게 제출함으로써 선장이 적양하의 내용 및 본선의 Condition을 파악할 수 있도록 한 임의적인 서류양식이다.

8) Stability and Trim Calculation Sheet

본선의 GM, Draft, 종강도 등의 계산을 편리하게 하기 위한 양식이다.

9) Container Damage Report

컨테이너 적양하 작업 중 컨테이너에 손상이 나 있거나, Gantry Crane 등에 의해 손상이 발생된 경우 추후 Stevedore측에 그 Damage에 대하여 구상할 수 있게 해주는 일종의 거증서류이다. 1항사는 Damage 부위 및 상황을 기록하여 Stevedore측의 서명을 받아 회사에 보고하여야 한다.

10) Exception List

B / B(Break Bulk) 등과 같이 정상 사이즈가 아닌, 넓거나 길든지 또는 지나치게 높거나 무거운 컨테이너 화물에 대해 목록을 작성한 것이다.

1.2.5 컨테이너의 위험화물관리

1. 개 요

위험물은 물질 자체의 물리적, 화학적 또는 생물학적 개별 특성이나 복합적 특성에 의해 인체나 다른 물질 또는 자연환경에 위해를 미치거나, 줄 수 있는 물질을 총칭하며 위험물의 해상운송에 관한 국제통일규칙인 IMDG code 또는 SOLAS 협약의 제7장(위험물의 운송)에 적합하게 운송을 해야 한다.

선박에서 위험물운송 시 1항사는 Foreman이나 Planner 등 터미널 관계자에게 Pre-Loading Plan과 D / G Cargo Manifest를 수령하여 Manifest상 선명, 국적, Container NO., Proper Ship Name 등 누락된 사항이 있는지 확인한 후 IMDG Code Book의 격리표(Segregation Table)를 보고 주위의 다른 위험화물 또는 냉동화물 기기 부분, 거주구역과의 격리가 필요한지를 확인한 후 갑판적 적재가 가능한지 또는 갑판하 적재만 허용되는 화물인지 적부요건(4항 참조 : Stowage Category)을 확인한 후 해당 D / G Cargo 컨테이너 선적 후 해당 컨테이너를 직접 외관 검사하여 올바른 위치에 선적이 되어 있는지, Placard(9항)가 적절히 부착되어 있는지 내부 화물이 세어 나오는 것이 있는지 확인한다.

선적 중 이상이 있을 시 화물감독, Planner나 화주에 즉시 연락하고 비상조치법(Emergency Procedures for Ships Carrying Dangerous Goods)과 응급의료처치 지침(Medical First Aid Guide or Use in Accidents Involving Dangerous Goods, MFAG)에 따라 적절히 조치한다.

2. 위험물 분류

① Class 1－화약류(Explosives)

㉠ 대규모의 폭발위험이 있는 화약물

㉡ 발사될 위험이 있는 화약물

㉢ 현저하게 화재위험이 있는 화약물

㉣ 중대한 폭발위험이 없는 화약물

㉤ 별로 예민하지 않은 화약물 – Class 1.1 성질 중 화재에 의해 폭발하지 않는 물질

㉥ 아주 둔감한 화약물품류

② Class 2–가스류(압축 가스, 액화 가스, 고압 용해 가스)

㉠ 인화성 가스

㉡ 비인화성 가스

㉢ 독가스

㉣ 부식성 가스(Canada에서 사용)

③ Class 3–인화성 액체류(Inflammable Liquids)

㉠ 제어온도(flash point) 섭씨 –18도(0°F) 이하

㉡ 제어온도(flash point) 섭씨 –18도(0°F)에서 23도 사이의 온도

㉢ 제어온도(flash point) 섭씨 23도부터 61도(141°F) 사이

④ Class 4–인화성 고체류(Inflammable Solids)

㉠ 인화성 고체

㉡ 자연발화하기 쉬운 물질

㉢ 물과 작용하여 인화성 가스를 발생하는 물질

⑤ Class 5–산화성 물질 및 유기 과산화 물질(Oxidixers and Orgarnic Peroxides)

㉠ 산화성 물질

㉡ 유기 과산화 물질

⑥ Class 6–독물 및 병독을 옮기기 쉬운 물질(Poisonous and Etiologic Materials)

㉠ 독물

㉡ 병독을 옮기기 쉬운 물질

⑦ Class 7–방사선 물질(Radioactive Materials)

⑧ Class 8–부식성 물질(Corrosives)

⑨ Class 9–기타 위험 물질(Miscellaneous Hazardous Materials)

3. 격 리

두 가지의 물질 또는 제품을 함께 적부하였을 경우 누출이나 유출 또는 기타 사고 시 상호 반응 등의 위험성을 초래할 수 있는 물질들을 서로 혼적 불가한(Incompartible) 물질로 간주하며 이러한 물질들은 서로 격리(Segrigation)해야 한다.

1) 격리 구분

① Away From : 사고 시 혼적 불가한 물질들이 위험한 상호 반응을 일으킬 수 없도록 하는 격리이며, 수직 투영면의 최소 수평거리가 3m 이상 된다면 동일한 구획실 또는 화물창에 적재할 수 있다.

② Separated From

㉠ 갑판하 적재 시는 다른 구획실 또는 화물창에 적재하여 격리한다.

㉡ 차단 갑판이 방화·방수구조로 되어 있다면 수직분리하여 적재한다.

㉢ 갑판상 적재 시에는 적어도 6m의 수평거리를 두고 분리한다.

③ Separated by a Complete Compartment or Hold

㉠ 수직 및 수평분리를 의미한다.

㉡ 차단 갑판이 방화·방수 구조가 아니라면 오직 선수미 분리, 즉 사이에 완전한 구획실 또는 화물창을 두어야 한다.

㉢ 갑판상 적재 시에는 적어도 12m의 수평거리를 두고 분리한다.

④ Separated Longitudinally by an Intervening Complete Compartment of Hold From

㉠ 수직분리만으로는 이 조건을 만족할 수 없으며, 갑판하 포장화물과 갑판상의 포장화물 사이에는 선수미 방향으로 적어도 24m 이상 분리되어야 하며 그 사이에는 완전한 선수미 방향 구획실이 있어야 한다.

㉡ 갑판상 적재 시에는 선수미 방향으로 적어도 24m 이상의 수평거리를 두고 분리한다.

2) 컨테이너 적재 시 위험물 상호 격리

〈표 1-5〉 컨테이너 적재 시 위험물 상호 격리표

IMDG Class	1.1 1.2 1.5	1.3 1.6	1.4	2.1	2.2	2.3	3	4.1	4.2	4.3	5.1	5.2	6.1	6.2	7	8	9
화약류 1.1/1.2/1.5	*	*	*	4	2	2	4	4	4	4	4	4	2	4	2	4	×
화약류 1.3/1.6	*	*	*	4	2	2	4	3	3	4	4	4	2	4	2	2	×
화약류 1.4	*	*	*	2	1	1	2	2	2	2	2	2	×	4	2	2	×
인화성 가스 2.1	4	4	2	×	×	×	2	1	2	×	2	2	×	4	2	1	×
무독성/비인화성 압축가스 2.2	2	2	1	×	×	×	1	×	1	×	×	1	×	2	1	×	×
독가스 2.3	2	2	1	×	×	×	2	×	2	×	×	2	×	2	1	×	×
인화성 액체 3	4	4	2	2	1	2	×	×	2	1	2	2	×	3	2	×	×
가연성 고체 4.1	4	3	2	1	×	×	×	×	1	×	1	2	×	3	2	1	×
자연발화물 4.2	4	3	2	2	1	2	2	1	×	1	2	2	1	3	2	1	×
젖으면 위험한 물질 4.3	4	4	2	×	×	×	1	×	1	×	2	2	×	2	2	1	×
산화성 물질 5.1	4	4	2	2	×	×	2	1	2	2	×	2	1	3	1	2	×
유기과산화물 5.2	4	4	2	2	1	2	2	2	2	2	2	×	1	3	2	2	×
독물 6.1	2	2	×	×	×	×	×	×	1	×	1	1	×	1	×	×	×
전염물질 6.2	4	4	4	4	2	2	3	3	3	2	3	3	1	×	3	3	×
방사성 물질 7	2	2	2	2	1	1	2	2	2	2	1	2	×	3	×	2	×
부식성 물질 8	4	2	2	1	×	×	×	1	1	1	2	2	×	3	2	×	×
기타 위험물 9	×	×	×	×	×	×	×	×	×	×	×	×	×	×	×	×	×

3) 컨테이너 격리 적재요령

〈표 1-6〉 컨테이너 격리 적재요령

<table>
<tr><th rowspan="3">상호
격리
요건</th><th colspan="3">상하 적재 시</th><th colspan="7">선수미 / 정횡 방향 적재시</th></tr>
<tr><th rowspan="2">폐쇄형
대
폐쇄형</th><th rowspan="2">폐쇄형
대
개방형</th><th rowspan="2">개방형
대
개방형</th><th rowspan="2">방향</th><th colspan="2">폐쇄형 대 폐쇄형</th><th colspan="2">폐쇄형 대 개방형</th><th colspan="2">개방형 대 개방형</th></tr>
<tr><th>On Deck</th><th>Under Deck</th><th>On Deck</th><th>Under Deck</th><th>On Deck</th><th>Under Deck</th></tr>
<tr><td rowspan="2">1</td><td rowspan="2">상하단 적재가능</td><td rowspan="2">폐쇄형 상단에만 개방형 적재가능</td><td rowspan="6">갑판으로 격리되지 않으면 상하적재 금지</td><td>선수미</td><td>제약 없음</td><td>제약 없음</td><td>제약 없음</td><td>제약 없음</td><td>1 Container Space</td><td>1 Container Space 또는 Bulkhead</td></tr>
<tr><td>정 횡</td><td>제약 없음</td><td>제약 없음</td><td>제약 없음</td><td>제약 없음</td><td>1 Container Space</td><td>1 Container Space</td></tr>
<tr><td rowspan="2">2</td><td rowspan="4">갑판으로 격리되지 않으면 상하적재 금지</td><td rowspan="4">갑판으로 격리되지 않으면 상하적재 금지</td><td>선수미</td><td>1 Container Space</td><td>1 Container Space 또는 Bulkhead</td><td>1 Container Space</td><td>1 Container Space 또는 Bulkhead</td><td>1 Container Space</td><td>1(One) Bulkhead</td></tr>
<tr><td>정 횡</td><td>1 Container Space</td><td>1 Container Space</td><td>1 Container Space</td><td>2 Container Space</td><td>2 Container Space</td><td>1(One) Bulkhead</td></tr>
<tr><td rowspan="2">3</td><td>선수미</td><td>1 Container Space</td><td>1(One) Bulkhead</td><td>1 Container Space</td><td>1(One) Bulkhead</td><td>1 Container Space</td><td>2(Two) Bulkheads</td></tr>
<tr><td>정 횡</td><td>2 Container Space</td><td>1(One) Bulkhead</td><td>2 Container Space</td><td>1(One) Bulkhead</td><td>3 Container Space</td><td>2(Two) Bulkheads</td></tr>
<tr><td rowspan="2">4</td><td colspan="3" rowspan="2">적 재 금 지</td><td>선수미</td><td>24M이상</td><td>24M 이상 또는 Bulkhead</td><td>24M이상</td><td>2(Two) Bulkheads</td><td>24M 이상</td><td>2(Two) Bulkheads</td></tr>
<tr><td>정 횡</td><td>적재금지</td><td>적재금지</td><td>적재금지</td><td>적재금지</td><td>적재금지</td><td>적재금지</td></tr>
</table>

주 : 1) 개방형 Container라 함은 F / R, O / T 등의 개방형 컨테이너를 칭한다.
2) 1 Container Space라 함은 20′ Container 길이 기준이며, 선수미 방향으로는 6미터 이상, 정횡 방향으로는 2.4미터 이상의 거리를 말한다.

4. D / G Cargo 관련 본선의 확인사항

1) 위험화물 Manifest의 확인

선장 또는 1항사는 위험화물 Manifest의 수령 시 다음의 기재사항을 확인 후 서명하고 기재사항의 누락이나 오기 발견 시는 현지 지점소에 연락, 즉시 수정하도록 한다.

① 선명 및 Official NO., 선박의 국적

② 위험물의 명칭 및 UN NO.

③ 위험물의 포장상세, 수량, 총중량 및 적재위치

④ IMDG code에 의한 위험물의 등급

⑤ 비상연락처 및 위험물별 추가 기재사항

2) 선적위치를 결정하는 차례

① Proper Shipping Name 혹은 UN Number를 이용하여 제1권에서 Imdg Code Page를 찾는다.

② 해당 항목을 찾아서 Stowage Category, 즉 갑판상 적재 혹은 갑판하 적재의 위치를 결정한다.

〈표 1-7〉 D / G Cargo 관리절차

<table>
<tr><th>번호</th><th>Item</th><th colspan="2">참고 및 점검내용</th></tr>
<tr><td rowspan="11">1</td><td rowspan="11">D / G Cargo Manifest와 Declaration을 Check
※ 기입사항 누락 및 부적합 확인 후 수정
※ D / G Manifest 점검 후 C / O (or Master) 서명할 것</td><td colspan="2">※D / G Manifest 점검사항</td></tr>
<tr><td>1) 선명 및 Official NO.
(Call Sign)</td><td></td></tr>
<tr><td>2) 선적항</td><td></td></tr>
<tr><td>3) Proper Shipping Name</td><td></td></tr>
<tr><td>4) 포장상세, 수량 및 포장단위별 중량</td><td>Packing Group</td></tr>
<tr><td>5) UN NO. IMO Class 및 Label</td><td></td></tr>
<tr><td>6) Stowage Location</td><td></td></tr>
<tr><td>7) Name Of Master</td><td></td></tr>
<tr><td>8) EM'CY Contact TEL.NO</td><td>National code & AREA code</td></tr>
<tr><td>9) EMS & MFAG</td><td></td></tr>
<tr><td>10) Declaration 확인</td><td>Manifest와 비교하여 모든 유무 확인</td></tr>
<tr><td>2</td><td>IMDG Code VOL 2에서 UN NO. 및 IMDG Class별로 적부장소 확인</td><td colspan="2">1) Check 'UN NO & Stowage' in IMDG code
2) Certificate of Fitness for Ships Carrying Dangerous Goods.
3) Category CD : On Deck Only</td></tr>
<tr><td>3</td><td>Hazardous Stowage Plan상 각 Class간 Segregation 확인</td><td colspan="2">1) Segregation Table
2) Table of Segregation Freight Container on Board Containerships</td></tr>
</table>

③ CERT. of Fitness for Ship's Carrying Dangerous Goods를 참조하여 갑판하에도 적재 가능한가를 확인한다.

④ 열원, 발화원, 식료품 및 거주구역으로부터의 격리를 고려한다.

⑤ 격리표를 최종 고려한다.

〈표 1-8〉 D / G Cargo 점검 기본 자료

	용어 및 약자	의 미
Stowage (화물선)	Stowage Category 'A'	On Deck or Under Deck
	Stowage Category 'B'	On Deck or Under Deck
	Stowage Category 'C'	On Deck Only
	Stowage Category 'D'	On Deck Only
	Stowage Category 'E'	On Deck Or Under Deck
Segregation (격리 구분)	1. Away From	최소 수평거리가 3미터 이상이 된다면 동일한 구획실(화물창)에 적재 가능함
	2. Separated From	갑판하 적재 시는 다른 구획실 또는 화물차에 적재. 차단 갑판이 방화 · 방수구조로 되어 있다면 수직분리 적재, 즉 다른 구획실의 적재는 이 격리의 동등물로서 허용. 갑판상 적재 시에도 적어도 6미터 이상의 수평거리를 두고 적재함
	3. Separated by a Complete Compartment Hold From	수직 또는 수평분리를 의미함. 차단 갑판이 방수 · 방화구조가 아니면 완전한 구획실 또는 화물창을 두고 적재. 갑판상부 적재 시 적어도 12미터 이상의 수평거리를 두고 분리함
	4. Separated Longitudinally by an Intervening Complete Compartment or Hold From	수직분리만으로는 이 요건을 만족할 수 없음. 갑판하의 포장화물과 갑판상부의 포장화물 사이는 선수미 방향으로 적어도 24미터 이상이어야 하며, 그 사이에는 완전한 선수미 방향 구획실이 있어야 함. 갑판상부 적재 시에는 선수미 방향으로 24미터 이상의 거리를 두고 분리함
기 타	EMS NO.	Emergency Schedule NO.
	MFAG	

1.2.6 R / F Container의 운송

1. R / F Container 운송의 특징

냉동 컨테이너는 선박의 운항 중에 그 작동이 정상인지 또는 비정상인지 끊임없는 확인이 필요하고 아울러 Maintenance 업무가 부수되며, 육해상간의 협력 없이는 완전한 수송을 기대할 수 없는 특징이 있다. 또한 취급상의 사소한 실수로 인하여 Cargo Damage 및 고액의 Claim과 바로 연결되는 위험성을 가지고 있으므로 해상과 육상을 총괄하는 일관책임체제가 필요하게 된다.

2. 선박에서의 Maintenance

선상에서는 보통의 경우 냉동기에 대한 전문적인 지식을 충분히 갖추고 있으나, 컨테이너선을 처음 승선하였다면 냉동 컨테이너에 대해서는 대부분 처음 접하는 경우가 많으므로 이의 취급에 있어 여러 가지 문제점이 있을 수 있다. 선박에서는 냉동 컨테이너를 선적하기 전과 후에 정상 작동상태를 확인하고, Setting 온도대로 작동되고 있는가를 항해 중 12시간마다 계속적으로 체크하고 기록한다.

또한 정박하여 하역작업을 수행하는 중에 하역인부 등에 의하여 Seal이 뜯기고 화물이 분실되는 경우가 자주 발생하며, 특히 R / F Container의 Seal이 뜯긴 상태에서 열대지방 등 오염지역을 통과하는 컨테이너는 양지에서 인도를 거부하는 사례가 발생하는 경우가 있으므로, Seal 파손이 우려되는 항구에서는 필히 순찰을 강화하여 이를 사전에 예방하여야 한다. 온도기록지(Chart) 관찰 요령은 다음과 같다.

① 날짜 / 시간의 확인

② 온도지시기의 온도와 기록지의 온도가 일치

③ Defrost의 간격 및 상태를 관찰한다. Defrost 때 상승된 온도기록선은 Defrost 후 하강하면서 상승 시의 온도기록선과 거의 일치하면서 내려가야 하는데, 상승과 하강시의 온도기록선이 벌어져 있을 경우는 냉매가 부족한 경우이다.

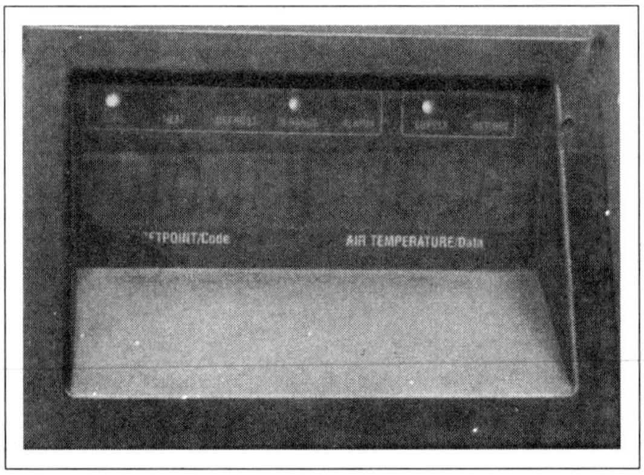

[그림 1-29] R / F Container Monitor

④ 컨테이너에 화물을 적재하고 육상에서 충분히 온도를 떨어뜨리지 않고 본선에 적하했을 경우에는 온도의 하강이 1~2일 경과해야 정상 Set 온도까지 떨어진다(냉동화물의 경우).

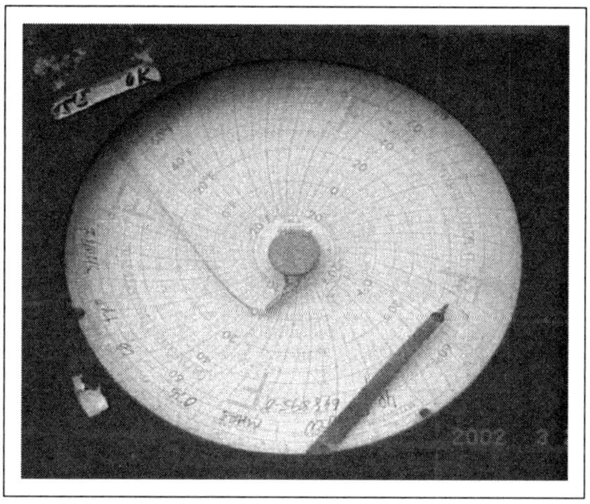

[그림 1-30] R / F Container의 차트

3. R / F Container의 선적위치

R / F Container는 전원을 연결해야 하므로 통상 On Deck에만 선적하도록 되어 있고 그 장소가 지정된다. R / F Container 선적가능 위치는 통상 General Stowage Plan상에 '•'으로 표시되어 있으며, 선적 후에는 General Stowage Plan 상에 'R' 혹은 'R / F' 등으로 Remark하여 표시한다.

R / F Container를 제외한 일반 컨테이너의 선적은 기본형대로 갑판에 선적된 컨테이너의 문이 선미쪽을 향하도록 한다. 이렇게 하면 눈, 비 또는 바닷물이 새어 들지 않게 되기 때문이다. 갑판 밑에 선적하는 컨테이너는 문을 어디로 향하게 하든지 문제가 없겠지만 갑판 위에 선적할 때 생길 수 있는 실수를 미연에 방지하기 위해서 통상적인 방법을 따르는 것이 바람직하다.

그러나 R / F Container는 냉동장치가 선박 뒷쪽을 향하고 문이 선박 앞쪽을 향하도록 선적하는데 이는 R / F Container의 전원 혹은 냉동장치가 해수에 누전되거나 파손되는 것을 방지하기 위함이다. 가능한 한 선수부 2Bay는 악천후 시 Damage 발생우려 있으므로 선적을 피한다.

4. 냉동 컨테이너 선적 시 주의사항

1) 선적작업 시의 확인사항

① 당직사관은 R / F 담당 기관사와 공동으로 선적 시 반드시 현장에 입회하여 첨부의 적양하 체크리스트에 의거 점검실시 후 그 결과를 1항사에게 보고해야 한다.

② 냉동 컨테이너 Plug-in은 본선 책임이므로 선적 즉시 전원연결 후 냉동기기의 정상 작동 여부를 확인해야 한다(항구에 따라서는 하역인부가 Plug-in 하는 경우도 있으므로 주의).

③ 점검 중 문제점이 발견된 경우에는 반드시 Reefer Container Manifest에 "Remark"를 기재하고 서명하여야 한다.

④ 선적당시 온도편차가 Chilled Cargo ±5°F(±2.8℃), Frozen Cargo ±15°F(±8.3℃) 이상인 경우에는 현지 지점소 운영담당자와 협의하여 Reefer Service Engineer의 수배 및 선적 여부를 결정하여야 한다. 단, Chilled Cargo는 Setting 온도가 −10℃ 이상인 화물을 말하며, Setting 온도가 영상인 화물은 0°C 이하로 되어서는 안된다.

⑤ Carrier 냉동 컨테이너 사용 시에는 Scale Selector Switch가 Fahrenheit로 Set되어 있는지 확인한다.

⑥ R / F Container 선적 위치확인(In Hold 선적 금지, 가능한 2단 선적금지 및 End ROW 선적금지)한다.

⑦ R / F Container 선적 시 ENG. Damage 입지 않도록 ENG.Side가 각 선박마다 미리 결정되어 있으니 항해사는 미리 숙지하여야 한다.

2) 냉동 컨테이너 양하 시 확인사항

① Unplugging은 본선 책임이며 Unplugging전 적양하 체크리스트에 의거 점검을 실시하고 1항사는 양하개시 전 터미널측에 세팅 온도 및 Ventilation Status 등을 정확히 인계하고, 가능한 Terminal Supercargo의 서명을 득한 거증서류를 확보해야 한다.

② 운항 중 고장발생 이력이 있는 냉동 컨테이너에 대해서는 양하항의 운영담당자에게 사고기록(사고보고, 수리기록 등)의 사본을 전달한다.

1.2.7 컨테이너의 하역작업 시 주의사항

1. 하역작업 시 일등항해사 직무

일등항해사는 Supercargo 및 Terminal Superintendent와의 Meeting시 해당 항차의 Stowage Plan과 Special Cargo에 대한 충분한 정보를 입수하여 이에 따른 준비를 하며, 대부분의 항구에서 그러하듯이 입항 즉시 Actual Cargo Weight를 선박에 건네주는 경우가 거의 없으므로 항구출항 시 선박 Condition, 특히 GoM에 하자가 생기지 않도록 관련 부서 및 Stowage Planner에게 필요한 사항을 요청한다(하자발생 시 Shifting에 따르는 시간과 비용은 막대함을 유념하자). Actual Weight 자료입수 후 즉시 검토하여 Hold Bottom 및 Hatch Cover의 제한하중에 따른 각 스택당 하중, GoM, Draft, Trim, B.M, S.F, Torsion Moment 등의 Condition을 산출하고 문제발생 시 Supercargo 및 Terminal 측과 상의하여 선적 후 발생할지도 모를 Shifting 요소를 사전 제거하도록 한다.

2. Stacking Weight over Check

Deck상 Hold내 컨테이너선이 각 구획마다 선적 가능한 Weight 내에서 화물이 실렸는지 체크해야 한다. TSB Supercargo에 컨테이너의 무게, 선박 개별적 특성에 따른 Stacking Weight가 입력되어 있어 초과될 경우 빨간색 혹은 경고음 등으로 알 수 있다.

㉠ 2200TEU H선사 컨테이너

Deck상에서 동일 Tier상에 20′컨테이너는 80톤 40′컨테이너는 100톤을 초과해서는 안된다. Hold 내에서는 20′는 각 컨테이너당 26톤 40′는 각 컨테이너당 35톤을 초과해서는 안 된다.

3. 맹목거리를 고려한 선적

맹목거리는 IMO의 규정에서 알 수 있는데 본선의 길이의 두 배 혹은 500M 중 작은 것을 따른다.

㉠ 맹목거리 관련 선적 가능 Bay / Tier

01～15Bay : 5 Tier, 15～41Bay : 6 Tier

4. 전용 Hold별 선적

20피트 전용 Hold, D/G 전용 Hold가 있는 선박이 있으니 파악해 두어야 한다. D/G 전용 Hold의 경우 화재의 위험에 대비하기 위하여 Water Spray, Dry Powder 소화기 등 추가 설비가 되어 있는 선박도 있다.

5. 항행구간에 따른 Draft 초과방지

Load Line Chart를 보고 본선이 항행해야 할 구간의 Zone을 파악한다. 그리고 화물 선적하기 전 Planner가 왔을 때, 각 Zone에 따른 Draft가 초과되지 않도록 화물의 양을 조정한다. 화물의 양을 조정할 때에는 선박의 TPC와 일일 연료소모량 및 사용하는 연료탱크를 미리 파악해 두어야 한다.

㉄ Summer Draft : 10.518 MTRS, Tropcal Draft : 10.73 MTRS

6. Special Cargo 선적 시 주의사항

1) Break Bulk Cargo

① 카고의 종류, 하중, 크기

② 적재되는 컨테이너의 종류

③ Lashing 상태, 용접 여부

④ Location

⑤ 선박에서의 예정 Lashing 조건

⑥ Extreme Both Side에는 선적금지(악천후 시 Damage 및 점검상의 어려움)

2) R/F Container

① Pre-list 접수, 확인(Vent Operation Check)

② Location(예정 Loading Position에의 전원공급이 가능한지를 체크)

③ End Row에는 선적금지(악천후 시 Damage 및 점검상의 어려움)

④ 해수 유입에 따른 ENG.고장에 따른 Damage 방지하기 위해서 ENG.의 방향 변경

㉄ 선수 Bay(02)에는 선적금지 및 선미부(40 Bay)는 ENG.이 앞쪽으로 오도록 선적.

⑤ 리스트 접수 시 Cargo 내용물과 Required 온도가 적합하게 설정되어 있는지를 확인

하고, 또 현장의 Setting 온도와 List상의 Setting 온도가 일치하는 확인하여 의문이 있을 때 Supercargo나 터미널측에 서신으로 확인하여 반드시 거증서류를 남겨 Claim 발생 때 제시할 수 있도록 한다.

⑥ R / F Container 선적 시 Setting 온도대로 작동하고 있는지의 여부를 확인한다.(냉동화물 : 5도, 냉장화물 : 1도 이상 차이가 발생할 때는 즉시 연락한다.)

3) Dangerous Cargo

① Dangerous Cargo의 적재위치(Location & Segregation) 및 라벨 부착여부를 확인한다.

② D / G Cargo 격리요건을 확인한다.

③ 모든 D / G Cargo를 선적할 수 있는 Hold는 NO.2 Hold이며 Water Spray 장치가 되어 있으며 그 외 Hold는 D / G Class별 선적 가능하다.

④ DG Cargo Manifest상의 기입상태를 확인한다.

4) Special Cargo

Special Cargo 작업 시에는 1항사가 입회하여 체크하며 선적방법이 특별한 경우 양하항을 위하여 폴라로이드 사진을 찍어둔다(Flat Rack Container, Open Top Container, Break Bulk, Dangerous Cargo 등).

7. Heavy Weight Cargo 선적

Gantry Crane의 안전하중을 초과하는 Heavy Weight Cargo는 적하 시 양하항의 접안 예정 현측, Shore Crane 또는 Floating Crane 사용 가능성, Crane Reach 등을 고려하여 Stowage 위치를 선정하도록 한다.

8. 각종 하역서류

각종 하역 관련 서류의 수령, 확인 및 Damage 발생에 따른 서류는 필히 사인을 득한 후 관련 부서에 송부한다.

① Stowage Plan

② Dangerous Cargo List(CAPT.)

③ Reefer Container List

④ Exception List
⑤ Loading Plan(CAPT.)
⑥ Manifest 등(CAPT.)

1.2.8 컨테이너의 정박 중 항해사의 직무

1. 하역작업 전 점검사항

① Draft Survey & Check 시 추락사고에 대한 안전설비의 준비를 확인한다.
② Hatch Cover의 개폐는 정상 작동인지를 확인한다.
③ Foreman과 하역작업 진행 및 본선작업 주의사항을 충분히 상의한다.
④ Container Terminal에서 작성한 적부계획 또는 본선에서 작성한 화물의 적양하 계획이 본선의 상태에 무리 혹은 위험을 야기하는 요소가 없는지를 검토한다.
⑤ Lashing Gear 및 Reefer Container Receptacle은 충분히 준비되어 있으며, 하역기기들이 정상 작동을 하고 있는지를 확인한다.
⑥ 하역작업을 위한 충분한 조명상태 및 안전상태를 확인한다.
⑦ Stowage Plan을 충분히 이해하고 검토한다.
⑧ 적양하 Rate(Perfomance) 및 ETD를 확인한다.
⑨ 적양하 Sequence에 따른 Ballasting 및 Deballasting 계획을 잘 수립하여 Tank Overflow 혹은 Dead Ballast가 발생하지 않도록 한다.
⑩ 하역관계자와의 연락수단 및 연락처를 확실히 확보하여 둔다.
⑪ 조석에 따른 Berth의 여유수심을 알아둔다.
⑫ 해당 항구 또는 부두의 준수해야 할 특별규정이 없는가를 확인한다.

2. 하역작업 중 점검사항

① 하역작업 개시시간, 작업중지 및 재개, 작업중지 사유 및 작업종료시간을 정확히 기록한다.
② 화물의 분실과 선창의 화재방지에 주의한다.
③ 화물의 고박상태(Lashing, Shoring, Chocking, Wiring 등)를 확인한다.
④ 하역인부들의 과실에 의해 화물 또는 선체에 손상이 있을 시 Stevedore 책임자의

확인을 받도록 한다.

⑤ 항내에서 Ballasting 시에는 어떠한 경우에도 Tank Overflow시키지 않도록 각별히 유의한다. 단, 탱크 검사 시 검사관의 요청이 있을 경우 등의 특별한 경우는 제외한다.

⑥ 특수화물(Reefer Container, Dangerous Cargo, Special Cargo)의 적양하 시에는 반드시 당직사관이 입회를 하여 화물의 이상 유무 및 적부상태를 확인하도록 한다.

㉠ Reefer Cntainer

- Pre-List 접수, 확인(Vent Operation Check)
- Location(예정 Loading Position에의 전원공급이 가능한지를 체크(150개소임))
- End Row에는 선적금지(악천후 시 Damage 및 점검상의 어려움)
- 선수 Bay(02)에는 선적금지 및 선미부(40 Bay)는 ENG.이 앞쪽으로 오도록 선적
- 리스트 접수 시 Cargo 내용물과 Required 온도가 적합하게 설정되어 있는지를 확인하고, 또 현장의 Setting 온도와 리스트상의 Setting 온도가 일치하는지를 확인하여 의문이 있을시 Supercargo나 터미널측에 서신으로 확인하여 반드시 거증서류를 남겨 Claim 발생 시 제시할 수 있도록 한다.
- R / F Container 선적 시 Setting 온도대로 작동하고 있는지의 여부를 확인한다(냉동화물 : 5도, 냉장화물 : 1도 이상 차이가 발생할 때는 즉시 연락한다).

㉡ Dangerous Cargo

- Dangerous Cargo의 적재위치(Location & Segregation) 및 라벨 부착여부를 확인한다.
- D / G Cargo 격리요건 확인
- 모든 D / G Cargo를 선적할 수 있는 Hold는 NO.2 Hold이며 Water Spray 장치가 되어 있으며 그 외 Hold는 D / G Class별 선적 가능함.
- D / G Cargo Manifest상의 기입상태 확인

㉢ Special Cargo 작업 시에는 1항사가 입회하여 체크하며 선적방법이 특별한 경우 양하항을 위하여 폴라로이드 사진을 찍어둔다(Flat Rack Container, Open Top Container, Break Bulk, Dangerous Cargo 등)

⑦ Mooring Hawser를 수시로 관찰하여야 한다.

⑧ 우천작업 시 Hold Bilge를 수시로 Sounding하여 화물의 Wet Damage를 방지하도록 하여야 한다.

⑨ 접안 중의 날씨, 특히 비나 눈이 올 때의 시간을 잘 적어 놓도록 한다.
⑩ 화물량의 Shore Scale과 본선 Draft Scale과의 차이를 확인한다.
⑪ 만재흘수선을 초과하여 화물을 적재하여서는 출항을 할 수가 없다.

3. Ballast 작업

1) Ballast 작업의 중요성

컨테이너선에서 적정 GM, Bending Moment 및 Shearing Force를 유지하여 Seaworthines 확보 및 화물의 안전과 하역작업을 용이하게 하기 위하여 Bulk선에서 공선 항해 시 적정 Stability 유지한다. 선적항에서 최대화물 적재 및 선체 종강 도상의 보정을 위하여 Ballast 작업이 매우 중요하다.

2) 필요한 기초지식

① 탱크의 구조파악 : 탱크 모양, 크기 및 배치
② 라인의 배치 및 구조 : Main Ballast Line, Stripping Line
③ 밸브 계통 : Remote Control Valve System, 중간 밸브 역활, 자동 / 수동 밸브에 대한 이해
④ Bell Mouth 위치 : Stripping시 Helling, Trim 이용
⑤ 펌프의 이해 : 펌프의 종류, 용량 및 특성
⑥ 해당 항구의 수심 및 특별규칙

3) 작업 전 준비사항

① 1항사는 Ballast 계획수립, 당직배치 및 작업진행을 주관하여 모든 관련자에게 계획을 설명하고 주의사항을 주지시켜 Ballast 작업이 이상 없이 수행되도록 한다.
② 작업개시 전에 발전기, 펌프의 상태 및 Line Setting Up을 필히 확인하도록 한다.
③ Remote Control Valve용 유압 펌프의 작동상태 및 HYD. Oil Tank 내의 Oil Level이 적정한지 확인하고 부족 시 보충하도록 한다.
④ 각 탱크의 Level Gauge의 오차를 확인하여 두며 Gauge를 과신하지 않도록 한다.
⑤ Walkie-Talkie, 전화 등의 통신수단을 확인하여 둔다.
⑥ 야간 사운딩을 위해 사운딩 장소의 조명을 확인하고 Lantern을 준비한다.

4) 주의사항

① Air Draft, Heeling, Trim 및 Bottom Touch에 주의하면서 하역작업 속도에 따라 Ballast 작업을 조절한다.

② 컨테이너선의 경우 하역작업에 지장을 초래하지 않도록 Ballast 작업을 수행하도록 할 것이며, 과도한 Heeling은 작업중지를 초래하고 과도한 Trim은 Cell Guide의 손상 및 작업지연을 초래하니 주의하도록 한다. Heeling은 약 2도 이내, Trim은 약 2M 이내가 적절하다.

③ Ballast 주입 시 Overflow되지 않도록 주의한다. Top-side 탱크의 경우 약 85%만 싣도록 하고 출항 후 가득 채우도록 하며, 수면하 탱크의 경우에는 중력으로 가득 채우도록 한다.

④ 당직사관 인수인계 시 각 Tank Sounding 및 Ballast 계획을 철저히 인계하도록 한다.

⑤ Dirty Ballast의 적재를 가능한 한 지양하고 부득이 적재하였을 경우에는 대양에서 Clean Ballast로 교체하도록 한다.

⑥ Ballast Pump 기동 전에는 해당 밸브가 모두 열린 것을 확인 후에 기동을 하고, Ballast 작업종료 시에는 펌프를 먼저 중지시킨 후에 모든 밸브를 닫도록 한다.

⑦ Ballast 작업 중 또는 항해 중에 Ballast Valve의 Leaking 상태를 확인하여 해당 밸브를 수리하도록 한다.

4. 하역작업 종료 후 점검사항

① 화물은 선적 계획대로 정확히 선적되었는지를 확인한다.

② Cargo의 Trimming 및 Lashing은 적절한지를 확인해야 한다.

③ 미국 항에 있어서는 본선 하역작업 중 하역인부의 부상이 없었다는 확인을 반드시 받도록 한다.

④ 선체 속구 등을 움직이지 않게 잘 Lashing하도록 한다.

⑤ Air Vent 등 선체의 모든 개구를 악천후에 대비하여 Watertight 되도록 준비한다.

⑥ Gantry Crane Spreader 및 부두에 남은 Lashing Gear를 회수한다.

⑦ 하역 관련 서류를 검토 후 수령한다.

⑧ 보급, 수리사항이 종결되었는지를 확인한다.

⑨ 승조원 귀선여부 확인 및 밀항자 수색을 실시한다.

1.2.9 TSB Supercargo

대부분의 선사에서 사용하고 있는 컨테이너 화물작업 프로그램이다. 프로그램은 많은 용도로 사용되나 일반적으로 주로 사용되는 사항에 대하여 설명한다.

1. Plan

1) General Plan

선박의 모든 Bay들이 시야에 들어온다. General View Plan을 선택하면 현재 적재상태를 한 윈도우를 통해서 볼 수 있다. 이 윈도우에서 Bay의 상태는 양하항에 맞게 되어 있다.

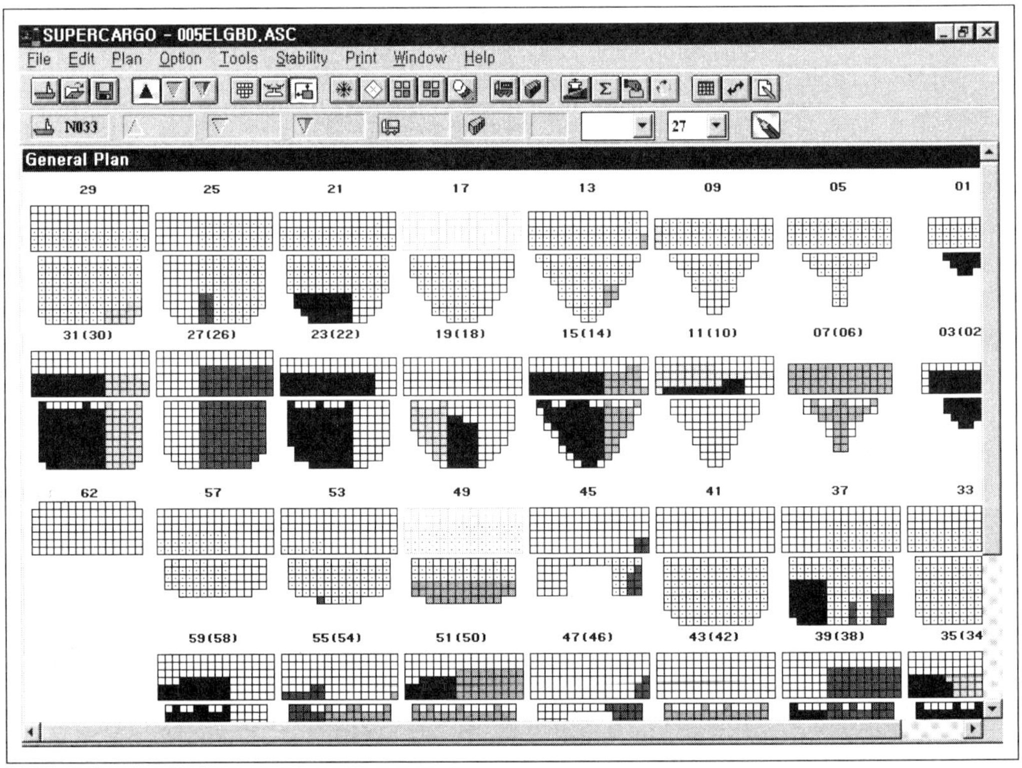

[그림 1-31] General Plan

〈주의〉 이 윈도우는 단지 참조하는 목적일 뿐 이것으로 적양하 계획을 하는 것은 좋지 않다. Config Update of Window에서 업데이트되지 않았다면 General Plan Window에서 어떤 변화도 나타나지 않을 것이다. 하지만 이 윈도우를 닫았다가 열면 General Plan Window에서는 벌써 바뀌었다는 것을 알 수 있다. 혹은 Config Update of Windows에서 업데이트된 General Plan을 조정한다.

2) General Arrangement

현재의 적재상태를 알 수 있다.

〈주의〉 General Plan과 General Arrangement에서 Scan View Plan으로 작업하고 있는 Hatch를 선택할 수 있다. General Plan에서 하나의 Bay를 클릭함으로써 Bay Plan으로 그 Bay를 불러낼 수 있다.

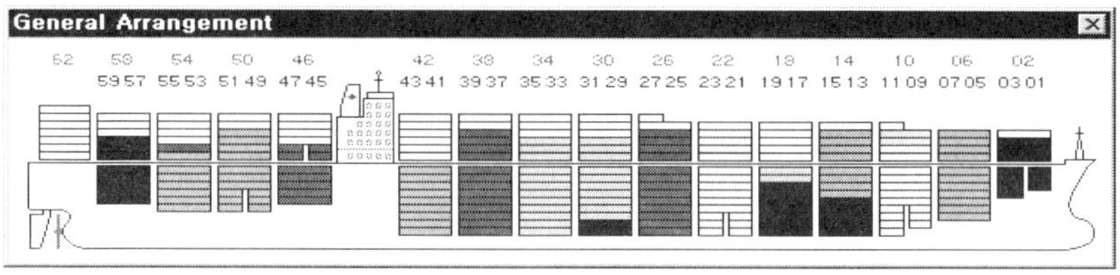

[그림 1-32] General Arrangement

3) Scan View Plan

다음과 같은 세 개의 Hatch들을 동시에 보고 작업할 수 있다.

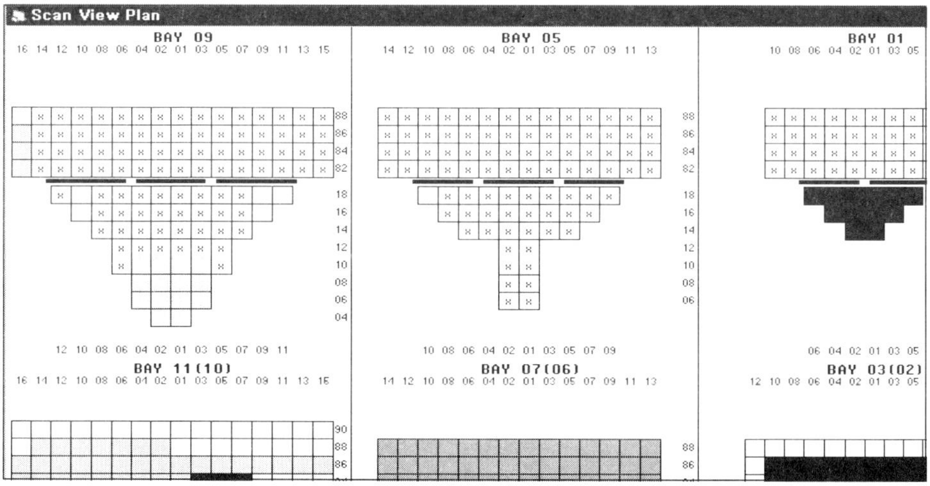

[그림 1-33] Scan View Plan

Scan View Plan에서 Bay는 여러 개의 Bay를 드래깅하거나 하나의 Bay를 클릭함으로써 General Plan 혹은 General Arrangement에서 선택할 수 있다. 'Scan View Plan'을 선택한다.

드래깅하여 General Plan과 General Arrangement에서 Hatch를 선택한다. Hatch의 Arrangement 명령은 윈도우의 왼쪽 아래에 Hatch 버튼에 의해서 조정된다. 이 윈도우는 3개로 나뉘어져 있고 각각의 부분은 1, 2 그리고 3으로 번호가 매겨져 있다. 이들 선택된 번호 중 어떤 것이라도 Bay Plan이 나타나게 될 것으로부터 첫번째가 된다.

컨테이너를 실으면 컨테이너의 규격을 선택할 수 있다. 그래서 40ft의 컨테이너를 실으면 인접한 Bay는 쓸모없게 될 것이다.

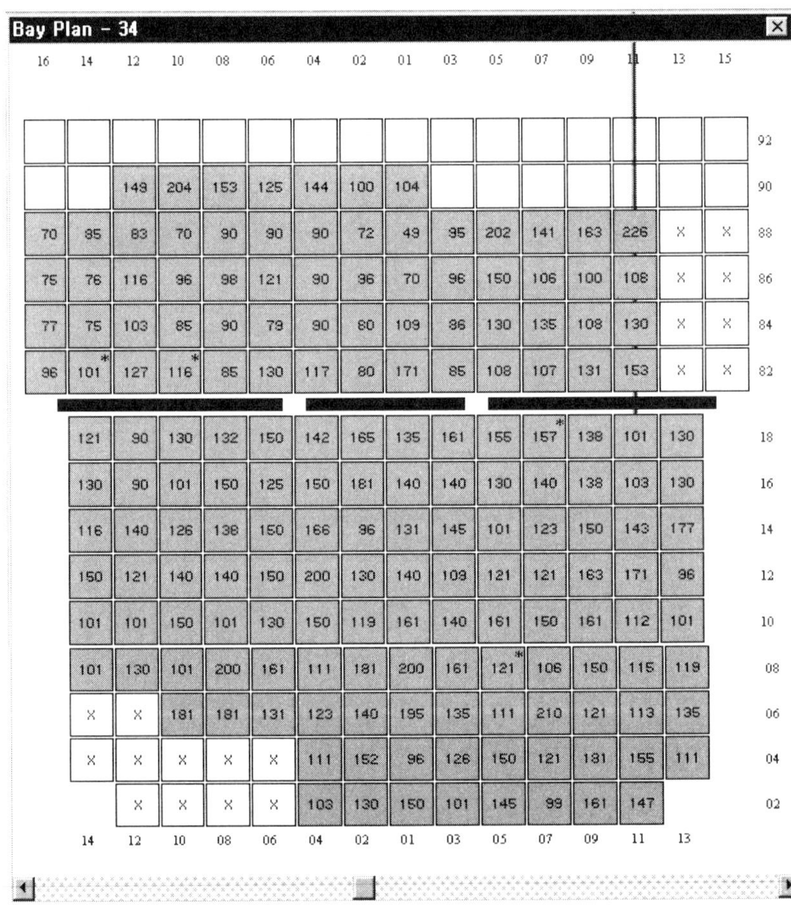

[그림 1-34] Bay Plan

4) Bay Plan

Cargo Summary

Bay	Weight	LCG	VCG	TCG	Qty
33	120.4	-3.02	5.81	12.20	11
34	1541.9	-6.09	14.61	-1.25	113
35	134.5	-9.16	5.12	11.91	11
37	530.6	-17.57	7.36	2.21	33
38	1289.3	-20.64	15.87	0.14	88
39	465.4	-23.71	6.85	2.92	33
41	230.9	-32.12	7.06	11.75	13
42	1716.4	-35.19	15.01	-1.41	104
43	205.3	-38.26	6.91	11.59	13
45	90.3	-68.72	16.84	-15.63	7
46	521.8	-71.79	19.76	3.21	39
47	76.1	-74.86	16.38	-15.32	7
49	16.7	-82.99	11.03	5.55	2
50	1105.8	-86.06	17.73	0.23	78
51	0.0	-89.13	0.00	0.00	0
53	15.5	-98.78	11.03	6.38	1
54	851.5	-101.85	17.67	-0.50	70
55	0.0	-104.92	0.00	0.00	0
Ttl	19595.9	◉ Hold	○ Deck		1338

[그림 1-35] Cargo Summary

하나의 Bay는 이 윈도우에 표시되어질 수 있다. Bay Plan에서 Loading, Discharging, 그리고 다른 기능들을 실행할 수 있고 Bay Plan을 선택한다. 다음과 같은 것을 이용해서 Bay를 바꿀 수 있다.

① General Plan이나 General Arrangement에서 클릭한다.

② Status Bar의 Combo Box에서 선택한다.

③ 이 윈도우의 Scroll Bar를 이용한다.

④ 화살표 키를 눌러서 왼쪽/위쪽, 그리고 오른쪽/아래쪽은 한 Bay 뒤로 앞으로 이동한다.

⑤ PgUP과 PgDn 키는 한 Hatch 위로 아래로 이동한다.

2. Stability

1) Inquire Cargo Summary

화물무게, LCG, VCG, TCG 그리고 각각의 Bay에서 컨테이너의 수량의 개요를 보여준다. Scroll Bar로 모든 정보를 읽을 수 있다. 탐색범위를 선택하여 Hold 또는 Ondeck 버튼을 클릭한다.

2) Edit Tank Data

탱크 상태는 조정될 수 있고 복원성 시뮬레이션 또한 가능하다. 선박의 Model Tank를 볼 수 있을 것이다. 탱크의 종류는 색깔로 구분된다.

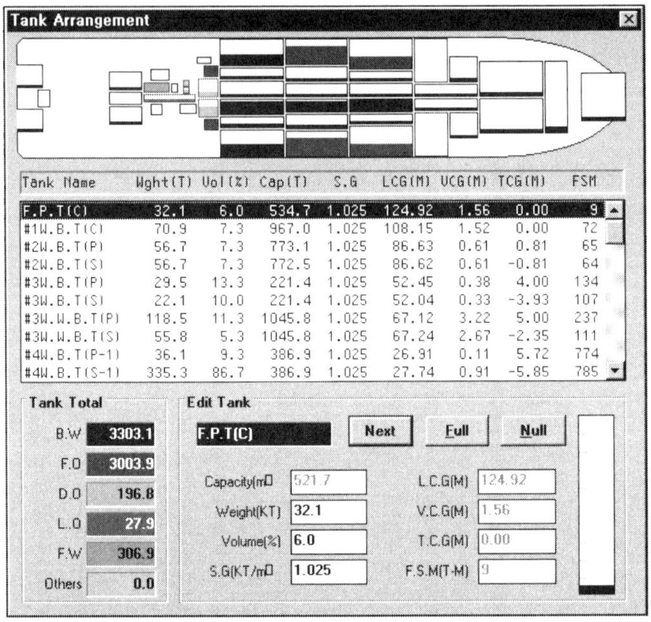

[그림 1-36] Edit Tank Data

3) 배수량 Summary

이 기능은 선박의 배수량과 흘수에 대한 보다 자세한 정보를 제공한다.

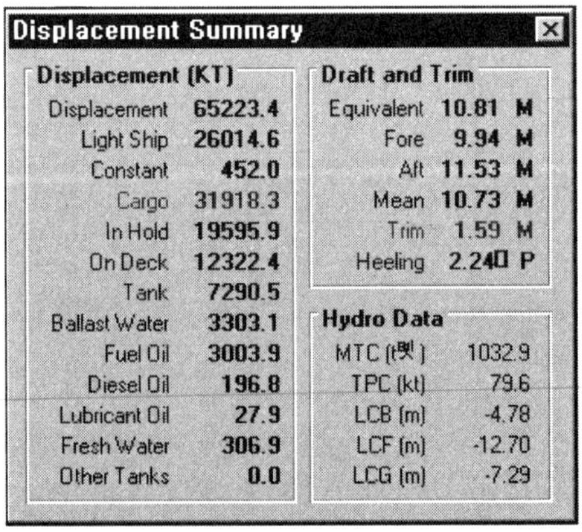

[그림 1-37] Displacement Summary

4) Stability Summary

모든 정보를 모아서 IMO 표준형식으로 복원성 정보를 제공한다. 이 윈도우를 이용하여 선박의 복원성이 적합할 때까지 Cargo / Tank의 값을 조정할 수 있다. 이 윈도우는 참조용이기 때문에 윈도우에서 그 값을 바꿀 수 없다.

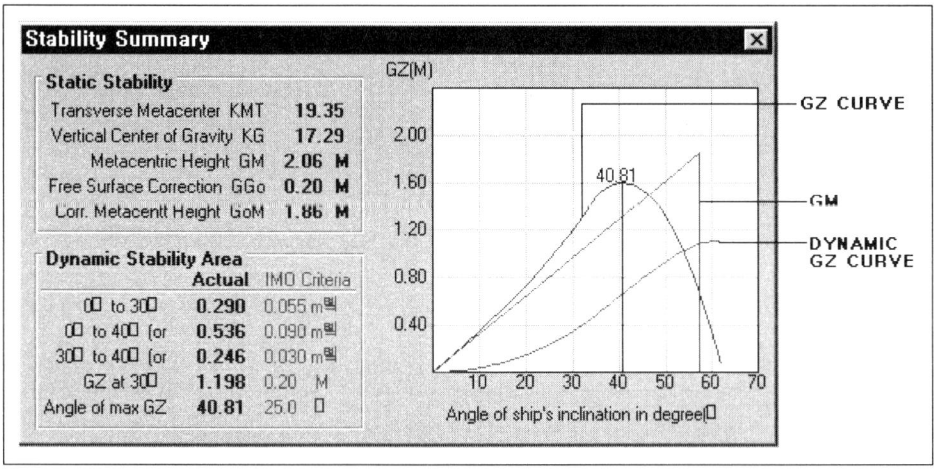

[그림 1-38] Stability Summary

5) Longitudinal Stress

화물과 탱크 상태로 선박의 Logitudinal Stress를 보여준다. Longitudinal Stress를 선택하고 화면에 그래프에 원하는 모드를 선택한다. 모드를 바꿈에 따라 그래프의 형태가 달라질 것이다. 허용치를 초과하는 계산값은 그 색깔이 빨간색으로 바뀔 것이다.

6) Torsional Moment

Torisional Moment를 선택하면 그래프로 특정한 모드를 선택할 수 있다. 화물과 탱크 상태에 따라서 Heeling과 Tiorisional Moment를 볼 수 있다. 만약 Bay Plan, 탱크 Arrangement를 열고 작업 중이었다면 그래프로 각각의 값을 살펴볼 수 있다.

Longitudinal Stress, Stability Summary와 Torisional Moment의 값과 그래프는 화물적재나 Tank Editing Work에 따라서 즉각적으로 업데이트된다.

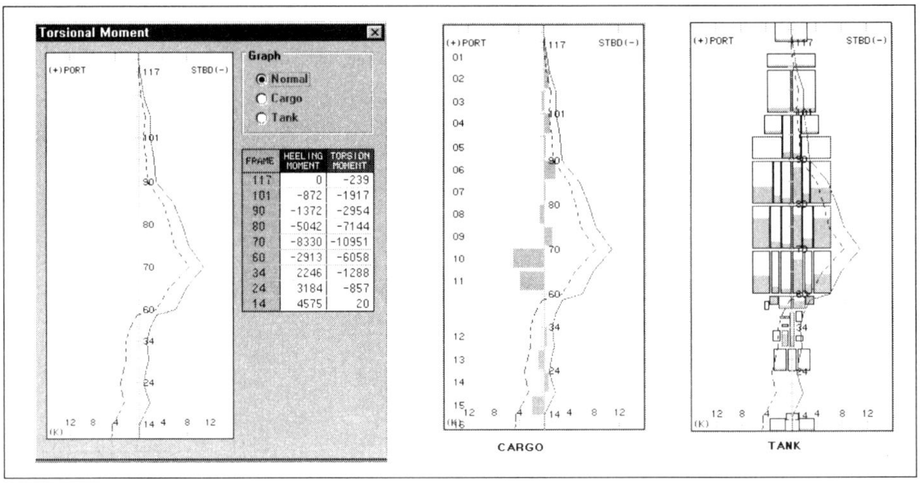

[그림 1-39] Torsional Moment

7) 컨테이너의 평균 VCG

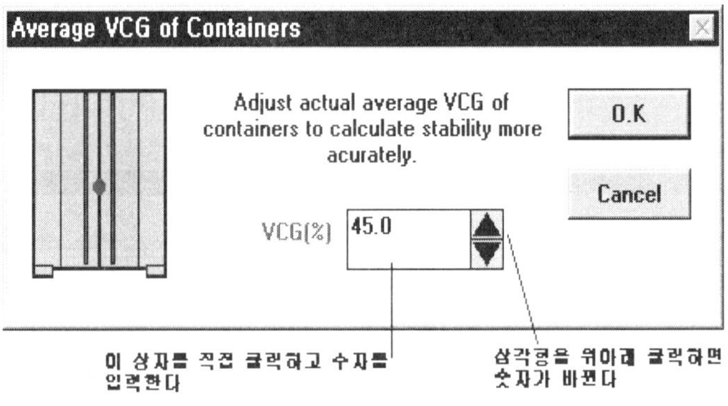

[그림 1-40] 컨테이너의 평균 VCG

더 정확한 복원성 시뮬레이션은 VCG Containers로 가능하다. Average VCG of Containers를 선택하고 삼각형 버튼으로 또는 상자 안에 직접 숫자를 입력하고 OK 버튼을 누른다.

8) 해수밀도

Sea Water Density를 선택하고 해수밀도를 입력한 후 OK 버튼을 누르면 해수밀도가 바뀐다.

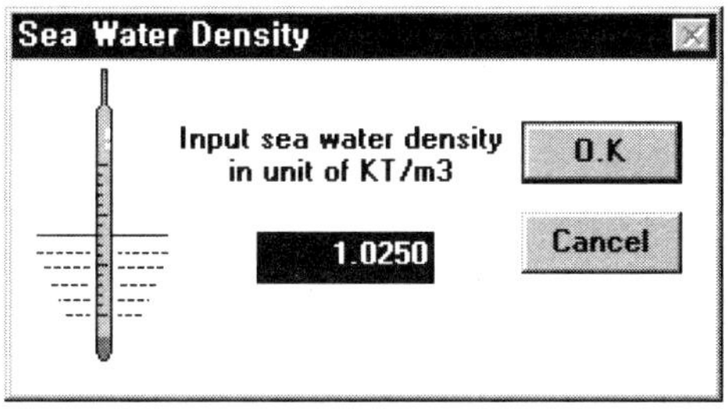

[그림 1-41] 해수밀도

1.3 컨테이너선의 선체

1.3.1 컨테이너선의 구조

컨테이너선을 구성하는 구조 부재는 직육면체의 컨테이너를 선적하기 위한 공간을 제외한 한정된 부위에만 설치가 가능하므로 다른 선박의 경우와 달리 매우 특이하게 배치되는 것이 많다. 특히, 선박의 대형화에 따른 종강도 부재의 대형화와 갑판상의 대형 Hatch의 존재에 따른 비틀림 강도(Torsional Rigidity)의 약화 등이 선박 구조 설계의 주요 포인트로 충분한 종강도 및 비틀림 강도를 확보하는 일이 가장 중요한다.

1. 갑판 구조

1) 갑판하 거더

갑판하 거더는 해치 코밍을 지지하고 종강도를 만족시키기 위하여 [그림 1-42]와 같이 상갑판 하부에 설치되며, 선체 중심선에 하나 또는 중앙선에 대칭으로 2~3개가 설치된다. 그러나 대형 컨테이너선의 설계에 있어서는 화물의 적재 및 하역 등의 효율을 높이기 위하여 갑판하 거더를 설치하지 않는 경우가 많다.

2) 상자형 거더

갑판은 양 현 끝부분의 좁은 띠판을 제외하고 종방향으로 하나의 해치를 이루어 전

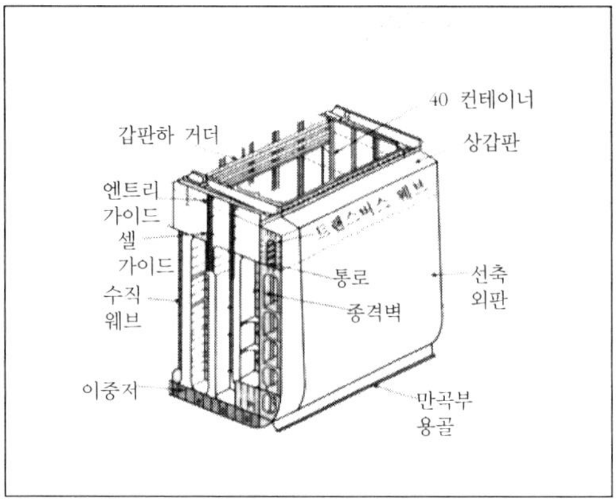

[그림 1-42] 컨테이너선의 중앙부 구조명칭

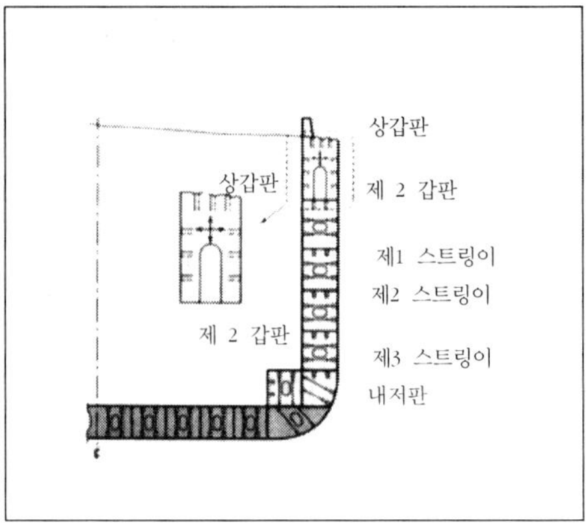

[그림 1-43] 상자형 거더

갑판의 대부분이 해치로 된다. 따라서, 선박의 횡방향의 부재에 인장과 압축강도를 주고, 종방향의 변형에 저항할 수 있게 하며, 충분한 비틀림 강도를 갖도록 [그림 1-43]과 같이 갑판과 현측 후판의 연결부에 매우 두꺼운 강판(30~80mm)으로 상자형 거더(Box Girder)를 배치하거나 또는 이에 대응하는 구조를 배치하게 된다.

3) 상갑판

상갑판은 폭이 좁고 두께가 두꺼워지므로 구멍을 뚫는 일은 극도의 주의를 요한다. 또, 횡격벽과의 교차점 부근 및 상부 구조와의 교차점 부근에서는 적당한 등금새와 보강판을 이용하여 응력집중에 의한 균열의 발생을 방지할 수 있도록 하여야 한다.

2. 격벽 구조

화물창(Cargo Hold)은 적당한 간격으로 수밀격벽에 의하여 나누어지며, 각 화물창은 컨테이너 횡 단위를 기준으로 하여 컨테이너 적재를 위해 비수밀 격벽이 설치된다. 수밀 격벽은 비틀림 강도 및 횡강도에 중요한 역할을 한다.

20′컨테이너와 40′컨테이너를 같이 선적할 수 있도록 만들어진 화물창의 비수밀 격벽은 보통 40′컨테이너 1개의 길이마다 설치되며, 선박의 동요에 의한 화물의 하중을 견딜 수 있도록 설계된다.

3. Hatch Comming 구조

1) Hatch Comming

해치 코밍은 화물창에 해수가 들어가는 것을 방지하고, 해치 커버를 지지하는 부재로서 [그림 1-44]와 같이 보강재와 지주로 구성된다. 최근에 건조되는 대형 컨테이너선에서는 해치 사이드 코밍을 연속적으로 배치시켜 종강도 부재로 활용하는 경향이 있다. 이 경우, 해치 코밍 구조는 상갑판 구조와 같은 정도로 튼튼한 부재를 사용하도록 한다.

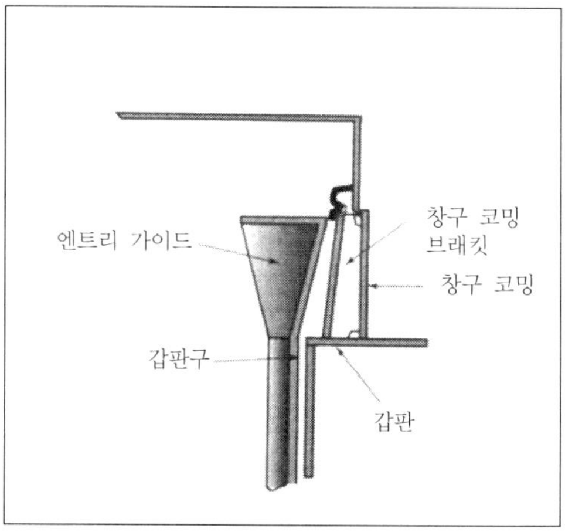

[그림 1-44] Hatch Comming

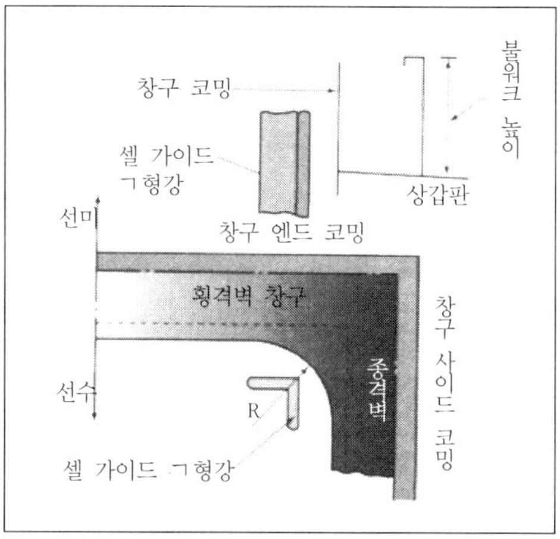

[그림 1-45] Hatch Conner

2) Hatch 및 Conner

컨테이너를 화물창에 적재하기 위한 개구로서 대각선 변형과 모서리 부위에서의 응력 집중 현상을 주의하여야 한다. 특히, 컨테이너선에서는 사각형의 화물창에 사각형의 컨테이너를 빼곡히 싣게 되므로, 모서리부에도 충분한 공간이 없어 큰 곡률을 줄 수가 없다.

그러므로 모서리부에서의 응력 집중을 피하기 위해서는 모리서리에 적당한 곡률을 주고, [그림 1-45] 같이 모서리 부위에 두꺼운 판을 배치하여 보강한다.

3) 해치 커버

여러 가지의 해치 커버 형식 중 컨테이너 전용선에서는 거의 [그림 1-46]과 같은 푼톤(Pontoon)형을 채택하고 있다. 즉 종방향으로 4~5개 정도로 나누어진 해치 커버를 크레인으로 들어 올려서 안벽에 내리거나 혹은 다른 해치 커버 위로 잠시 올려놓음으로써 화물창 내의 컨테이너를 처리할 수 있게 한다. 해치 커버의 위에는 [그림 1-46]과 같이 컨테이너를 고정시킬 수 있는 장치가 설치된다.

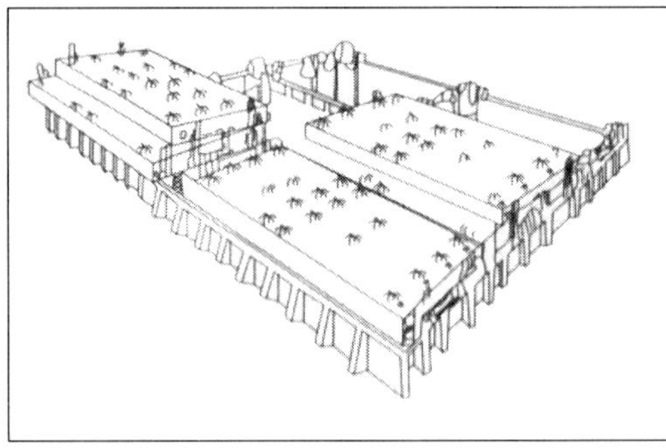

[그림 1-46] 폰톤형 해치 커버

4) 해치 커버의 특별 구조

① 수밀장치 : 모든 H / Cover에 수밀 Rubber Packing을 설치한 선박도 있으나, 1~3번 H / Cover만 Rubber Packing을 설치하고 나머지는 설치하지 않은 컨테이너선도 많다.

② Cleat 고정장치 : H / Cover의 Securing System은 통상 해수가 많이 올라오는 NO.1, 2 Hold에 Hydraulic Cleat Type이 설치되어 있으며, NO.3 Hold 뒤쪽으로는 Quick Acting Heavy Cleat Type이 설치되어 있다.

③ 특정 메이커의 H / Cover에서는 한쪽 면에 Wall Ventilator가 설치되기도 한다.

[그림 1-47] Hydraulic Cleat

[그림 1-48] Quick Acting Heavy Cleat

4. 벤치 구조

컨테이너선에서는 [그림 1-49]와 같이 컨테이너를 선적하면서 모서리부의 약점을 보강할 수 있도록 만든 벤치 구조가 많이 나타난다. 실제로는 선수미부로 가면서 이 벤치의 모양이 더욱 복잡해지는 양상을 하기 때문에 구조 부재의 배치에 유의하여야 한다.

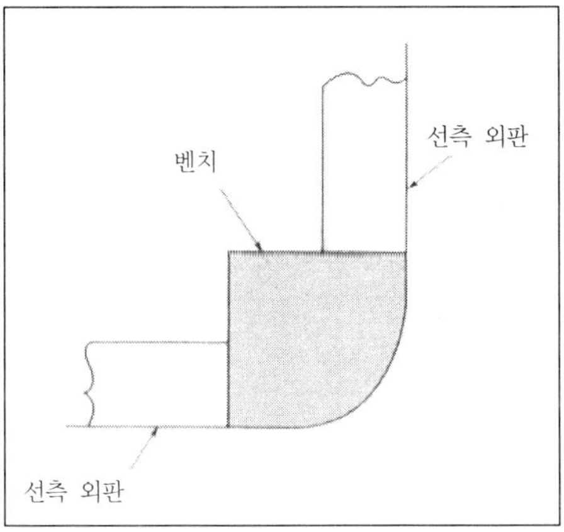

[그림 1-49] 벤치 구조

5. Cell Guide System

컨테이너를 Hold 내 지정된 Cell에 수직으로 선적시킬 수 있고 항해 도중 컨테이너가 움직이는 일이 없도록 튼튼하게 고정시킬 수 있도록 Cell Guide가 설치되어 있으며, 다양한 규격의 컨테이너를 모두 수용할 수 있도록 만들어져 있다. 대부분의 컨테이너선에서는 40피트의 Cell에 20피트 컨테이너 2개를 앞뒤로 나란히 선적할 수 있게 만들어져 있다.

[그림 1-50] Cell Guide

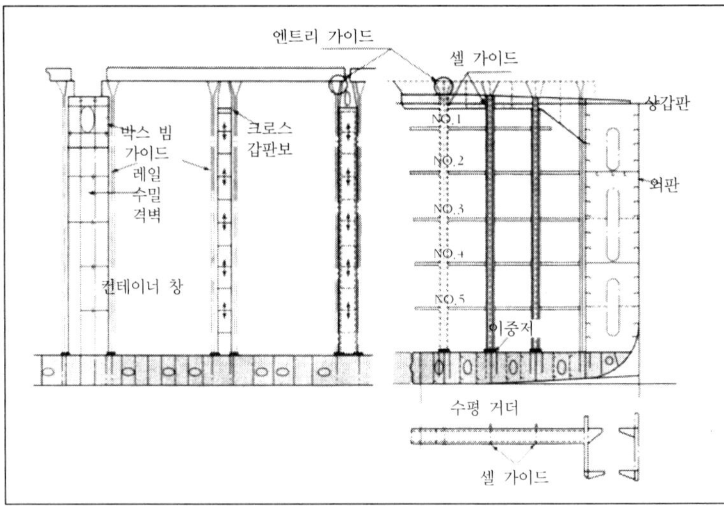

[그림 1-51] Cell Guide 구조

[그림 1-52] Cell Guides in an All-Container Ship

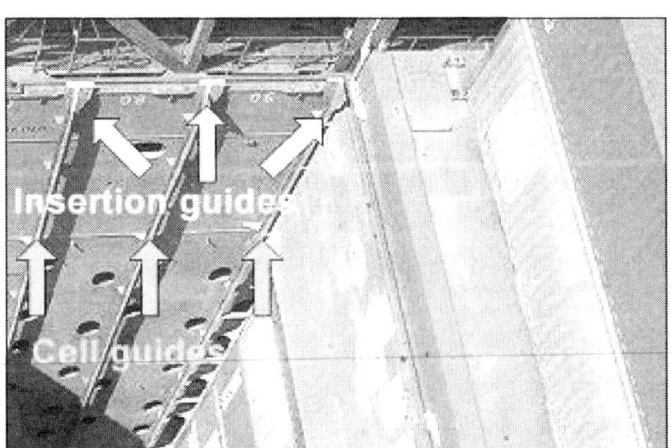

[그림 1-53] Guide Rails of two Adjacent Slots

1.3.2 컨테이너 적재위치에 관한 용어

컨테이너선에서의 적재위치에 관한 용어는 Hold, Hatch, Twin Deck 등 일반화물선에 사용되는 용어와는 달리 각 컨테이너의 정확한 선적장소를 알 수 있도록 3차원 입체배열로서 일정위치를 나타내는 Numeric System을 이용한다. 즉 컨테이너의 적재위치는 Bay NO., Row No. 및 Tier NO.로 구분된 6자리의 Cell NO.로서 표시된다.

1. Bay NO.

컨테이너는 지정된 Cell에 차곡차곡 선적되는데, 선박의 길이 방향으로 나누어진 Cell Group을 Bay라고 한다. 즉, 한 Bay는 20foot Container 2개 또는 40foot Container 1개가 들어가는 길이이다.

2. Row NO.

각 Cell을 선박폭 방향으로 붙여나가는 번호를 Row NO.라 하며, 번호부여 방법은 선박구조물에 대한 전통적인 Numbering과 같이 선박의 오른편을 홀수로, 왼편을 짝수로 표시한다. 즉 Row의 개수가 홀수인 경우에는 맨 중앙의 Row를 00으로 하여 우현쪽으로 나가며 01, 03, 05, …로 표시하며, 좌현쪽으로는 02, 04, 06, …로 표시하며, 짝수의 경우에는 선체 중앙에서 우현쪽으로 01, 03, 04, …, 좌현쪽으로는 02, 04, 06, …의 두자리 숫자로 표시한다.

[그림 1-54] Row NO.

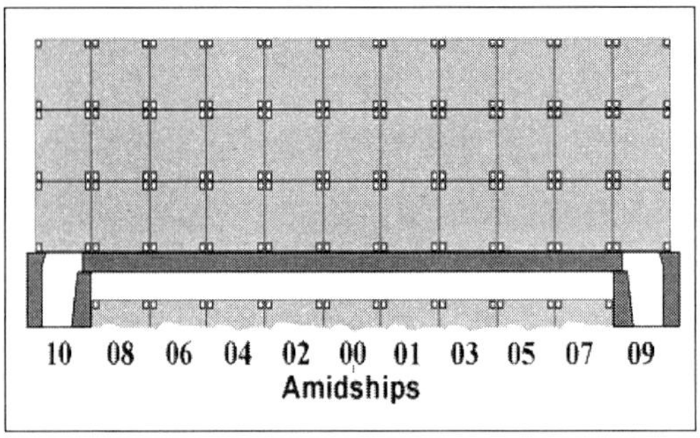

[그림 1-55] Row의 개수가 홀수인 경우

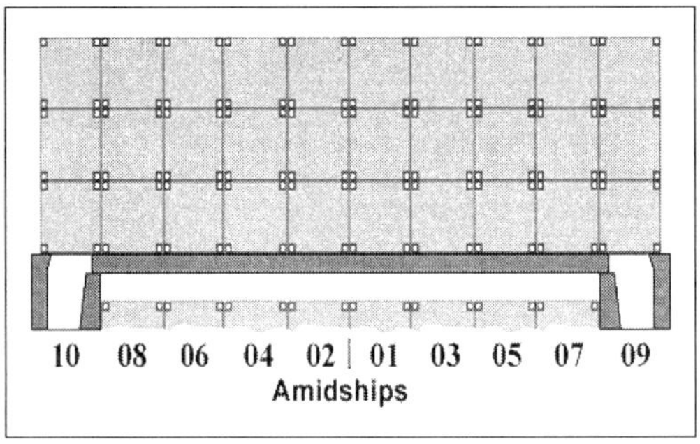

[그림 1-56] Row의 개수가 짝수인 경우

3. Tier NO.

컨테이너의 층을 나타내는 숫자로 당사에서는 Hold의 경우 Hold 1단을 '02'로 하며 짝수 Numbering(02, 04, 06 … 16), Deck의 경우 Deck 1단을 '82'로 하여 짝수 Numbering(82, 84, 86 … 90)으로 구분하여 표시한다.

[그림 1-57] Tier NO.

4. 컨테이너 위치표시 예

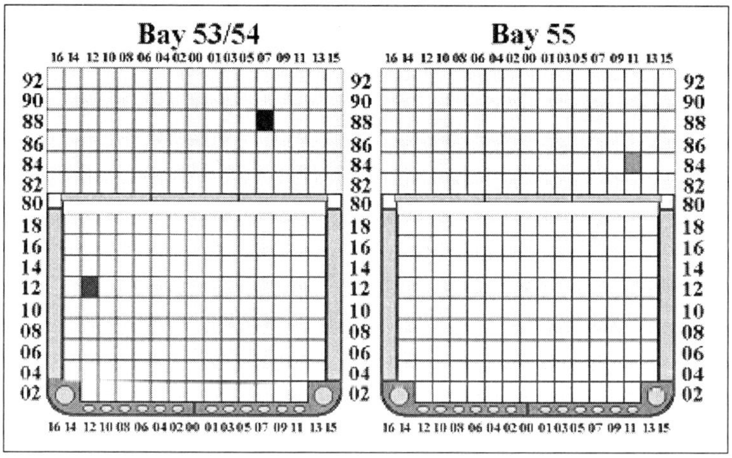

[그림 1-58] Color-Labeled Containers in a Bay Plan

① 빨간색 20′ Container Slot 위치 : 531212

② 파란색 40′ Container Slot 위치 : 540788

③ 초록색 20′ Container Slot 위치 : 551184

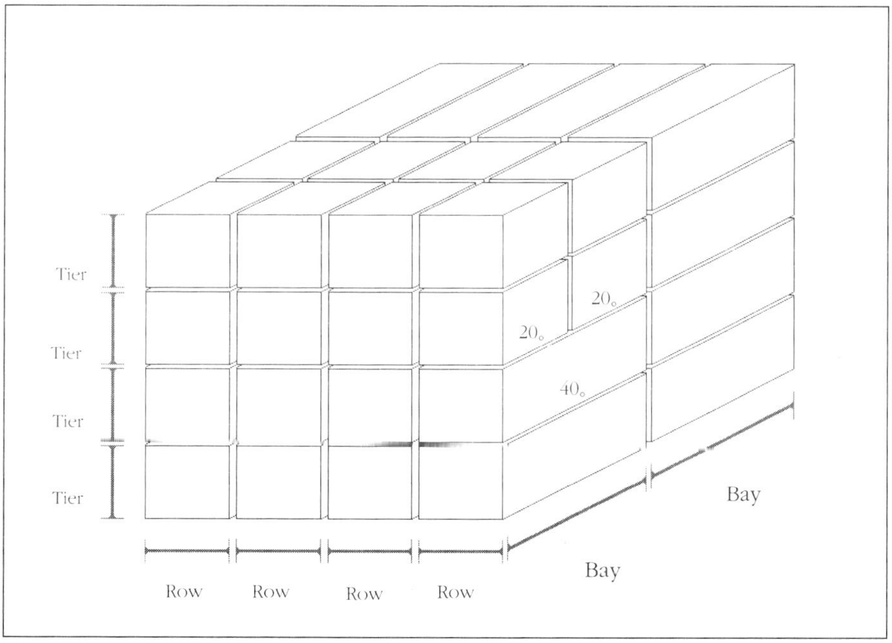

[그림 1-59] Bay, Row, Tier

1.3.3 선체 선수형상

컨테이너선의 구상선수(Bulbous Bow)는 조파저항을 줄이기 위해 파도를 효과적으로 가르도록 설계되었다. 컨테이너선과 타 선종 대형선의 선수형상 비교는 다음과 같다.

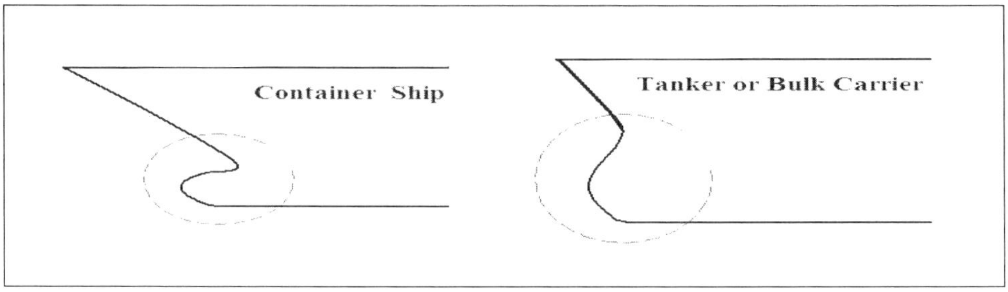

[그림 1-60] 선체 선수형상의 비교

[그림 1-61] 컨테이너선의 Bulbous Bow

[그림 1-62] Crude Oil Carrier

[그림 1-63] Container Ship

1.3.4 Container Lashing

1. Lashing Gear

선박의 Rolling이나 Pitching 등에 의해 컨테이너가 이동하거나 붕괴되는 것을 방지하기 위하여 컨테이너 Lashing이 필요하다. 컨테이너의 Lashing에 사용되는 각종 장비를 Lashing Gear 혹은 Fitting이라 하며, 선체에 고정되어 있는 Fixed Gear와 이동 사용이 가능한 Loose Gear로 나누어진다.

1) Fixed Gear

① Socket(Foundation Stool) : 갑판적 Container용으로 H / Cover 등에 고정되어 있으며, Twistlock을 꽂아서 컨테이너를 Securing시키게 되는데 Single Type과 Double Type의 두 가지가 있다.

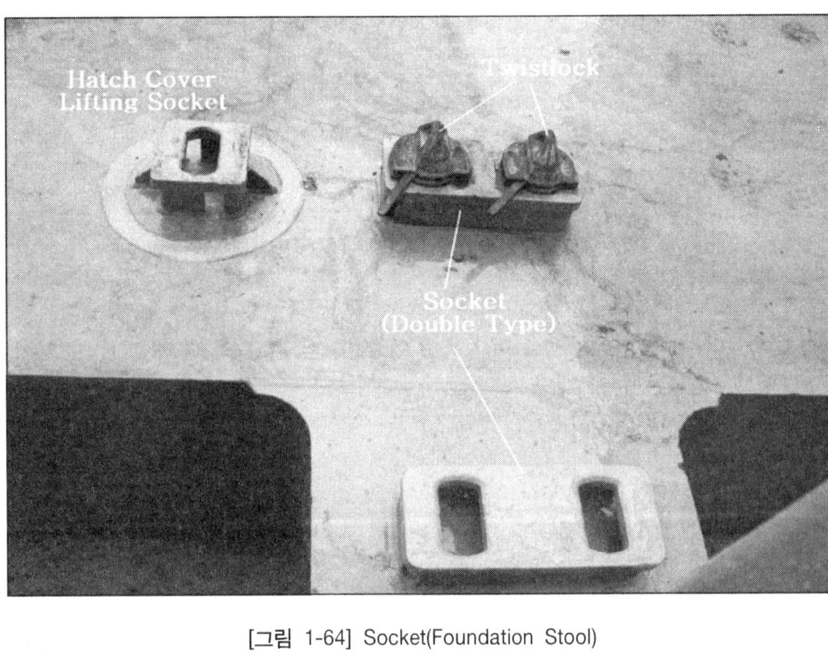

[그림 1-64] Socket(Foundation Stool)

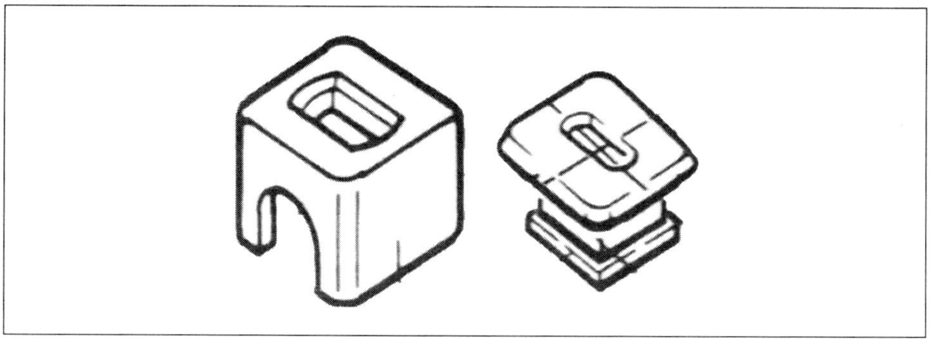

[그림 1-65] Single Socket

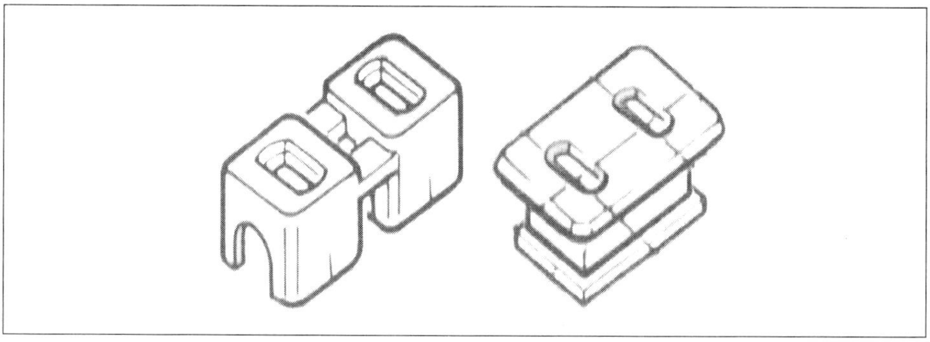

[그림 1-66] Double Type Socket

② Eye Plate : H / Cover 등에 고정하여 Turnbuckle을 연결시키게 되며, Eye가 1개인 것과 2개, 3개, 4개 및 5개인 것도 있다.

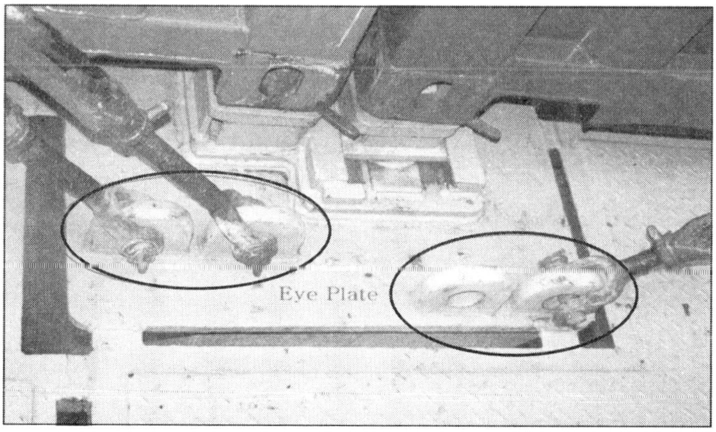

[그림 1-67] Eye Plate

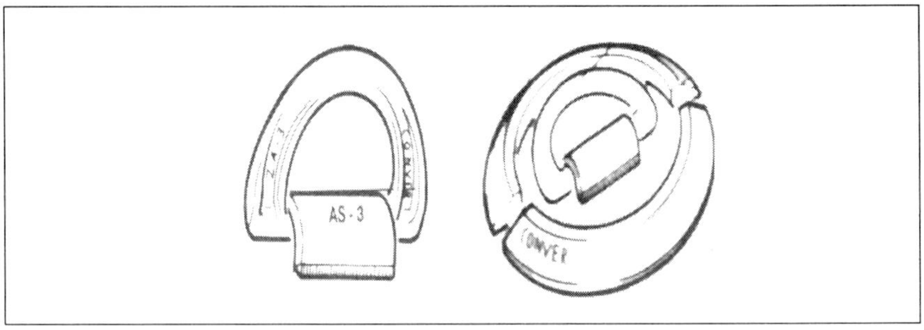

[그림 1-68] Lashing Eye

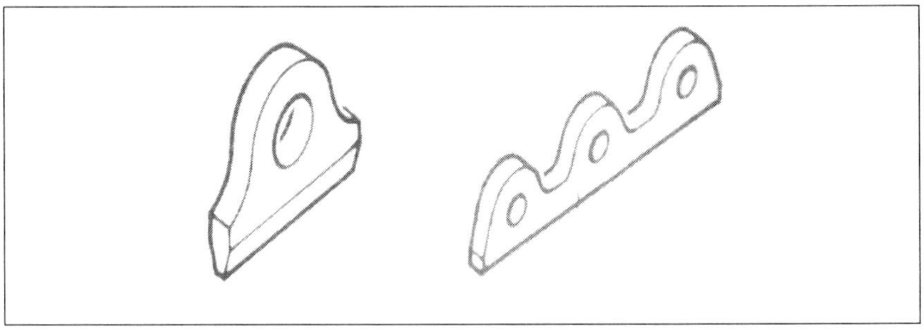

[그림 1-69] Lashing Plate

③ Fixed Cone : 갑판이나 화물창 바닥 등에 고정되어 컨테이너 Coner Hole에 맞춰 고박한다.

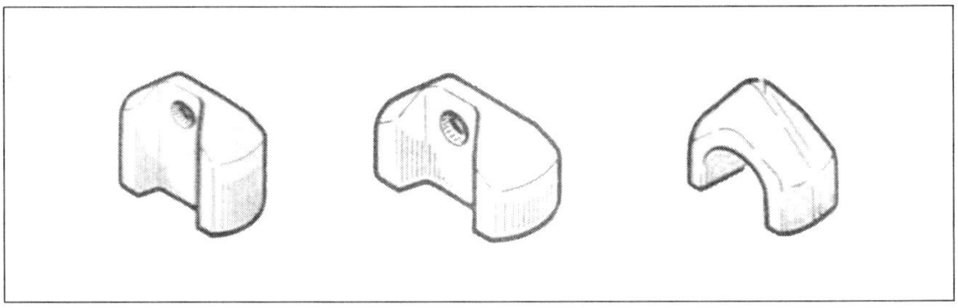

[그림 1-70] Fixed Cone

2) Loose Gear

(1) Twistlock

① H / Cover 등의 갑판과 컨테이너 사이 또는 컨테이너와 컨테이너 사이를 수직방향

으로 Securing하는 것으로 RH(Right Handed)형과 LH(Left Handed)형이 있다.

② Manual Twistlock : 통상 On Deck 1단 Lashing 시 사용한다.

③ Semi-Auto Twistlock : 통상 2, 3, 4, 5단 Lashing 시 사용한다.

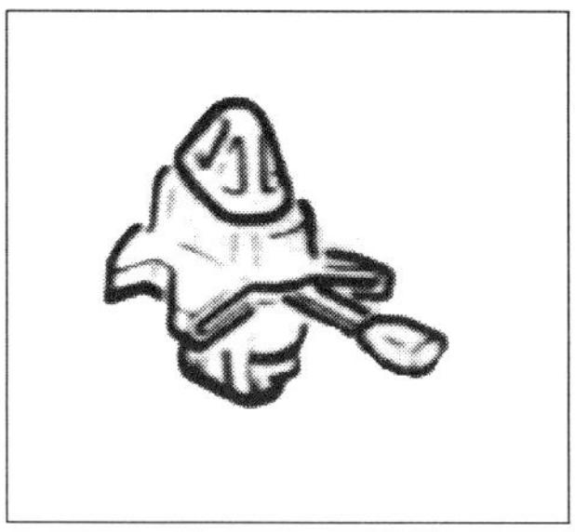

[그림 1-71] Manual Twistlock

[그림 1-72] Semi-auto Twistlock

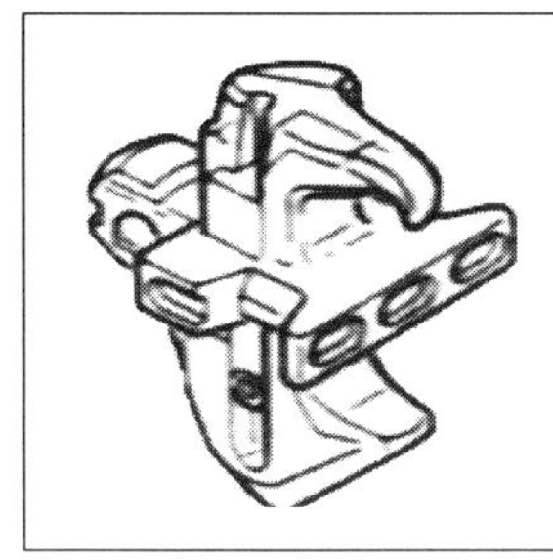

[그림 1-73] Auto Twistlock

(2) Lashing bar

고장력강을 사용한 환봉으로 2단째나 3단째인 컨테이너의 하부 속구에 고박이 된다. 이 경우에는 3단째인 컨테이너의 Corner Fitting에 Upper Securing Fitting으로 고박하고, Lashing Rod의 끝단을 끼워 넣는다.

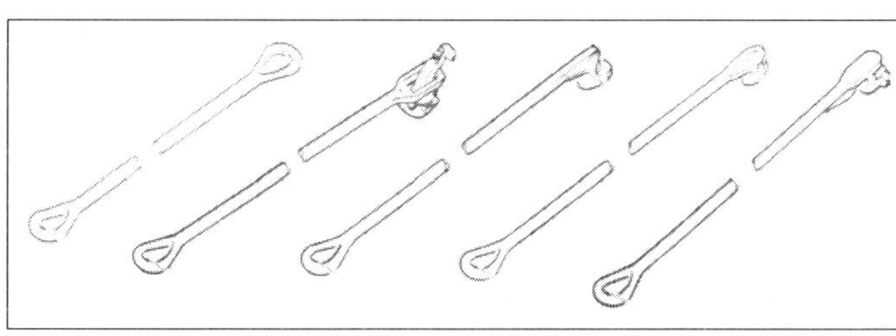

[그림 1-74] Lashing Bar

(3) Turnbuckle

H/Cover 혹은 갑판상에 있는 Eye Plate와 Lashing Rod를 연결하여 고정시킨다.

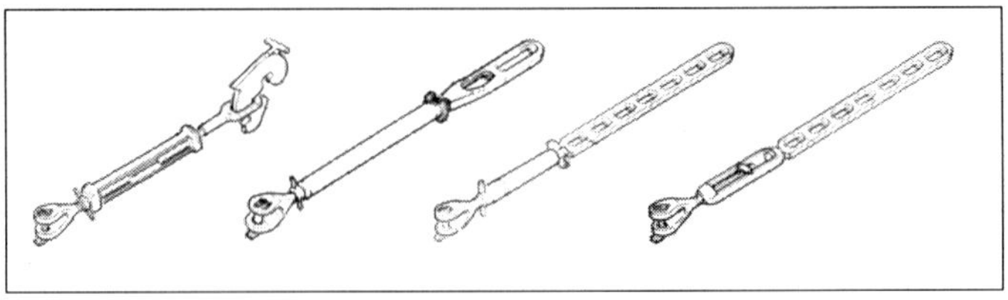

[그림 1-75] Turnbuckle

2. Lashing 방법

컨테이너의 Lashing 방법에 있어서 초창기에는 Wire나 Bridge Fitting 등을 사용하였으나, Lashing하는 시간이 많이 걸려 요즘에는 거의 사용되지 않으며 대신에 Lashing Bar와 Twistlock 등을 사용하고 있다.

1) Advanced Lashing 방식

통상 선박에서 사용하고 있으며 1, 2단 Lashing 형태이다. 통상 1단 상부 및 2단 하부에 Turnbuckle Lashing하며 현측에만 1단 상부, 2단 하부 및 3단 하부에 Turnbuckle Lashing 한다.

Turnbuckle에 4개 혹은 7개의 구멍이 있어 High Cubic Container 적재 시에도 한 종류의 Lashing Rod를 사용함으로써 취급이 간단하고 작업시간이 단축된다.

[그림 1-76] Lashing bar & Turnbuckle

[그림 1-77] Advanced Lashing 방식

2) Lashing Bridge 방식

보통 5000TEU급 이상 선박에서 사용하고 있으며, 40footer Container에는 Lashing Bridge에서 2단 상부 및 3단 하부에 Turnbuckle Lashing하며, 20footer Container에는 중간부분에서 1단 상부 및 2단 하부에 Turnbuckle Lashing하며, Lashing Bridge에서는 2단 상부 및 3단 하부에 Turnbuckle Lashing한다.

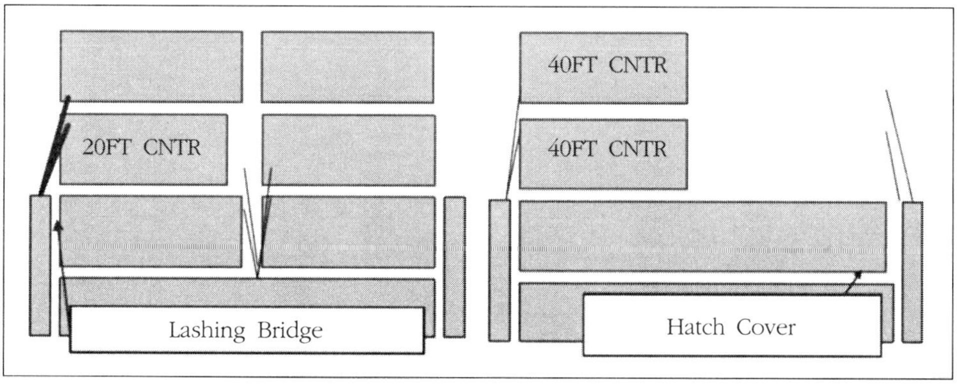

[그림 1-78] 컨테이너선의 모식도

1.3.5 기타 컨테이너 선체용어

1. Bed Plate

기계를 설치하고 고정시키는 판(Bolt와 Nut로 연결됨)이다.

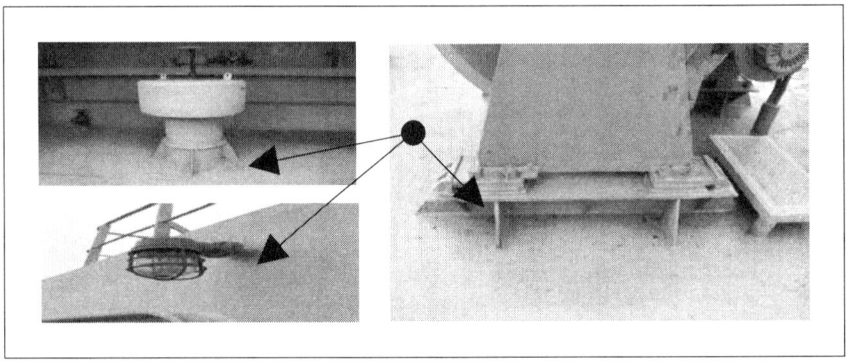

[그림 1-79] Bed Plate

2. H / Cover Cleat

H / Cover 고박장치로 HYD. Cleat와 Quick Acting Heavy Cleat로 구분되며 HYD. CLEAT는 NO.1, 2 Hold에 Quick Acting Heavy Cleat는 그 뒤 홀드에 설치된다.

[그림 1-80] H / Cover Cleat

3. Cell Guide

컨테이너를 Hold 내 지정된 Cell에 수직으로 선적시킬 수 있고 항해 도중 컨테이너가 움직이는 일이 없도록 튼튼하게 고정시키는 것이다.

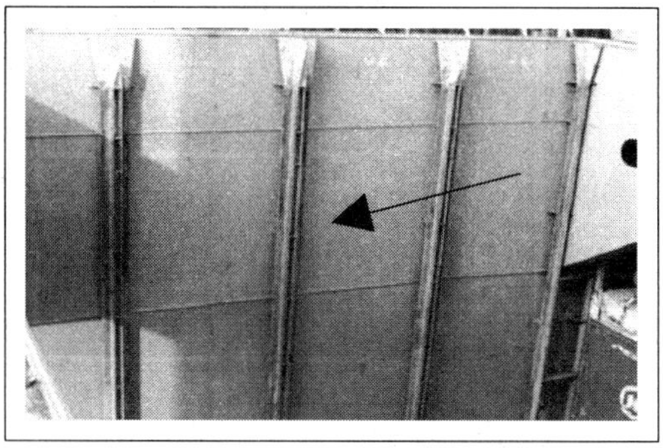

[그림 1-81] Cell Guide

4. Box Girder

컨테이너선의 Upper Deck Stool 사이에 설치된 상자(Box)형의 종강재 Deck 중 가장 응력을 많이 받는 곳 중 하나이므로 수시로 점검요한다.

[그림 1-82] Box Girder

5. Pedestal

컨테이너 적재를 위해 Deck 상부에 설치되는 지주이다.

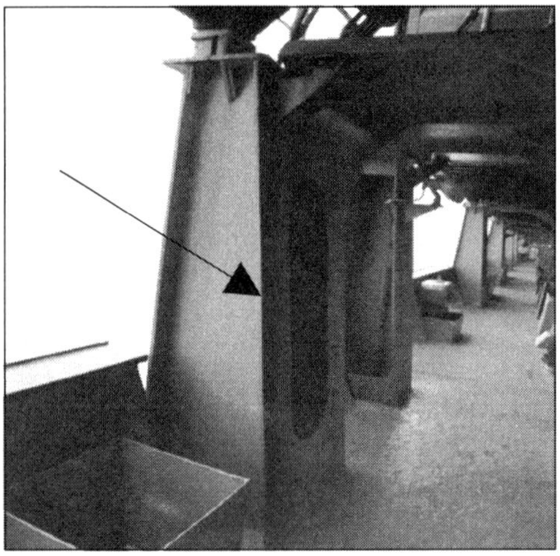

[그림 1-83] Pedestal

6. Bulwalk

갑판상으로 파랑이 몰아쳐 올라오는 것을 막고, Hatch 등의 갑판구를 보호하고, 또 갑판상의 통행의 안전을 위하여 상갑판과 선루 갑판의 외부에 노출된 부분의 선측의 외판 연장부에 Steel Plate의 난간을 만든 구조이다.

[그림 1-84] Bulwalk

7. Side Stringer

늑골 상호간의 위치를 확보하고 외판의 변형을 방지하며 종강도 부재의 역할을 하는 선측에 붙이는 종통재를 말한다.

[그림 1-85] Side Stringer

8. Hatch Coaming Compression

Hold에 물이 침투하지 못하도록 한다.

[그림 1-86] Hatch Coaming Compression

9. Bulkhead

일반적으로 선내를 종 또는 횡으로 칸을 막는 구조를 격벽(Bulkhead)이라 하며, 그것이 수밀구조일 때 수밀격벽(Watertight Bulkhead)이라 하며, 그렇지 않을 때 이를 비수밀격벽(Non-Watertight Bulkhead)이라 한다. 격벽이 선내를 종통할 때 이를 종격벽(Longitudinal Bulkhead)이라 하고, 횡으로 놓인 것을 횡격벽(Transverse Bulkhead)이라 한다.

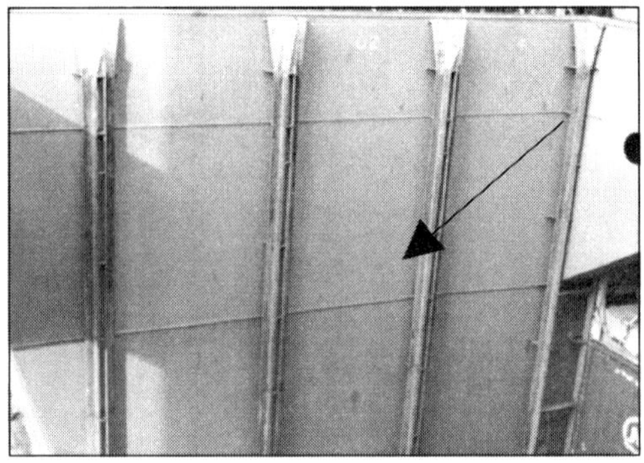

[그림 1-87] Bulkhead

10. Lug

Pad Eye의 일종으로 수리 시 들어 올리게 만들어진 구조이다.

[그림 1-88] Lug

11. Small Hatch

물건의 이동의 편의를 위해 설치된 개구이다.

[그림 1-89] Small Hatch

12. 컨테이너 Fitting Box

Lashing Gear를 보관하는 Box이다.

[그림 1-90] 컨테이너 Fitting Box

13. H / Cover Stool Pad(Flexible Rubber Type)

H / Cover를 받쳐주는 장비이다.

[그림 1-91] H / Cover Stool Pad

14. Water Break

특정 물체를 파도 또는 바람으로부터 보호하기 위한 부재이다.

[그림 1-92] Water Break

15. Torsion Box

Hatch와 Hatch 사이에 위치한 Box(4000TEU 선박의 경우 R / F Receptacle 위치해 있음)이다.

[그림 1-93] Torsion Box

16. Cat's Way(Cross Deck)

Hatch와 Hatch 사이에 좁은 통로이다.

[그림 1-94] Cat's Way

17. Skirt

철판의 가장자리(예 Hatch Cover Skirt)이다.

[그림 1-95] Skirt

18. House

집모양처럼 생긴 Deck에 따로 만들어진 구조물이다.

[그림 1-96] House

19. Stanchion

상부 구조물을 위한 지지대, 기둥(Gangway에 Rope를 걸기 위한 Stanchion이 있다.

[그림 1-97] Stanchion

1.4 컨테이너선의 시스템

1.4.1 컨테이너선의 해운전망

세계 정기선업계의 화두는 선박공급 과잉과 수요부진에 따른 운임하락이다. 극초대형 선박발주가 계속 증가하면서 당분간 세계 해운시장의 선박공급 과잉이 더욱 심각해질 가능성이 높고, 지속적인 세계경제 침체로 인한 무역 및 해상운송 수요둔화로 운임이 크게 하락하면서, Drewry와 Howe Robinson 등 정기선부문 해운시황 조사분석 전문기업들은 시장전망에 대해 대체적으로 부정적인 시각을 갖고 있는 것으로 나타났다.

동북아 3국을 포함한 동아시아 지역은 오랫동안 안정된 수요와 운임을 보여왔으나, 2014년부터 전체적인 수요둔화와 선박공급 과잉이라는 이중고에 따라 심각한 운임하락을 보이고 있다. Drewry는 전세계 컨테이너 물동량의 30%를 차지하는 중국과 홍콩의 심각한 경제위기 속에서 중국과 홍콩항의 컨테이너 물동량은 계속 감소세를 나타내고 있고, 현재와 같은 시황부진이 향후 몇 년이 지속될 것을 전망하고 있다.

또한 2016년 상반기 파나마 운하 확장개통으로 1만TEU급 선박 전배가 늘어나면서 선사 간 집하경쟁이 치열해져 아시아~미국항로 운임약세가 오래갈 것으로 예상하고 있다.

아시아~남미 항로, 아시아~유럽 항로도 마찬가지로 선박의 공급 과잉현상의 심화와 수요부족으로 인한 시황부진이 장기간 지속될 것으로 예상하고 있다.

현재 컨테이너선 선사들이 선복공유협정(VSA)을 통해 Alliance를 구축하여 운항 비용절감을 도모하는 동시에 기본운임인상(GRI)을 통해 운임이 장기간 지속적으로 하락하는 상황을 예방하고 있다. 그러나 2015년 상반기 컨테이너 시장에 운항 중인 18,000TEU급 이상의 초대형 선박이 총 20척이나 2017~2018년에 인도될 18,000TEU급 17척, 20,000TEU급 15척이 추가되어 현재의 2배에 이를 예정이다.

극초대형 선박의 건조가가 20~30% 낮고, 극초대형 선박 자체가 에코십으로 설계되어 연료비 절감효과도 높아 비용우위를 통해 시장점유율을 확대하려는 주요 선사들을 중심으로 20,000TEU급 이상의 극초대형 선박의 발수를 검토하고 있어, 향후 컨네이너 시장의 수요와 공급의 격차는 더욱 커질 것으로 예상된다.

2015년 후반기 선박공급 과잉으로 인한 주요 항로에서 시황부진이 계속되면서 각 선사들은 계선 규모를 급격하게 늘려 선박공급 과잉을 줄이고 있음에도 불구하고 수요부진에 따른 운임하락을 저지하기 힘든 상황이다.

컨테이너선 시장의 운임이 회복되기 위해서는 무엇보다 수요와 공급간에 균형이 이루어져야 하며, 이는 빨라도 2018년 이후로 예상된다. 정기선 선사들이 경쟁적으로 초대형 선박을 발주하는 것은 개별 선사의 입장에서 비용 우위를 통해 자기 시장점유율을 확대하기 위한 당연한 전략이나 컨테이너 시장 전체적으로는 지속적인 공급과잉을 초래할 것으로 예상된다.

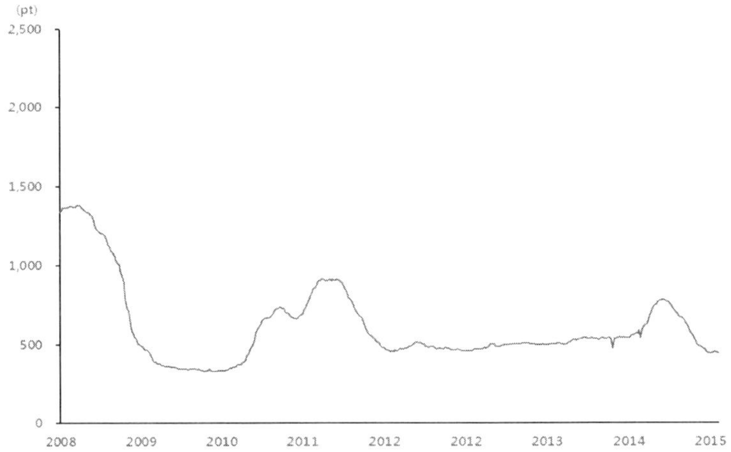

[그림 1-98] Howe Robinson Index

1.4.2 세계 10대 선사

〈표 1-9〉 세계 10대 선사의 현황(Alphaliner 2016. 02. 12. 참조)

Ranking	Company	Existing			On Order	
		TEU	Ships	%Chart	TEU	Ships
1	APM-MAERSK	3,017,968	583	41%	405,910	31
2	MSC	2,682,240	490	61%	572,720	43
3	CMA-CGM	1,811,769	454	67%	261,228	24
4	EVERGREEN	939,887	192	42%	395,770	41
5	HAPAG LLOYD	918,819	171	45%	52,500	5
6	COSCO	853,947	165	46%	322,560	21
7	CSCL	707,179	126	32%	233,928	14
8	HAMBURG SÜD	643,552	131	55%	39,430	9
9	HANJIN	620,770	101	56%	18,060	2
10	OOCL	575,086	106	36%	126,600	6

1.4.3 주요 선사들의 최근 동향

세계 1위 해운회사인 덴마크의 APM-MAERSK와 세계 2위인 스위스의 MSC가 2015년 1월 '2M'이라는 전략적 제휴집단(Alliance)을 결성하여 향후 10년간 컨테이너선 185척을 공동 운항하며 컨테이너 시장 재편에 나설 예정이다. 이어 세계 3위인 프랑스의 CMA - CGM이 중국의 CSCL과 두바이의 UASC와 함께 또 다른 Alliance 'OCEAN 3'를 결성하여 2015년부터 본격적으로 가동하였다.

초대형 · 고효율 선박을 보유한 이들 두 Alliance의 컨테이너 시장점유율은 전체의 절반 이상을 차지한다. 이 Alliance들은 노선별 공동 운항을 통해 운항효율을 높이고 초대형 선박을 투입하여 수송원가를 절감할 계획이다.

세계 3위 해운사인 프랑스 CMA CGM은 13위인 싱가포르의 Neptune Orient Lines(NOL)의 정기선 부문(APL)을 인수할 예정이다. CMA CGM가 M&A(인수 · 합병)에 성공하면 APL의 미국 내 네트워크 확보가 가능해진다. 양 사는 태평양 항로에서만 매주 4만4500TEU의 정기선을 띄우게 되고, 이는 현재 태평양 항로에서 가장 큰 선복량을 가진 EVERGREEN을 뛰어넘는 수준이 된다.

〈표 1-10〉 대표적인 Alliance(한국선주협회, 2014.10 기준)

Alliance 명	참여업체	척수(적재능력)
2M Alliance	APM-MAERSK MEDITERRANEAN SHIPPING CO.	1,091척(529만TEU)
G6 Alliance	NYK LINE MITSUI O.S.K LINES ORIENT OVERSEAS CONTAINER LINE HYUNDAI MERCHANT MARINE AMERICAN PRESIDENT LINE HAPAG-LLOYD	625척(331만TEU)
CKYHE Alliance	HANJIN SHIPPING COSCO CONTAINER LINE K LINE YANG MING LINE EVERGREEN LINE	609척(311만TEU)
OCEAN 3 ALLIANCE	CMA CGM UNUTED ARAB SHIPPING CO. CHINA SHIPPING	629척(259만TEU)

2016년에는 중국의 양대 선사인 COSCO 그룹과 CSCL 그룹의 M&A(인수 · 합병)가 본격화될 예정이다. 양 그룹은 인수 · 합병 작업을 통해 CHINA COSCO SHIPPING 그룹으로 재탄생될 예정이며, 합병될 경우 총 선복량은 약 155만TEU로 EVERGREEN과 HAPAG-LLOYD를 제치고 세계 4위에 올라서게 된다. 이처럼 글로벌 해운선사의 대형 M & A가 활발하게 이루어지면서 세계 4대 Alliance에도 균열이 날 가능성이 커졌다.

CMA CGM은 CSCL, UASC와 함께 OCEAN 3를 결성하였다. 반면 CMA CGM가 인수하는 APL(NOL의 자회사)은 현대상선, HAPAG-LLOYD, NYK LINE, OOCL, MOL이 2012년에 결성한 G6에 포함된 해운사이다. CMA CGM이 APL을 인수함에 따라 APL이 OCEAN 3에 포함되면 G6의 시장점유율은 20% 정도 축소되는 것으로 추산된다.

중국의 양대 선사 COSCO 그룹과 CSCL의 합병사인 CHINA COSCO SHIPPING 그룹은 CKYHE에 속해 향후 시장점유율이 기준 16.9%에서 20.4%로 크게 확대될 전망이다.

1.4.4 컨테이너선의 주요 라인

1. FEX Line(Far East Europe Express Service)

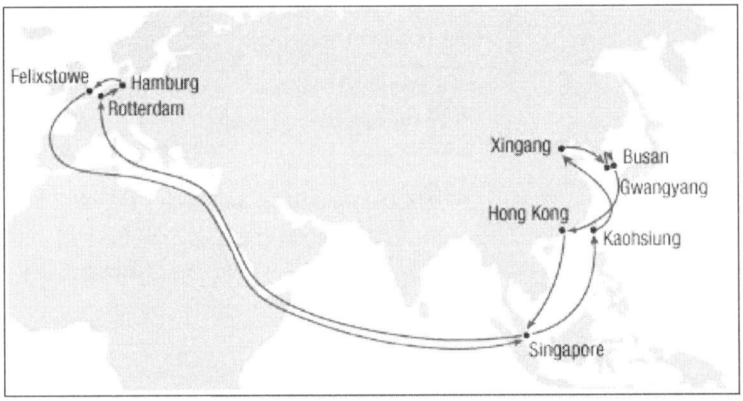

[그림 1-99] FEX Line

① West Bound : Xingang - Gwangyang - Busan - Hongkong - Singapore - Rotterdam

② East Bound : Hamburg - Fellxstowe - Singapore - Kaohsiung - Xingang

2. PAS Line(Pacific South-West Service)

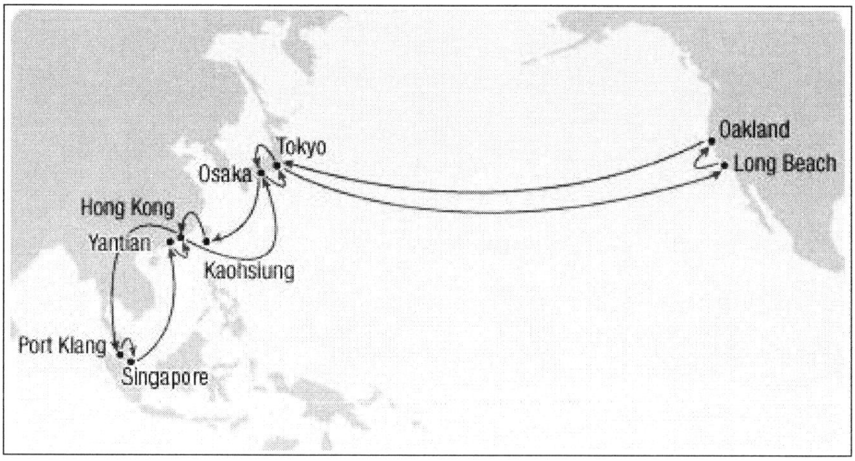

[그림 1-100] PAS Line

① West Bound : Oakland - Tokyo - Osaka - Kaohsiung - Hongkong - Portklang

② East Bound : Singapore - Yantian - Hongkong - Osaka - Tokyo - Longbeach - Oakland

1.4.5 컨테이너 물동량 10대 항만

〈표 1-11〉 2014년 세계 주요 항만 컨테이너 처리실적

(단위 : TEU, %)

순위	항만	12월	전년비	1~12월	전년비
1	상하이	291만8천	9.5	3528만5천	5.0
2	싱가포르	290만9천	5.4	3386만9천	4.0
3	선전	215만6천	9.1	2403만5천	3.3
4	홍콩	181만6천	-11.9	2228만3천	−0.3
5	닝보 · 저우산	145만3천	8.5	194만3만	12.1
6	부산	155만7천	0.8	1865만2천	5.5
7	칭다오	146만1천	26.9	1670만	7.6
8	광저우	156만4천	11.7	1641만	7.2
9	톈진	107만8천	4.5	1405만	8.1
10	가오숑	94만3천천	6.8	1059만3천	6.6

출처 : 해양수산부

세계 컨테이너 항만에서 중국 상하이가 1위를, 싱가포르가 2위를, 부산이 6위를 차지하고 있다. 2014년 중국 상하이항은 3,529만TEU를 처리해 2010년부터 세계 1위를 고수하고 있으며, 닝보~저우산항은 1,868만TEU를 처리한 부산항을 77만TEU 차이로 제치고 5위로 올라섰다.

반면, 광저우항은 2004년부터 2014년까지 10년간 17.2%의 높은 증가세를 유지하고 있지만 2012년부터 칭다오항에 밀려 8위로 되었으며, 2013년부터 로테르담항을 밀어내고 10위로 올라 온 텐진항은 2014년에 1,405만 TEU를 처리, 지난 10년간 연평균 13.9%가 증가했다.

이에 따라 세계 10대 컨테이너항만 중 중국은 2004년에 3개 항만(홍콩, 상하이, 선전)에서 2014년에는 7개 항만(상하이, 선전, 홍콩, 닝보-저우산, 칭다오, 광저우, 텐진)을 보유하는 국가로 성장했다.

중국의 항만이 세계 10대 항만에서 차지하는 컨테이너 물동량 점유율도 2004년에 41.2%에서 2014년에는 68.7%로 대폭 상승한 것으로 나타났으며, 10년간 세계 10대 컨테이너 항만 중 중국 항만의 연평균증가율은 세계 10대 항만의 연평균증가율 5.9%의 2배 수준인 11.4%로 나타나 세계 컨테이너 물동량 증가를 중국이 견인하고 있는 것으로 나타났다.

2015년 우리나라 컨테이너 처리물동량은 세계 경기의 부진에 따른 수출입 물동량 둔화에도 불구하고 부산·광양항을 중심으로 한 환적물동량 증가에 힘입어 2014년도(24,798천TEU)에 비해 3.3% 증가한 25,626천TEU를 기록하였다. 환적은 Maersk, MSC 등 대형 원양선사의 물동량 상승세에 힘입어 7.0% 증가한 10,085천TEU를 처리하여 개항 이래 최초로 환적 물동량 10,000천TEU 시대를 맞이하였다.

한편, 세계 10대 항만의 2015년 컨테이너 물동량은 전년(21,098만TEU) 대비 0.3% 감소한 21,041만TEU를 기록하였다. 상하이항은 3,654만TEU(3.6%↑)를 처리하며 세계 1위를 유지하였고, 싱가포르항은 아시아~유럽 항로 침체에 따른 서비스 감축 등의 영향으로 2009년 글로벌 금융위기 이후 6년만에 마이너스 성장세로 돌아서면서 3,092만TEU(8.7%↓)를 처리하며 2위를, 선전항(2,421만TEU, 0.7%↑)은 3위를 기록하였다. 닝보~저우산항은 2,063만TEU(6.1%↑)를 처리하며, 홍콩항을 제치고 세계 4위의 컨테이너 항만으로 도약하였으며, 홍콩항(2,011만TEU, 9.5%↓)은 지난해 대비 한 단계 하락한 5위를 차지하였다. 부산항은 4.0%의 증가율을 보이며 1,943만TEU를 처리하여 6위를 유지하였다.

1.5 화물운송 절차

1.5.1 집화 및 선적 준비

① 선사의 배선계획이 결정되면 운송인은 선복량에 맞추어 영업부서에서 본사, 지점, 사무소 및 대리점 등을 통화여 집화를 시작한다. 화주는 수출상품에 대하여 통상산업부 장관으로부터 수출승인을 받고 거래은행으로부터 대금결재 인증을 받아서 세관에 수출신고를 하고 수출면허를 교부받는다. 수출신고는 일정한 법적 자격을 가진 통관사를 통하여 수행한다.

② 화주의 선적요구서(Shipping Request, S / R)에 의거하여 Booking List를 정리하여 적양지, 화물종류별로 Booking Status를 작성한다.

③ 그 선박의 운항 관련 부서에서는 Booking Status에 의거하여 화물감독(Super Cargo)이 임시적부도(Tentative Stowage Plan)를 작성하며, 이 과정에서 적부상의 문제점이 있는 화물에 대해서는 적양하항의 기항순서를 조정하거나 때로는 Booking Cargo)의 선적계획을 취소한다.

④ Booking Status와 함께 적부도(Stowage Plan, S / P)가 준비되면 각 기항지 대리점에 통보하여 선박의 기항 스케줄에 따른 화물 준비상태를 확인하도록 한다.

⑤ 원칙적으로는 Booking Status를 본선에 제출하여 일등항해사가 적부도를 작성하고 작업계획을 세워야 하나, 현실적으로는 화물량의 변동이 심하고, 적양하항에 대한 전무지식 및 관련 업계와의 유대관계 면에 있어서도 부족하므로 주로 본사에 근무하는 화물감독이 대행한다.

1.5.2 선적 절차 및 서류작성

① 본선이 도착하여 작업하기 하루 전쯤에 하역회사 포맨(Foreman), 수석검수원(Chief Checker), 고정 · 고박회사의 작업반장, 적부검사원(Stowage Surveyor) 등과 하역작업회의(Cargo Meeting)를 실시하여 임시적부도에 의거하여 구체적인 화물출고 계획을 포함한 작업계획을 세운다.

② 실제로 접수된 화주의 Packing List 또는 S / R(Shipping Request)를 정리하여 화물의 출고순서 및 선적순서를 협의하여 결정하고 화주의 화물운송업자들에게 통보한다.

③ 선사는 화주의 Packing List(또는 S / R)에 의거하여 S / O, M / R을 작성하고, 수석검수원에게 전달하여 화물 리스트(Cargo List) 및 해치 리스트(Hatch List) 작성에 이용하도록 한다.

④ 본선이 도착하여 선적준비가 완료되면 선적하물 도착과 동시에 선적작업이 시작되며, 화물감독은 작업계획을 본선측에 설명한다.

⑤ 선적 시 화물에 대해서는 당직사관이 S / O와 현품을 확인하고 선적해야 되나, 현실적으로는 불가능하므로 Packing List에 의거하여 Hatch / Hold별로 검수원(Tally Man)이 시행한다. 특히 특별한 화물에 대해서는 각각의 화물마다 선하증권 번호를 컬러 스티커에 써서 부착하기도 한다.

⑥ 화물선적 중에 발생한 Remarks 내용은 Exception List(E / L)로 따로 작성하고, 수석검수원은 M / R에 Remarks 내용을 기재하여 본선 출항 전까지 일등항해사의 서명을 받는다.

⑦ B / L은 선적완료 후 화주가 M / R을 선사에 제시하고 M / R상의 내용에 따라서 발행하는 것이 원칙이나, 경우에 따라서는 선적 전이라도 Packing List를 접수하고 적절한 시기에 Clean B / L을 발행하여 화주의 편익을 도모하기도 한다.

⑧ 선적완료와 동시에 수석검수원은 Cargo Summary List, Hatch List, Stowage Plan, Block Stowage Plan 등을 작성하여 일등항해사에게 1부 전달하고, 그 후 본선 출항 후에 재정리하여 선박회사에 송부한다.

⑨ 선적 시에는 만일의 경우에 대비하여 Cargo Stowage Surveyor를 참여시키며, 선적 시에 본서에서의 화물적부상에 하자가 없음을 증명하는 'Cargo Stowage Surveyor Report'를 발급받아서 거증서류로 삼는다.

⑩ 선사에서는 최종 선적이 완료되면 M / F(Cargo Manifest), F / L(Freight List), S / P (Stowage Plan), H / L(Hatch List), Block S / P, B / L Copy 등의 각종 선적서류를 양하지 총대리점에 보내서 양하작업을 준비하게 한다. 추후 필요시에는 E / L(Exception List) 및 Survey Report 등도 송부한다.

1.5.3 컨테이너 수출화물과 서류의 흐름

컨테이너 운송에 의한 수입 · 출입화물 및 서류의 흐름은 재래 정기선과 본질적으로 차이가 없으나, 화물이 모두 컨테이너 용기에 넣어져서 선적되고, 하역시간과 항행속도가 빠르고 CLP 등의 새로운 종류의 서류 및 컴퓨터의 대폭적인 이용 등 컨테이너 운송의 특수한 특징이 있다. 다음은 컨테이너 화물과 그 서류의 흐름을 나타낸다.

① 송하인은 선사에 선적예정 화물을 Booking을 한다.

② 점소 및 대리점은 화물의 Booking Note를 작성하고 On Line으로 선사의 주컴퓨터(Main Computer)에 입력시킨다.

③ 입력된 자료는 컴퓨터에 의해 집계되고, 이 집계자료에 따라서 육상의 Cargo Stowage Planner는 적부계획도를 작성하여 Booking List 작성과 함께 작지의 CFS 및 관계부처에 송부한다.

④ 선사의 지시에 따라 CY Operator는 화주(FCL 경우) 혹은 CFS Operator(LCL 경우)에게 빈 컨테이너 박스를 대여한다.

⑤ FCL Cargo의 화주는 컨테이너에 Stuffing(Vanning)하여 CY에 반입한다.

⑥ CY Operator와 CFS Operator는 화물을 수취하면 D / R(Dock Receipt : M / R과 동등)을 교부한다.

⑦ 본선 입항과 동시에 CY Operator는 컨테이너를 선적한다.

⑧ 화주는 D / R을 선사에 제출하고 B / L을 교부받는다. 또한 운임은 선불(Prepaid)인 경우는 B / L 발급 시에 지불한다.

⑨ 선적완료 후 CY Operator는 S / P를 작성하여 선사에 송부한다.

⑩ 선사는 B / L, CLP의 필요한 자료를 입력하여 M / F 등의 서류를 작성하여 양하지 대리점으로 송부한다.

1.5.4 컨테이너 수입화물과 서류의 흐름

① 선적완료와 동시에 선적지에서는 D / R 사본, CLP 사본 등의 적하 관련 서류를 본사로 송부한다.

② 본사에서는 각 선적지에서 적재된 화물의 자료를 컴퓨터에 입력하여 필요한 서류를 작성하고 양하지 대리점으로 송부한다.

③ 양하지의 대리점은 선사에서 보내온 서류에 따라서 수하인에게 본사 도착예정일, 운임 등을 통보한다.

④ 수하인은 은행으로부터 B / L원본을 입수하여 선사 대리점에 제출하여 운임정산을 하고 D / O를 교부받는다.

⑤ 양하지에는 본선 도착과 함께 컨테이너는 CY에 양륙되고, Unstuffing하여 수하인별로 분류한다.

1.5.5 컨테이너 적양하 관련 서류

① Booking Note : 선사가 화주로부터 선적 예약을 받은 화물에 대한 명세표를 말한다.

② Booking List : Booking Note를 기준으로 선적 예정화물을 적지 · 양지별로 구분하여 작성한 일람표를 말한다.

③ E / R(Equipment Receipt) : 컨테이너 화물의 선적에 필요한 기기류의 수도 증명서로서 CY운영업자와 반출자 쌍방에 의해 이루어진다.

④ CLP(컨테이너 Load Plan) : 각각의 컨테이너 박스에 들어 있는 화물의 명세를 기재한 서류를 말한다.

⑤ D / R(Dock Receipt) : 일반 재래화물선에서의 M / R과 같은 것으로 선사가 송하인으로부터 화물을 수취하고 발행하는 일종의 영수증으로서 화물상태를 증명하는 서류가 된다.

1.6 컨테이너 터미널의 개요

컨테이너 터미널은 임해지대의 항만에 설치되어 있다. 이 터미널은 컨테이너선과 접속하여 화물을 적양하하는 중요한 연결기지이다. 컨테이너 터미널은 컨테이너선의 이점인 값싼 하역비에 반해 매우 빠른 하역시간을 가질 수 있도록 적합한 기능을 가지고 있어야 한다. 이를 만족시키기 위해 컨테이너 터미널은 사전에 철저한 Plan을 만듦으로써 컨테이너선이 입항하자마자 그 Plan에 따라 오차 없이 신속하고 능률적으로 하역을 할 수 있으며 그 Plan은 다음과 같다.

먼저, 화주가 터미널의 Container Freight Station(CFS)에 화물을 반입하여 컨테이너에 넣거나, 화주가 이미 다른 곳에서 화물을 컨테이너에 넣어 CFS에 반입한다.

다음 순서로, CFS에 반입된 컨테이너를 입항 예정된 부두앞 Marshalling Yard에 선적할 순서로 배열에 놓는다. 이렇게 미리 배열된 컨테이너를 선박이 입항하면 순서에 따라 Trailer 또는 Straddle Carrier가 하나(40feet) 또는 두 개씩(20feet) Apron에 가져다 놓으면 Gantry Crane이 이를 선박에 싣는다.

이와 같은 매우 간단한 방법으로 컨테이너선의 빠른 하역잡업이 이루어지는 것이다.

1.6.1 컨테이너 터미널의 시설

1. Apron 및 부두

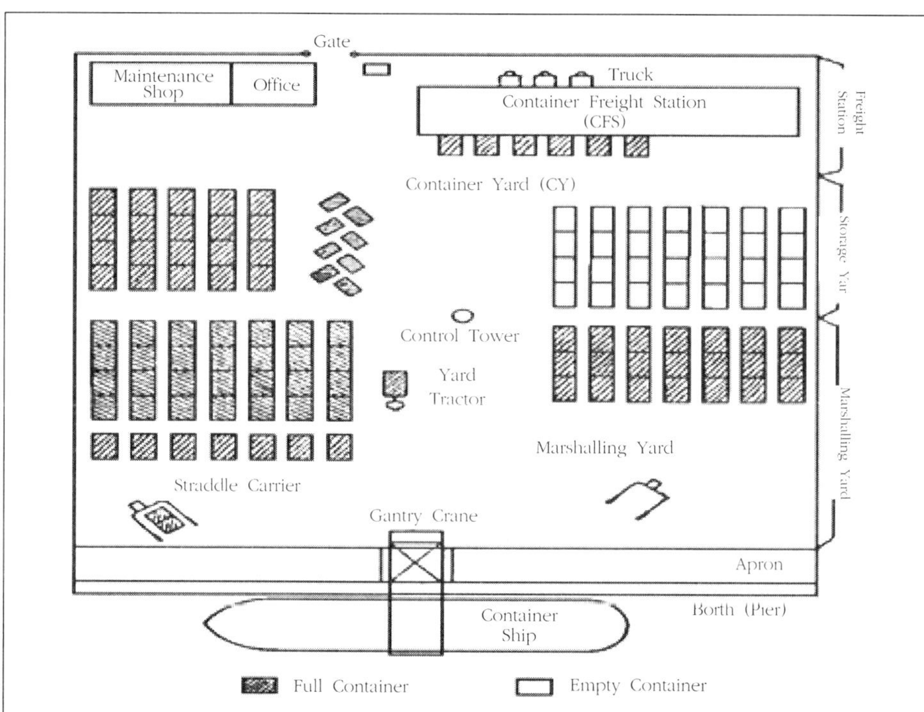

[그림 1-101] 컨테이너 터미널의 구조

부두는 선박의 접안이 용이해야 하고 Draft에 영향을 받지 않도록 충분히 깊게 설치되어야 한다. 일반적으로 1Berth의 길이가 300m, 수심 12m 정도로 설계된다.

Apron은 컨테이너를 운반하는 Trailer나 Straddle Carrier가 자유롭게 다닐 수 있을 정도로 충분히 넓어야 한다.

2. Marshalling Yard

Marshalling Yard란 컨테이너선이 입항하기 전에 미리 선적할 컨테이너를 순서대로 배열해두는 곳으로서 Apron과 인접하여 있다. 그 넓이는 터미널에서 적양되는 컨테이너의 최대 개수를 수용할 수 있을 만큼 넓어야 한다.

일반적으로 Marshalling Yard는 컨테이너 크기에 맞게 바둑판식으로 구획선이 그어져 있으며, 이것을 Slot이라고 하고 그 칸마다 고유번호가 있다. 적하할 컨테이너는 양하지, 중량 등을 고려하여 적부계획이 세워지고 순서에 따라 Slot에 정연하게 배치된다.

3. Container Freight Station

1개의 컨테이너에 다 차지 않는 화물, 즉 LCL 화물(Less Then 컨테이너 Load Cargo)에 대해서 컨테이너 회사가 개개의 화물주로부터 화물을 인수받아서 그 화물을 행선지별로 구분하여 서로 다른 화주의 화물을 한 컨테이너에 함께 적부시킨다. 마찬가지로 수입된 LCL 화물을 컨테이너로부터 들어내어(Devanning) 화주별로 분류하여 인도한다. 이러한 작업을 하는 장소가 CFS(Container Freight Station)이다. 일반적으로 수출입화물의 통관업무도 이곳에서 이루어진다. 이 CFS는 반드시 터미널 내에 있을 필요는 없지만 가능한 근접한 곳에 있는 것이 편리하다.

4. Storage Yard

빈 컨테이너를 놓아두는 장소를 Storage Yard라 한다. 이곳은 빈 컨테이너를 모아두는 장소이므로 Marshalling Yard와 같은 강도는 필요하지 않지만, 이를 운반하기 위한 Straddle Carrier나 Trailer가 주행할 수 있을 정도의 강도는 필요하다. 그 외에 컨테이너의 수리를 위한 Space가 마련되어 있다.

1.6.2 컨테이너 터미널의 하역설비

1. Gantry Crane

Apron에 부설되어 있는 Rail위를 자유로이 주행하면서 컨테이너선의 어느 홀드라도 컨테이너를 적양하할 수 있다.

[그림 1-102] Gantry Crane

2. Straddle Carrier

Apron과 Marshalling Yard 사이를 기민하고 효율적으로 다니면서 하역을 신속하게 할 수 있다. 그리고 2단으로 쌓을 수 있기 때문에 그 면적을 작게 필요로 한다.

[그림 1-103] Straddle Carrier

3. Reach Stacker

[그림 1-104] Reach Stacker

4. Transfer Carrier

주로 Yard 사이를 다니면서 쌓여 있는 컨테이너를 하나씩 Trailer에 싣거나 Trailer에 있는 컨테이너를 Yard에 쌓는다.

[그림 1-105] Transfer Carrier

[그림 1-106] Forklift

제2장

벌크선

2.1 벌크선의 일반 및 구조특성

Bulk선(Bulk Carrier 또는 고체산적화물운반선)이라 함은 고체산적화물(Solid Bulk Cargo)을 운송하도록 설계된 선박을 말한다. 고체산적화물은 일반적으로 성분이 일정하며 화물창에 직접 선적되고, 운송되는 화물의 범위는 상당히 넓다. 대표적인 것으로는 철광석, 석탄, 곡물, 보오크사이트/알루미나 및 인산광물 등이 있으며, 정선광, Petroleum, Cock, Steel, 광석, 시멘트, 설탕, 석영(Quartz), 소금, 비료, 유황, 파쇠(Scrap), 목재 등이 있다.

SOLAS 협약 제9장 1.6규칙에 의하면 벌크선은 일반적으로 단일갑판, Top Side Tank 및 Hopper Side Tank를 가지는 구조로 건조되고, 주로 건화물을 산적운송하기 위한 선박을 의미하며, 광석운반선 및 겸용선과 같은 형태의 선박도 여기에 포함된다. Bulk선은 전 세계 선복량의 약 30%를 차지하고 있다.

2.1.1 벌크선의 종류

1. Handy-sized Bulker

크기가 비교적 적당하여 전세계의 웬만한 항구는 모두 들어갈 수 있다는 점에서 붙여진 이름이다. 이들 선박은 적하 및 양하항의 조건이 선박의 크기를 제한하고 있거나 운송하는 화물의 양이 50,000톤 미만 선박이면 충분한 경우에 많이 이용된다. 보통 재화중량톤수(Dead Weight Tonnage)가 10,000톤 이상 50,000톤 미만인 선박을 말한다.

[그림 2-1] Handy-sized의 선박으로 Crane이 있고 Hold가 적다

2. Panamax Bulker

Handy-sized Bulker보다 더 큰 선박으로 Panama Canal을 통과할 수 있는 최대 크기(특히 최대폭)로 건조되었다는 점에서 그렇게 이름이 붙여졌다. 운하를 통과할 수 있는 최대 크기는 LOA 289.5m, Breadth 32.3m, Draft 12.04m이다. 일부 선박은 하계만재흘수선이 Panama Canal 제한치를 초과하는 경우가 있는데 제한 Draft(TFW 39ft-06in)에 맞추어 적재 시에 한하여 운하를 통과할 수 있다. 선박의 Service Speed는 통상 14kts 정도이며, 재화중량톤수 50,000~80,000톤 정도이다. 이들 선박은 Coal, Grain, 보오크사이트 및 철광석 같은 화물의 대량, 장거리 수송에 많이 이용되고 있다.

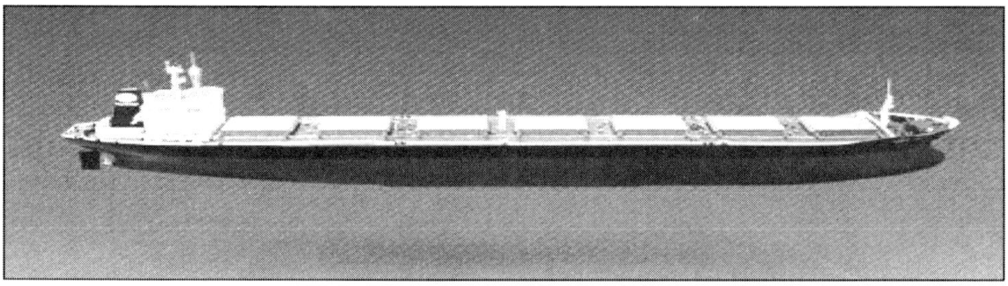

[그림 2-2] Panamax 크기의 선박으로 Hold의 개수가 많아지고 Crane이 없다

3. Cape-sized Bulker

재화중량톤수의 범위는 100,000~180,000톤이다. 최근에 건조되는 신조선들은 140,000~160,000톤에 집중되고 있다. 이들 선박은 만재시 흘수가 통상적으로 17m를 넘고 있어서 만재하여 입항 가능한 항구는 전 세계적으로 극히 일부에 지나지 않는다. 철광석 석탄의 장거리 운송에 많이 이용되고 있다.

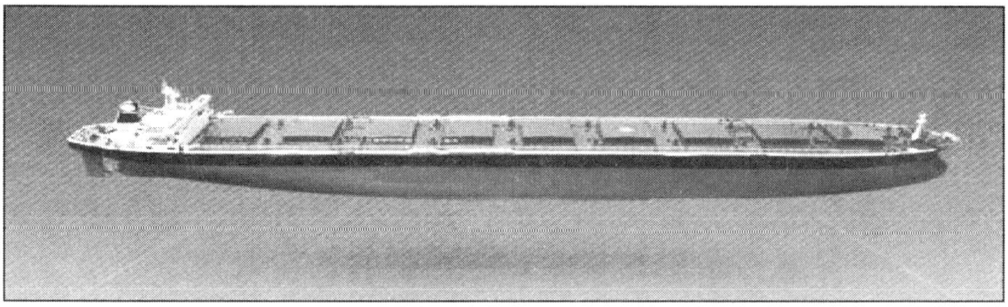

[그림 2-3] Cape-size의 선박으로 홀드의 개수가 9개에 달한다

4. Ore Carrier(광석전용선)

광석 및 기타 무거운 화물의 운송에 적합하도록 설계된 단일 갑판의 선박으로서 중심이 높은 작은 선창을 가지고 있는 것이 특징이다.

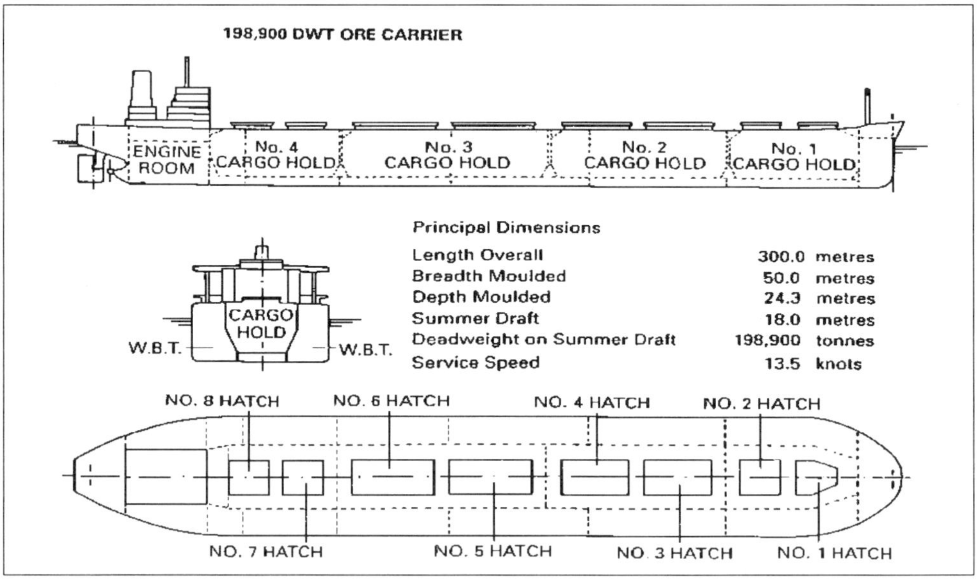

[그림 2-4] Arrangement in Ore carrier

5. Ore / Bulk / Oil Carrier(광석 / 벌크 / 원유운반선)

Dry Bulk Cargo와 Liquid Bulk Cargo를 동시에 운송할 수 있도록 설계된 선박으로서 dual-purpose Holds(2중 목적 선창)를 가지고 있다. 이 유형의 선박의 대부분은 광석운반에 적합하도록 강화되어 있다.

광석 / 벌크 / 원유운반선은 OBO선으로 불리고 있으며 대부분 Panamax 또는 Cape-Size 선박이다.

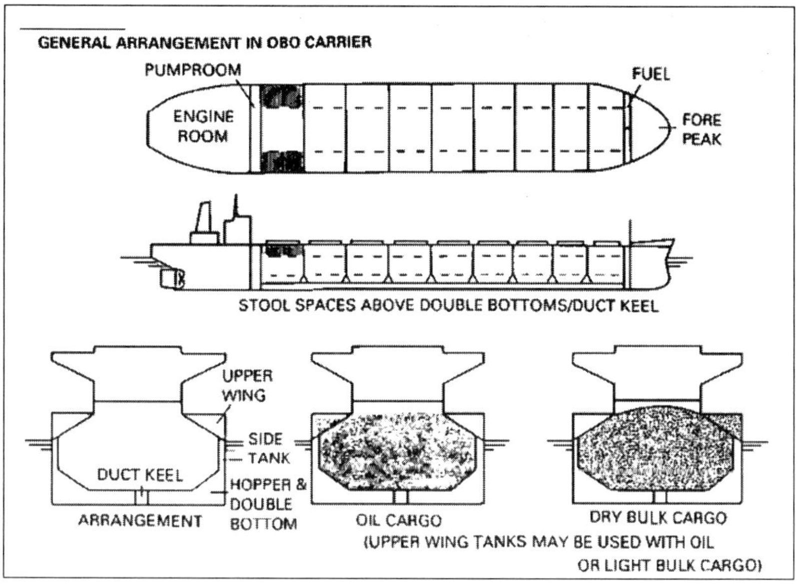

[그림 2-5] Arrangement in OBO Carrier

6. Ore / Oil Carrier(광석 / 원유운반선)

광석 / 원유 운반선은 중앙과 Side 구획을 가지고 있다. 원유를 운송할 때는 중앙 및 Side 구획을 모두 사용할 수 있으나, 광석을 운송할 때는 중앙 구획만을 사용한다.

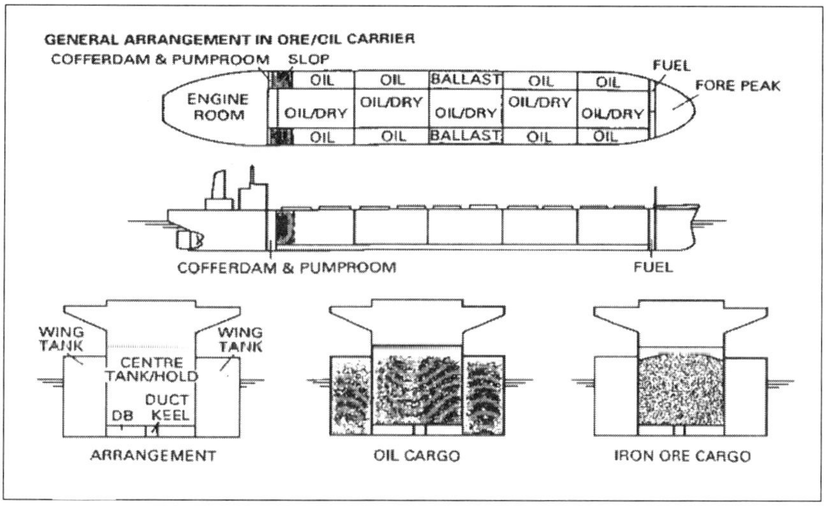

[그림 2-6] Arrangement in Ore / Oil Carrier

2.1.2 On Deck상의 각종 구조물

1. Hatch Cover Type

1) 폰톤(Phonetoon)식

① 해치 커버가 한 장씩 분리된다.

② 해치 커버를 한 장씩 수동으로 개폐하는 방식이다.

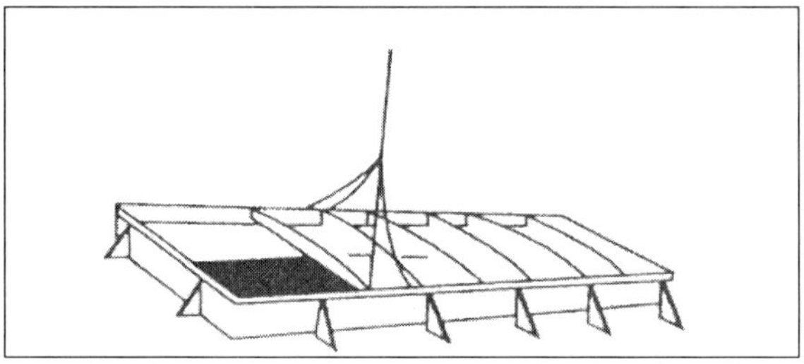

[그림 2-7] 폰톤식

2) 싱글 풀형(Single Pull Type)

① 해치 커버가 Link Chain으로 연결한다.

② 해치 커버옆에 부착된 롤러가 레일위를 움직이며 해치 커버의 개폐가 이뤄진다.

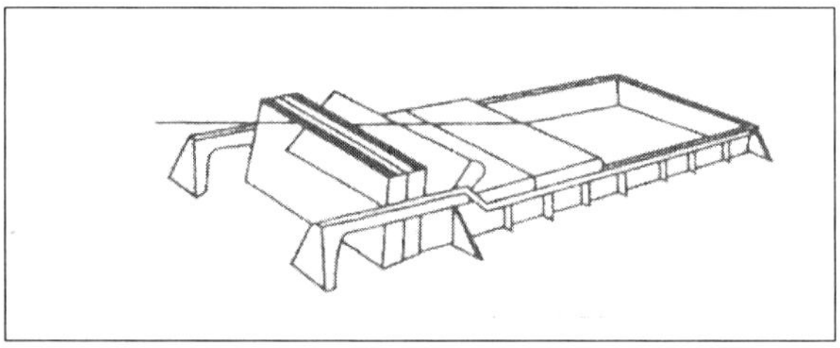

[그림 2-8] 싱글 풀형

3) 폴딩형(Folding Type)

① 유압이나 크레인이용 해치 커버에 설치된 4장 중 2장은 앞, 2장은 뒤쪽에서 열린다.

② 신속한 개폐, 편리함, 인력절감 효과가 있다.

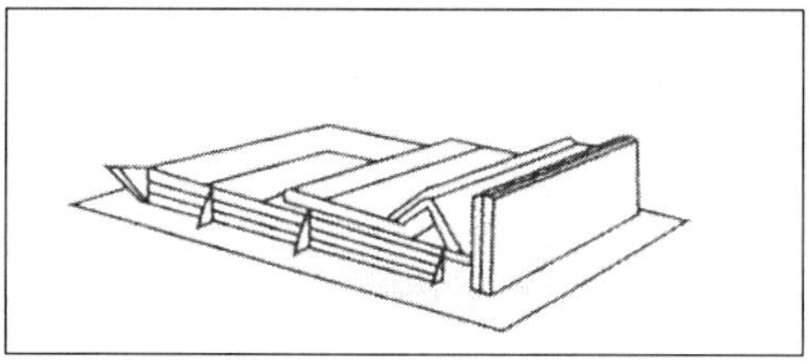

[그림 2-9] 폴딩형

4) 사이드 롤링형(Side Rolling Type)

① 선창의 양현쪽으로 해치 커버를 이동한다.

② 광단선에 주로 이용, 시야가 제한되지 않는 장점이 있다.

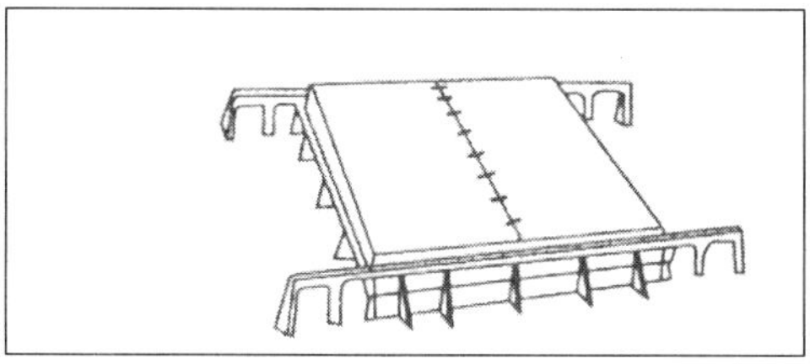

[그림 2-10] 사이드 롤링형

2. Hatch Coaming 및 기타 구조물

1) Hatch Coaming

On Deck상에서 Hatch Cover 상단부 끝단까지 올라와 있는 부분을 칭하는 말로 Hatch Coaming 중에서 배의 전후방향에 평행한 부분을 Hatch Side Coaming이라 하며, 횡방향에 평행한 부분을 Hatch End Coaming이라 한다. 갑판상의 높이는 파랑의 침입의 염려가 큰 곳은 높게 한다.

[그림 2-11] Hatch Coaming

2) Hatch Coaming상의 구조물

Stopper	Center Stopper
해치커버를 열었을 때 해치커버와 해치코밍을 연결하는 칸에 끼워넣어 해치커버의 움직임을 방지하기 위한 구조물이다.  [그림 2-12] Stopper	스토퍼와 동일한 역할을 하고 단 해치커버의 양쪽이 연결되는 연결부인 가운데 붙어 있다.  [그림 2-13] Center Stopper
Quick Act Cleat & Screw Cleat	Jack Cylinder
해치커버를 닫은 경우에 해치커버의 수밀을 확실히 해주기 위해서 닫아주는 구조물이다.  [그림 2-14] Quick Act Cleat  [그림 2-15] Screw Cleat	해치커버를 열기 위해서 유압을 이용해서 해치커버를 들어 올리는데 들어올리는 축이 되는 구조물이다.  [그림 2-16] Jack Cylinder

2.1.3 Hold의 구조

Hold의 내부구조는 산적화물을 싣는 점에서 조금 생각하면 알 수 있듯이 특별한 구조물이 없이 텅 빈 구조를 갖고 있다. 그러나 홀드 내부의 수리 등을 하는데 있어서 주변 벽면을 지칭하는 명칭들에 대해서는 알아둘 필요가 있다.

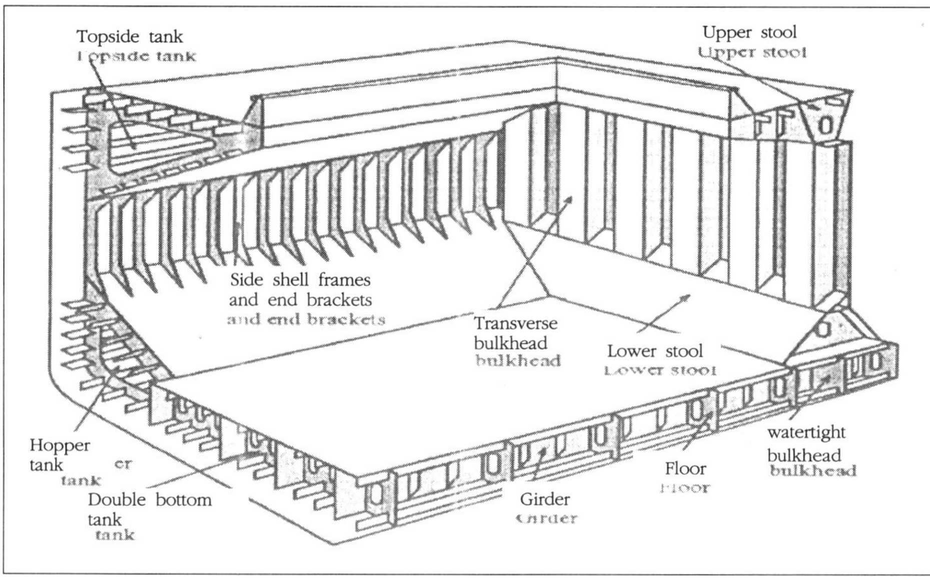

[그림 2-17] Hold의 내부구조

1. Hold Access Ladder

1) Vertical Ladder

처음 들어가는 곳부터 홀드 바닥까지 중간에 쉬는 발판 몇 곳을 제외하면 수직으로 내려가게 되어 있는 사다리로 제법 힘들고 위험하다.

2) Australian Ladder

스파이럴 레더 모양새는 처음 부분과 마지막 부분에는 버티컬 레더처럼 사다리로 이루어져 있으나 중간부분은 나선형의 계단으로 이루어져 있다.

2. Ballast Hold

벌크선 중 광탄선의 경우에 있는데 홀드 중 하나를 밸러스트수를 싣기 위해 홀드하나에 밸러스트수를 싣는데 이를 위해 밸러스트 홀드로 사용하는 홀드의 경우에는 밸러스트수가 들어오는 밸러스트 파이프 라인과 연결되어 있고 짐을 실을 때는 Strainer를 바꾸고 또 밸러스트수를 실을 때는 다시 갈고 한다.

3. Bulkhead

일반적으로 선내를 종(縱)이나 횡(橫)으로 칸을 막아주는 것을 말하며, 그것이 수밀구조일 때 수밀격벽이라 하며 그렇지 않을 때 비수밀격벽이라 한다. 또한, 종방향으로 설치한 것은 종격벽(Longitudinal Bulkhead)이라 하며 횡방향으로 설치한 것을 횡격벽(Transeverse Bulkhead)이라 한다. 이외에 일부분만 설치된 것으로 부분격벽과 소음이나 먼지를 막기 위한 Screen Bulkhead도 있다.

1) 수밀격벽

① 선저의 손상으로 인한 선내로의 침수가 생길 때 이것을 1구획에 한정시킨다. 그러므로 선박전체의 침수를 방지한다.

② 선저외판, 선측외판이나 갑판을 붙여서 선박의 형태를 유지하는 횡강력재의 역할을 한다.

③ 화재의 경우 방화벽의 역할을 한다. 일반선박은 선수격벽, 선미격벽과 기관실 전후격벽을 설치하지 않으면 안된다. 또한, 길이가 67m이상의 배에서는 그의 길이에 따라서 창내격벽(Hold Bulkhead)을 적당한 간격으로 설치한다.

2) 비수밀격벽

① 이는 선박의 운용상 필요에 의하여 설치된 것이며, 그 주된 것은 Hold 내의 중심선격벽, Screen 격벽, 부분격벽 등이 있다.

[그림 2-18] Transeverse Bulkhead

4. Sloping Side

Lower Hopper Tank의 Sloping Side는 화물을 배의 중앙으로 모이게 하여 양하작업을 용이하게 한다.

[그림 2-19] Sloping Side

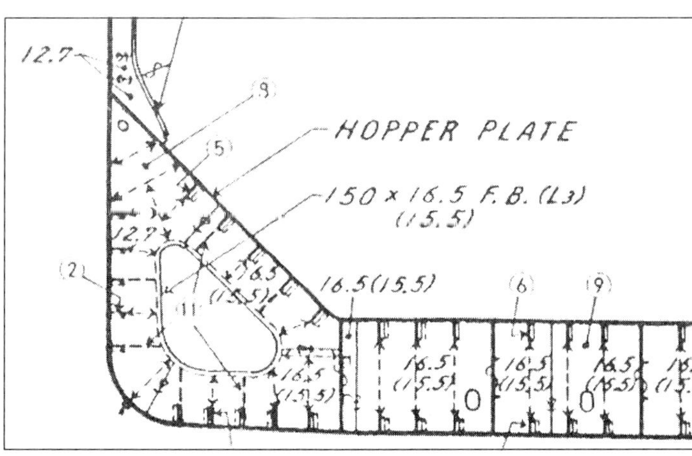

[그림 2-20] Hopper Plate

2.1.4 탱크의 구조와 그외 각종 구조물

벌크에서 화물의 양을 조사하는데 Draft(흘수)가 중요하게 사용되고 그에 따라 당연히 Ballasting 작업이 매우 중요하다. 그런 관계로 탱크의 피해를 조사하는 탱크검사는 매우 중요한 항목이다. 그러나 탱크의 내부에서 길을 찾고 피해입은 부분을 표시하기 위해서는 탱크내부 구조의 명칭을 알고 있어야 하는 것은 기본이라 할 수 있다.

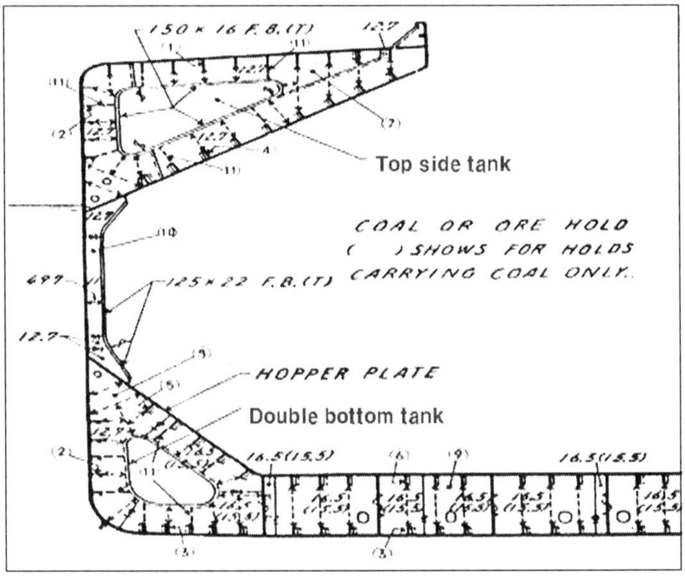

[그림 2-21] 탱크의 구조

1. Top Side Tank

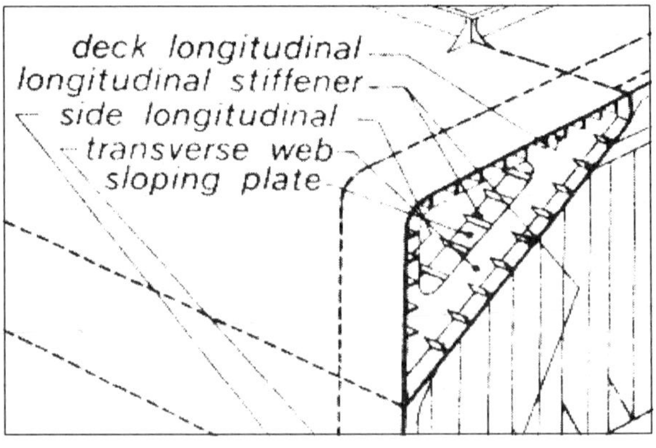

[그림 2-22] Top Side Tank

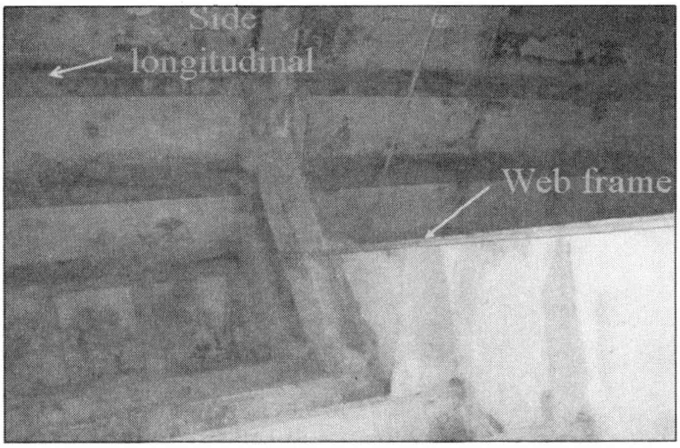

[그림 2-23] 실제 Top Side Tank

① 상갑판 바로 밑에 그리고 선체의 양쪽 현에 존재하는 Ballast Tank이다.

② Dump Valve : Dump Valve는 Top Side Tank 내부에 있는 밸브로서 조작 부위는 상갑판에 존재하는 수동 밸브이다. 이는 Top Side Tank 내의 Ballast수를 배출하는데 있어서 그 속도를 높여줄 수 있다. 화물의 적재속도에 따라 Ballasting 속도를 조절해야 하는 Bulk선에서는 중요한 밸브라 하겠다.

[그림 2-24] Dump Valve

2. Double Bottom Tank

철광석과 같이 비중이 큰 화물을 운송하는 선박은 큰 하중을 견딜 수 있도록 선체구조가 견고하게 설계되어 있으며, 또 화물의 중심이 지나치게 아래로 내려와 선체 횡요주기가 짧아지면 선박의 구조에 위험을 줄 수 있기 때문에 이중서가 보통의 선박보다 상당히 높게 되어 있다.

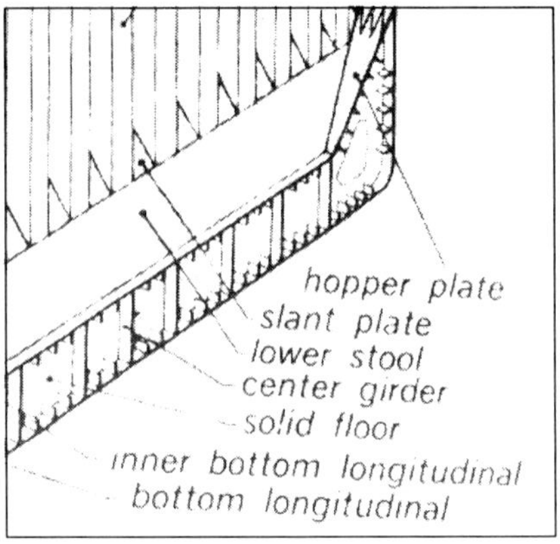

[그림 2-25] Double Bottom Tank

3. Upper & Lower Stool Tank

1) 앞뒤의 홀드와 홀드 사이의 빈 공간에 위치하는 탱크

Upper Hopper Tank는 벌크화물이 들어가지 않는 구역에 배치되어 있어 만재시 Cargo Trimming의 필요성을 없애준다. 이러한 특징은 특히 Grain과 같이 정지각(Angle Of Repose)이 비교적 작고 비중이 크지 않은 화물운송에 매우 유효하다. 화물창에 Upper와 Lower Hopper Tank를 설치함으로써 하역작업이 용이해지고 그 만큼 전체적인 운송비용이 절감된다.

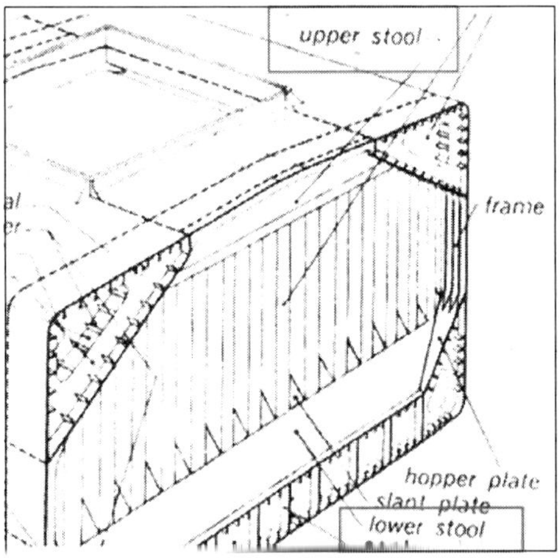

[그림 2-26] Upper & Stool Tank

2.1.5 기타 각종 구조물

1. Deck Crane

화물을 싣는데 있어서 벌크선의 경우 본선에 Crane이 달려 있어서 그를 이용하여 적양하 작업을 하는 경우도 있다. 그런 선박에는 Crane이 달려 있다. 그리고 이러한 Crane은 대형의 선박에는 설치되지 않고 주로 Handy-size의 선박에 주로 설치되어 있다.

[그림 2-27] Deck Crane

2. Stanchion

원목을 싣는 벌크선의 경우에 원목을 갑판상에 적재하기 위한 구조물로 Stanchion이 설치되어 있다.

특수화물 운송규칙에는 Bulwark 높이보다 현저하게 높게 적재하는 경우에는 갑판상에 견고히 붙여진 강도를 가진 Stanchion을 3M 이하의 적당한 간격으로 배치하도록 규정하고 있다.

장치된 지지대의 역활은 발생 가능한 화물의 이동 또는 붕괴사고 시에 갑판적 화물을 안정시키고 적재물의 초기운동을 억제하는 것임을 알 수 있다.

[그림 2-28] Stanchion, 목재화물 적재 후 Stanchion을 모두 세운 모습

2.2 벌크화물의 특성

2.2.1 산적화물

산적화물(Bulk Cargo)이란 포장되지 않은 상태의 곡물, 광석, 석탄 및 그 밖의 원료 화물을 말하며, 일반적으로 대량의 단일 화물이므로 전용선으로 운송된다.

1. 선창 준비

① 화물을 양하한 후 선창 내에 남아 있는 이전 항차의 화물 찌꺼기를 완전히 제거한다. 특히, 브래킷, 빔, 파이프 등 창내 구조물의 이면에 찌꺼기가 남아 있을 수 있으므로 주의한다. 항상 창내 소제(Hold Cleaning) 시 주의깊게 시행해야 한다.

② 수분에 의한 화물손상을 예방하기 위하여 해치커버에 누수되는 부분이 있는지를 검사하고 적절히 조치한다.

③ 선창 내부의 녹이 난 부분은 녹을 제거(Chipping)하고 페인팅을 실시한다. 단, 선창 검사 시 페인트 냄새가 나면 곤란하므로 사전에 충분히 건조시켜야 한다.

2. 선적 검사

① 선창 검사 : 선창 검사(Hold Condition Inspection)는 선창 내부가 곡물 운송에 적합한지 여부를 확인하는 것으로, 농무성 또는 이와 유사한 기관에서 파견된 검사관이 집행한다.

② 안전성 검사 : 안전성 검사(Loading Safety Inspection)는 관계 규칙에 따라 정부기관으로부터 파견된 검사관이 흘수와 복원성, 적재상태의 적합성 여부 등에 대하여 검사한다.

㉠ 선적 전 검사 : 곡물을 싣기 전에 행하는 서류검사로서 본선에서 제시한 출항시, 항해 중, 도착시의 각 상태에 대한 복원성 계산이 관계 규칙에 따라 정확하게 계산되었는지를 검사한다. 이 때 계산의 근거자료인 '곡물선적지침서'도 함께 제시해야 한다.

㉡ 선적 후 검사 : 선적이 완료된 다음, 원래의 계획대로 정확하게 선적되었는지를 검사한다. 즉, 각 선창 내 곡물의 트리밍(Trimming) 상태, 그리고 흘수조건의 충족 여부 등을 검사한다.

2.2.2 목재화물

일반적으로 최대량의 목재 화물을 실으려면 선창 내 만재는 물론 갑판상 일정 높이까지 화물을 적재해야 한다.

1. 적하계획

적하계획은 그 선박의 구조, 화물의 종류와 수량, 항로의 장단에 따라 달라진다. 적하계획의 기본적인 요건은 선박의 안정성을 위협하지 않고(감항성 확보), 선박의 조건이 허용하는 최대의 화물을, 하역능률을 증진할 수 있으며 무사고로 운송하는 데 있다.

2. 적하준비

① 하역 기기(Cargo Gear)의 정비 및 점검 : 원목을 싣는데 가장 중요한 장비인 카고 기어는 캐나다 및 아메리카 지역에서 상당히 까다롭게 자국의 규정을 적용하여 검사하고 있으므로, 항상 청결하고 좋은 성능을 유지해야 한다. 특히, 카고 와이어

(Cargo Wire)의 소전 절단 여부, 와이어에 의한 마멸 자국은 입항 전에 반드시 제거해야 한다.

② 원목 적재 후 사용하는 샤클(Shackle), 블록(Block), 턴버클(Turn-Buckle), 클립(Clip) 등의 라싱 용구를 양호한 상태로 준비한다.

③ 갑판상에 튀어나온 아이 링(Eye Ring), 소켓(Sockets), 클리트(Cleat), 그 밖의 라싱 설비를 식별하기 용이하도록 표시해 둔다.

2.2.3 화물관리

1. 목 재

① 적재완료 후 트림이 2Feet 이상 By The Head일 경우 선장의 보증이 있어야 Loading Certificate가 발급되므로 주의한다.

② 적재완료 후 Heeliing이 1도를 초과해서는 안된다.

③ 해수의 침입을 방지하기 위해 해치커버의 연결부는 Marine Tape로 또는 다른 수단으로 Sealing하여야 한다.

④ 곡물을 적재할 Hold에 인접하여 기관 보일러실 격벽이나 가열된 액체가 이송되는 탱크(특히 FO Tank)가 있는 격벽은 Heat Damage를 방지하기 위하여 Dunnage를 사용하여 격벽을 만들거나 가열되지 않은 액체가 인접하도록 한다(온도가 110°F, 43.3 ℃ 이상 되는 곳).

⑤ Hold 내에 모든 전원이 Off되어야 하며 Portable Cargo Lamp나 기타 전기기구를 Hold 내 방치하여서는 안된다.

⑥ Wing Tank에 곡물을 적재하는 경우 Ballast Filling Line, Overboard Discharge Valve, Deck Manhole 기타 개구부로부터 침수를 방지하여야 한다.

⑦ 선적 도중 비에 의한 Wet Damage가 생기지 않도록 유의하고 그러한 사실을 Log Book에 잘 기록하여 두는 것이 차후의 Claim에 대비할 수 있다.

⑧ 항해 중 매일 각 Hold의 온도와 빌지를 Check하여야 한다. Sweat 및 Heat Damage는 곡물표면 30~50CM 및 Tank Top 50~80CM층에 Damage가 생기므로 이 층의 온도를 확인하여야 한다.

⑨ 산소농도 확인 및 Hatch Cover 개방 등의 확실한 통풍이 없이는 어떠한 사유로든

곡물이 적재된 Hold에 들어가서는 안된다.

2. 석 탄

① 선적 전 하주로부터 당해 석탄의 Angle of Resoponse, Transportable Moisture Limit, Ash 및 Sulphur Content, Volatilty Cargo 온도, Methane Gas 방출과 자연발화 성향 등 화학적, 물리적 성질에 대한 상세한 정보를 입수한다.

② 석탄은 Steam Pipe, 보일러실 등 가열되기 쉬운 Hot Area(표면온도가 50℃를 초과하거나 항해 중 초과하기 쉬운 Area) 주위에 인접하게 적재하지 않아야 한다.

③ 기름이 묻은 헝겊, 나무조각, 전 항차의 잔여물 등 가연성 물질이 석탄에 혼입되지 않도록 적재 전 선창 청소를 철저히 한다.

④ 선적 전 Bilge 및 Bilge Well을 철저히 Cleaning 실시 후 Dry Up시키며 Bilge Pumping System을 양호한 상태로 유지한다.

⑤ Hold 및 그 주위에 설치된 전선 및 전기기구는 결함이 없어야 하며, Methane / Dust 혼합공기 중에 사용시 안전하여야 하고 충분히 절연되어야 한다.

⑥ 석탄 온도가 일일 평균 5°F 이상 상승하거나 105°F(40.55℃)를 초과한 석탄은 적재를 거부하여야 한다(P & I 권고사항).

⑦ 적재 전 석탄으로부터 Free Water를 완전히 Drain시켜야 한다.

⑧ Heavy Rain 시에는 선적을 중지하여야 한다.

⑨ 적재완료 무렵에는 항해 중 화물의 이동을 방지하고 탄층 내로 공기의 유입을 억제하며 위험 가스 배출을 위한 표면통풍이 용이하도록 화물표면을 Trimming 및 Compacting하여야 한다.

⑩ 석탄은 성분상 수분이 다량 포함되어 있으므로 많은 Bilge Water가 고이게 되나, 배출관계는 용선주와 감량문제가 대두되므로 Bilge Water가 과대하게 증가할 때에는 그 사실을 본사에 타전하여 용선주와 사전에 협의 가능하도록 하고 선박운항상 배출이 불가피한 경우에는 Bilge Sounding 자료, 배출량, 배출시간 등을 본사와 용선주에게 통보하고 동 사실을 Logbook에 기재한다.

⑪ Hold 및 Hold 주위의 갑판상에서는 Smoking, Burning, Cutting, Chipping 등 발화원을 발생시키는 어떠한 행위도 금지되어야 하며, Hold 및 Hold 주위에서 "흡연 및 Naked Flames 사용금지"에 대한 경고문을 선박입구 및 Hold 주위의 갑판상에

설치하여야 한다.

⑫ 석탄으로부터 방출된 Methan Gas가 Hold에 축적되지 않도록 표면통풍을 시행하여야 한다. 단, 석탄층 내에 공기가 유입되어 자연발화가 촉진되지 않도록 충분한 주의를 하여야 한다.

⑬ 매일 1회 이상 정기적으로 온도를 측정(한 Hold의 각기 다른 세 곳에 적재층의 하부와 중간층의 온도측정이 바람직하며 이상유무를 확인하여야 하고 온도, 통풍실시, 기상 등을 Log Book에 기재하여야 한다.

⑭ Hold 내에 적재된 석탄이 발화하는 경우에는 단내가 나는 특수한 악취를 발하므로 운송 중에 수시로 Hold 부근을 점검 및 화재탐지기를 작동하는 등 발화의 조기발견에 노력한다.

⑮ 석탄의 온도가 55℃를 초과하여 급격하게 증가되는 경우에는 잠재적인 화재가 진행중일 가능성이 농후하므로 하기의 조치를 취한다.

㉠ 통풍을 차단하고 Hold를 완전히 폐쇄한다.

㉡ 화재가 예상되는 Hold의 화물온도 및 온도 상승률, 조치내용 등을 상세히 보고한다.

㉢ 즉각적으로 송하주, 적지 대리점 등을 통하여 전문가의 조언을 요청한다.

㉣ 양하직전에는 Hold에 급격히 공기가 유입하는 것은 매우 위험하므로 입항 전 신중하게 통풍을 실행하며, Hold 내의 환기가 불량한 곳에 축적된 가스가 발화하지 않도록 충분한 주의를 기울여야 한다.

㉤ Methan Gas, 석탄의 자연가열로 인하여 발생하는 일산화탄소가 존재하는 Hold 및 밀폐된 공간에는 충분히 환기하여 Gas Free가 되지 않는 한 들어가지 않는다.

3. 광 석

① 선체의 Bending Moment, Shearing Force를 충분히 고려하여 Deballasting 계획과 함께 적하계획을 수립한다.

② 적재 초기에 가능한 한 Loader를 바닥까지 하강하여 Tank Top의 충격에 의한 손상을 방지한다.

③ 접안 중 돌풍, 강조류, Passing Ship에 의해 선체를 Mooring Hawser만으로 안전하

게 계류시킬 수 없을 경우에는 Tug Boat를 대기시켜야 한다. 일반적으로 Loading Rate가 크므로 Mooring Hawser를 자주 확인, 조정하여야 한다.

④ 적재 시 강우에 의하여 광석이 변질되는 경우도 있으므로 Claim에 대비하여 기상상태와 육상 Stock Pile의 상태에 관하여 Log Book에 기록한다.

⑤ 적재 종료단계에서는 화물의 이동방지를 위한 Trimming을 하여야 한다.

⑥ 매일 Hold Bilge, Ballast Sounding을 실행하여 선체의 이상 유무를 확인하도록 한다.

2.2.4 화물별 하역

1. 광석 하역

① 적재 초기에는 가능한 한 로더(Loader)를 선창 바닥까지 내리도록 하여 선저 내판의 충격을 방지한다.

② 당직사관은 수시로 흘수 및 트림을 확인해야 함은 물론, 본선과 육상 구조물과의 관계를 고려하여 적절히 대처해야 한다.

③ 계류삭을 수시로 점검하여 조정해야 한다. 밸러스트 작업 중에는 특히 장력의 변화가 심하므로 주의해야 한다.

④ 밸러스트 배출 시에는 적절한 트림을 확보하여 가능한 한 빨리 배출을 끝내는 것이 좋다.

⑤ 하역업자와 긴밀히 접촉하여 현재까지 선적된 양을 수시로 파악하고, 계획대로 차질 없이 작업이 진행되고 있는지 감독한다.

⑥ 하역작업 중 하역 인부의 부주의에 의한 선체 손상 여부를 주의하여 감독하고, 발견되는 대로 즉시 손상보고서(Damage Report)를 작성하여 하역업자의 인증을 받아 두어야 한다. 광석을 양하하는 경우 보통 그래브 버킷(Grab Bucket)을 많이 사용하는데, 작업 중 버킷이 선체에 부딪혀 손상을 야기하는 경우가 종종 있다.

2. 석탄 하역

① 선창 내 및 그 주위에 설치된 전선 및 전기기구는 결함이 없어야 하고, 메탄, 화물 먼지(Dust)가 혼합된 공기 중에서의 사용이 안전해야 하며 충분히 절연되어야

한다.

② 비가 심하게 내리는 경우 선적을 중단한다.

③ 선적 전 화주로부터 석탄의 정지각, 수분함유량, 황함유량, 휘발성, 화물의 온도, 가스 방출 유무 및 그 밖에 물리적 성질에 대한 상세한 정보를 입수한다.

④ 석탄 온도가 하루 평균 5°F 이상 상승하거나 105°F(40.5℃)를 초과한 석탄은 적재하지 못하도록 한다.

⑤ 선적이 완료된 후 항해 중 화물의 이동방지, 탄층 내로의 공기의 유입억제 및 가스 배출을 위한 표면 통풍을 위하여 화물표면을 트리밍한다.

⑥ 선창 및 선창 주위의 갑판상에서는 발화원의 발생을 철저히 통제해야 하며, 흡연 및 화기사용을 금지하는 경고판을 설치한다.

3. 목재화물

목재운반선은 감항성의 부족과 하역작업 중의 안전관리 소홀 때문에 해난사고를 일으키는 사례가 있다.

① 슬링(Sling)의 중량에 주의하여 안전사용하중(Safety Working Load, SWL)을 초과하지 않도록 주의한다.

② 매일 하역작업이 시작되기 전에 하역기기를 점검한다.

③ 원목은 화물틈을 메우기 위한 부분적인 적재를 제외하고 어떠한 경우에도 가로방향의 적재를 피해야 한다.

④ 갑판적 목재의 이동은 선체의 횡요, 경사, 파랑의 충격, 해수에 의한 부상 등으로 발생된다. 따라서 지주(Stanchion), 체인, 와이어 로프 등으로 단단히 Lashing해야 한다. 또, 최종 단계에서는 지주에 부과되는 하중이 매우 크므로 신중하게 적재해야 한다.

2.3 화물운송 흐름

2.3.1 벌크선의 주요 항로

1. 정기선

정기선의 경우 Coal Cargo를 기준으로 석탄의 주요 생산지인 호주 동부지역을 주요 항로로 설정하고 있다. 그 외의 석탄 생산지로는 남미, 캐나다, 아프리카 등을 들 수 있다. [그림 2-29]는 모 선사의 Coal Cargo의 항로를 발췌한 것이다.

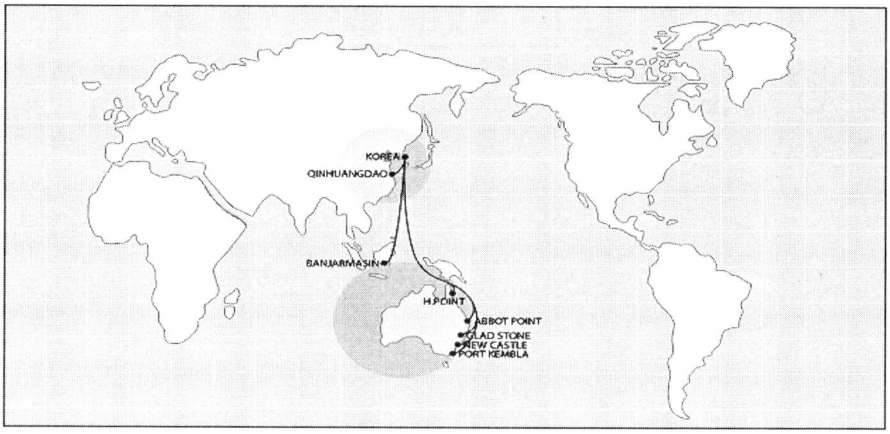

[그림 2-29] 정기선 주요 항로(1)

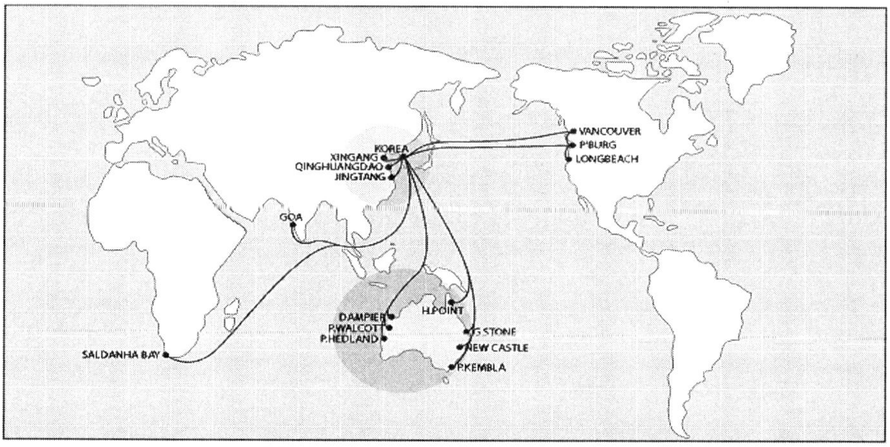

[그림 2-30] 정기선 주요 항로(2)

2. 부정기선

부정기선은 사이즈별로 케이프(Cape, 80,000~200,000DWT), 파나막스(Panamax, 60,000~80,000DWT), 핸디맥스(Handymax, 40,000~60,000DWT), 핸디(Handy, 40,000DWT 이하)로 구분되고, 고객이 원하는 모든 화물을 세계 어디에나 수송할 수 있으며, 주요 화물로는 곡물, 원당, 광물, 원목, 고철, 석탄, 비료, 철제품 등이 있다.

〈표 2-1〉 부정기 선대별 주요 항로

항 로	화 물
Brazil－F. East	Iron Ore
Brazil / S. Africa－F. East Australia－F. East	Coal
U.S.A. / S. Africa－F. East	
S. Africa－F. East U.S.Gulf/USNP/Canada－F. East	Coal
Africa－F. East	Wheat, Heavy Grain, Soybean, Sorghum, Barley, Oil Seeds, Pet-cokes, Coal, Log, Fertilizer, Potash, Sulphur, Forest Products
China－F. East	Coal, Manganese Ore, Log
S.E. Asia－F. East	China maize, Barley, Coal
Australia－F. East	Raw Sugar, Tapioca
Korea－S.E. Asia	Wheat, Barley, Sugar, Aluminium, Bauxite, Forest Products
F. East Russia－S.E. Asia	Steel Products
Mediterranean Sea / Black Sea /Baltic Sea －S.E. Asia	Steel Products

2.3.2 화물 관련 서류

1. Pre Stowage Plan

화물을 적하하기 전 본선에서 신고자 하는 Hold별 화물량을 기술한 것이다.

〈표 2-2〉 Pre Stowage Plan

PRE STOWAGE PLAN

VESSEL : M/V OCEAN MASTER
VOY : 109
LOADING PORT : PORT KEMBLA/ AUS
TOTAL QNTY : 128,700 M/T

DATE : MAY. 06TH. 2007
CARGO : COAL
DAICH. PORT : TAEAN

	9 HOLD	8 HOLD	7 HOLD	6 HOLD	5 HOLD	4 HOLD	3 HOLD	2 HOLD	1 HOLD
% Full	97.7 % COAL	100.0 % COAL	97.2% COAL	82.6 % COAL	66.8 % COAL	75.8 % COAL	86.8 % COAL	98.2 % COAL	87.8% COAL
Metric Tonnes	13,300	17,000	16,450	14,000	11,500	13,000	14,900	16,650	11,900

PORT KEMBLA DEP. DRAFT : FWD 15.60 M / AFT 15.60 M / MID 15.60M SF 57% / BM 38%
TAEAN ARV. DRAFT : FWD 15.59 M / AFT 15.59 M / MID 15.59M SF 57% / BM 35%

Chief Officer / MASTER ____________________

2. Final Stowage Plan

본선에서 Pre Stowage Plan과 해당 선적지의 상황 등을 고려해 각 Hold별로 최종적으로 신고자 하는 화물량을 기술한 Plan이다.

〈표 2-3〉 Final Stowage Plan

FINAL STOWAGE PLAN

VESSEL : M/V OCEAN MASTER
VOY : 108
LOADING PORT : GLADSTONE
TOTAL QNTY : 137,559 M/T

DATE : APR 16TH. 2007
CARGO : COAL
DAICH. PORT : TAEAN

	9 HOLD	8 HOLD	7 HOLD	6 HOLD	5 HOLD	4 HOLD	3 HOLD	2 HOLD	1 HOLD
% Full	99.2 % COAL	98.0 % COAL	98.3 % COAL	95.4 % COAL	71.7 % COAL	91.1 % COAL	91.3 % COAL	89.6 % COAL	81.0 % COAL
Metric Tonnes	14,027	16,938	17,282	16,779	12,814	16,235	16,270	15,822	11,392

GLADSTONE DEP. DRAFT : FWD 16.23 M / AFT 16.43 M / MID 16.47 M SF 71% / BM 56%
TAEAN ARV. DRAFT : FWD 16.30 M / AFT 16.30 M

Chief Officer / MASTER ____________________

3. Draft Survey Certificate

화물적하지에서 본선 C/O와 적하항 Surveryor가 함께 흘수를 측정한 후 서로가 생각하는 흘수치, 화물량에 대한 의견을 교환한 후 Draft와 화물량을 확정하는 증서이다. Surveyor가 발행한다.

〈표 2-4〉 Draft Survey Certificate

Kizjim Pty. Ltd. Trading as:

CHRISTY

& GRIFFIN

MARINE CONSULTANTS & SURVEYORS

Gateway Offices Christy Drive P.O. Box 91, Port Kembla NSW AUSTRALIA 2505	www.christyandgriffin.com.au e-mail : candg@hotkey.net.au Telephone: +61 (02) 4274 4279 Fax : +61 (02) 4274 4158

DRAFT SURVEY CERTIFICATE

Report 1507-1 ds

SHIP NAME	OCEAN MASTER	SURVEY COMMENCED	0800	Hours on 14th Jul 2006
REGISTRY	PANAMA	LOADING COMMENCED	0953	Hours on 14th Jul 2006
FROM	PORT KEMBLA	LOADING COMPLETED	1512	Hours on 16th Jul 2006
TO	KOREA	SURVEY COMPLETED	1520	Hours on 16th Jul 2006
CARGO TYPE	CENT. COAL	(DRAFTS in cm, WEIGHTS in Metric Tonnes)		

L.O.A.	269.37				
L.B.P.	259.00		DRAFT EX TABLES	736.00	1,526.00
BREADTH	43.00		DISPLACEMENT	66,225.00	144,879.00
G.R.T.	75,275.00		DRAFT INCREMENT	-4.1250	0.0250
N.R.T.	47,654.00		TPC INCREMENT	95.70	103.60
SUMMER DRAFT	17.32		INCREMENT	-394.76	2.59
SUMMER DWT	148,723.00		DISPLACEMENT	65,830.24	144,881.59
LIGHT SHIP WT	17,682.00		TRIM CORRECTION	-718.24	10.57
FORWARD MARK TO PERP	2.56	2.56	DISPL.CORR'D	65,112.00	144,892.00
AFTER MARK TO PERP	11.65	11.65	DENSITY CORR	-64.00	-141.00
MIDSHIP MARK TO MID	3.70	3.70	DISP CORR'D DENS	65,048.00	144,751.00
LENGTH B'N MARKS	244.79	244.79	DEAD WEIGHT	47,366.00	127,069.00
DENSITY OF SEA	1.024	1.024	KNOWN WTS	46,946.00	1,745.00
SEA CONDITION	CALM	CALM	CONSTANT	420.00	0.00
SER No.HYDROMETER	L7130	L7130	**TOTAL CARGO WT**	**0**	**126324**
			*(Rounded to nearest whole tonne)		
FORE PORT	635.0000	1497.0000			
FORE STARBOARD	633.0000	1497.0000	FUEL OIL	1,063.00	1,057.00
FORE MEAN	634.0000	1497.0000	DIESEL OIL	59.00	59.00
CORRECTION	-2.1000	-0.5400	LUB. OIL	0.00	0.00
FORE CORR'D	631.9000	1496.4600	FRESH WATER	185.00	160.00
AFT PORT	837.0000	1549.0000	BALLAST	45,639.00	49.00
AFT STARBOARD	837.0000	1549.0000	OTHERS	0.00	0.00
AFT MEAN	837.0000	1549.0000	CONSTANT	0.00	420.00
CORRECTION	9.7000	2.4700	**KNOWN WTS**	**48,848.00**	**1,746.00**
AFT CORR'D	846.7000	1551.4700			
MID PORT	740.0000	1527.0000			
MID STARBOARD	725.0000	1528.0000			
MID MEAN	732.5000	1527.5000			
MID CORRECTION	-3.1000	-0.7900			
MID CORR'D	729.4000	1526.7100			
MEAN F & A	739.3000	1523.9700			
MEAN OF MEANS	734.3500	1525.3400			
DBLE.M.OF MEANS	731.8750	1526.0250			
TRUE TRIM	214.80	55.01			
TPC FROM TABLES	95.70	103.60			
LCF FROM TABLES	-9.49	0.34			
FIRST CORR'N	-752.89	7.48			
MCT (-50cm)	1496.30	1877.60			
MCT (+50cm)	1535.20	1930.50			
DMCT	38.90	52.90			
SECOND CORR'N	34.65	3.09			
TOT.TRIM CORR'N	-718.24	10.57			

We hereby estimate and certify that the weight of cargo which was loaded on board the above named vessel to be as follows:

126324	METRIC TONNES
123346	LONG TONS

FOR CHRISTY & GRIFFIN

MARINE SURVEYORS

THIS SURVEY SUMMARIZES THE FINDINGS AT THE TIME AND PLACE STATED, AND REPORT ISSUED WITHOUT PREJUDICE TO THE RIGHTS OF THE INTERESTED PARTY.

4. Draft Survey Ballast Sheet

Surveyor가 Draft 수치를 읽고 각 홀드별로 적하한 화물에 따른 화물량에 따른 Draft와 Ballast양을 기입 기술한 보고서이다. 항구접안 시와 화물적하작업 완료 후 Draft와 Ballast양을 작성해 화물적하에 따른 전후를 비교할 수 있다. Surveyor가 작성한다.

〈표 2-5〉 Draft Survey Ballast Sheet

Kirjim Pty. Ltd. Trading as

CHRISTY & GRIFFIN

MARINE CONSULTANTS & SURVEYORS

Gateway Offices
Christy Drive
P.O. Box 91. Port Kembla
NSW AUSTRALIA 2505

www.christyandgriffin.com.au
e-mail : candg@hotkey.net.au
Telephone. (02) 4274 4279
Fax : (02) 4274 4158

DRAFT SURVEY BALLAST SHEET

VESSEL NAME OCEAN MASTER Report bs

INITIAL SURVEY TIME

HRS FROM	0850		
HRS TO	0930	DRAFT FORE	631.9
DATE	14/07/05	DRAFT AFT	846.7
TRIM	214.8	LIST	0.200 to PORT

TANK	SOUNDING	CORR'N	VOLUME	DENSITY	M.TONNES
FPK	1286	0	2101.7	1.02500	2154.26
C1	2391	0	4077.7	1.02500	4179.66
2P	2395	0	4766.8	1.02500	4885.97
2S	2378	0	4545.8	1.02500	4659.45
3P	2400	0	5003.0	1.02500	5128.08
3S	2415	0	4959.2	1.02500	5083.22
4P	2378	0	4766.7	1.02500	4885.85
4S	2377	0	4726.7	1.02500	4844.82
5P	2415	0	4754.5	1.02500	4873.38
5S	2427	0	4784.8	1.02500	4904.44
APK	39	0	40.0	1.00000	40.00
CH6	0	0	0.0	1.02500	0.00

TOTAL BALLAST VOLUME 44,526.9 m^3

TOTAL BALLAST WEIGHT 46,638.1 mt

TANK	SOUNDING	CORR'N	VOLUME	DENSITY	M.TONNES
PORT	GAUGE	0	120.0	1	120.00
STBD	GAUGE	0	65.0	1	65.00

FINAL SURVEY TIME

HRS FROM	1100		
HRS TO	1200	DRAFT FORE	1150
DATE	16/07/05	DRAFT AFT	1420
TRIM	270.0	LIST	NIL

TANK	SOUNDING	CORR'N	VOLUME	DENSITY	M.TONNES
FPK	9	0	0.7	1.02500	0.75
C1	0	0	1.7	1.02500	1.71
2P	0	0	0.8	1.02500	0.82
2S	0	0	0.4	1.02500	0.43
3P	0	0	0.8	1.02500	0.79
3S	0	0	0.9	1.02500	0.89
4P	0	0	1.0	1.02500	1.03
4S	0	0	1.2	1.02500	1.25
5P	0	0	0.3	1.02500	0.35
5S	2	0	0.9	1.02500	0.89
APK	39	0	40.0	1.00000	40.00
CH6	0	0	0.0	1.02500	0.00

TOTAL BALLAST VOLUME 48.7 m^3

TOTAL BALLAST WEIGHT 48.9 mt

TANK	SOUNDING	CORR'N	VOLUME	DENSITY	M.TONNES
PORT	GAUGE	0	110.0	1	110.00
STBD	GAUGE	0	50.0	1	50.00

5. Draft Survey Cargo Distribution Sheet

화물적하작업을 마친 후 Survetyor가 Draft를 측정한 후 Draft에 따른 화물량과 화물을 직접 적하한 작업장의 화물량을 비교 기입하는 보고서이다.

〈표 2-6〉 Draft Survey Cargo Distributin Sheet

Kazjim Pty. Ltd. Trading as:

CHRISTY & GRIFFIN

MARINE CONSULTANTS & SURVEYORS

Gateway Offices
Christy Drive
P.O. Box 91, Port Kembla
NSW AUSTRALIA 2505

www.christyandgriffin.com.au
e-mail : candg@hotkey.net.au
Telephone: (02) 4274 4279
Fax : (02) 4274 4158

DRAFT SURVEY CARGO DISTRIBUTION SHEET

Report 1607-1 cd

SHIP NAME OCEAN MASTER

SURVEY COMMENCED	0800 Hours on 14th Jul 2005
LOADING COMMENCED	0953 Hours on 14th Jul 2005
LOADING COMPLETED	1512 Hours on 16th Jul 2005
SURVEY COMPLETED	1520 Hours on 16th Jul 2005

HOLD / TYPE		SHORE (M.TONNES)	SURVEY (M.TONNES)
1 CENC	1	11877	11751
2 CENC	1	15585	15420
3 CENC	1	14590	14435
4 CENC	1	12999	12861
5 CENC	1	12959	12822
6 CENC	1	12995	12857
7 CENC	1	15559	15394
8 CENC	1	16126	15955
9 CENC	1	13977	13829
TOTALS		**126667**	**126324**

	TYPE	SHORE	M.TONNES	L.TONS
	1 CENC	126667	125324	123345
TOTALS		**126667**	**126324**	**123345**

COMPLETION DRAFTS	
FWD	1496.46
AFT	1551.47
MEAN	1523.97
MID	1526.71

BELT ERROR -1.072%

REMARKS

FOR CHRISTY & GRIFFIN

MARINE SURVEYORS

6. Discharging Sequence

양하 Port에서 화물의 양하에 따른 Ballast 조절량, Trim, Draft 등을 기술해 놓은 것이다.

예를 들어 첫번째 작업으로서 INI 해당하는 1에서 2번 Hold와 9번 Hold를 화물을 양하할 경우 APT에 1200톤에 해당하는 Ballast수를 주입한다. 다음으로 INI의 해당하는 4번, 6번 Hold에 화물적하량에 따라 각각에 해당하는 밸러스트수를 주입한다. 이와 같이 항해사관은 미리 계산해 놓은 Sequence에 따라 적하상황이 이뤄지고 있는지를 당직근무를 수행하면서 파악해야 한다.

〈표 2-7〉 Discharge Sequence

DISCHARGING SEQUENCE

M/V OCEAN MASTER/ VOY. 109/ CARGO: COAL/ TOTAL QUANTITY: 125,907 MT/ DISCH. PORT: TAEAN/ DATE: 2007. 06. 07

	9	6	7	8	5	4	3	2	1
% Full	94 % COAL	97 % COAL	92 % COAL	74 % COAL	64 % COAL	70 % COAL	76 % COAL	92 % COAL	92 % COAL
Metric Tonnes	13,221	16,744	16,210	13,038	11,484	12,540	13,522	16,253	12,895

Pour	Cargo		Ballast Operation	Comments	Calculated Values							Observed Values		
	Hold	Tonne			FWD	AFT	SF	BM	Air Draught	MID	Trim	FWD	AFT	MID
INI					15.17	15.57	41	23		15.37	0.40			
1	2 8	9,000 9,000	PO APT 1,200MT	BUNKERING	12.87	14.47	39	11		13.67	1.60			
2	4 6	6,000 6,000	GI NO.2 WBT 2,000MT GI NO.3 WBT 4,000MT GI NO.4 WBT 4,000MT		12.64	14.32	41	18		13.48	1.68			
3	1 9	6,000 6,000	GI FPT&NO.1 WBT 3,000MT GI NO.2&NO.5 WBT 6,000MT		12.49	13.87	40	15		13.18	1.38			
4	3 7	8,000 8,000	PI NO.2&NO.3 WBT 4,000MT PI NO.4 WBT 2,000MT		11.35	13.05	29	11		12.20	1.70			
5	5 8 9	8,000 4,744 3,221	PI NO.3 WBT 2,000MT PI NO.4 WBT 2,000MT PI NO.5 WBT 4,000MT		11.04	11.75	28	21		11.39	0.71			
6	2 6	4,253 4,038	PI NO.2 WBT 2,000MT		10.02	11.54	38	28		10.78	1.52			
7	1 4	3,895 3,540	PI FPT 1,000MT PI NO.1 WBT 1,000MT		8.63	11.94	35	31		10.29	3.31			
8	3 7	3,522 3,500	PI NO.2 WBT 1,550MT PI NO.2 WBT 2,100MT		8.56	11.31	37	33		9.93	2.75			
9	4 6	3,000 3,000	PI NO.4 WBT 1,600MT	NO.4 EMPTY NO.6 EMPTY	7.87	11.18	44	45		9.52	3.31			
10	2 8	3,000 3,000		NO.2 EMPTY NO.8 EMPTY	7.14	10.70	52	38		8.92	3.56			
11	1 5 9	3,000 1,000 4,000	PI NO.1 WBT 1,100MT PI NO.5 WBT 1,600MT	NO.1 EMPTY NO.9 EMPTY	6.70	10.05	32	27		8.37	3.35			
12	3 5 7	2,000 2,484 4,710		NO.3 EMPTY NO.5 EMPTY NO.7 EMPTY	6.00	8.81	45	44		7.41	2.81			
FIN					6.00	8.81	61	76		7.41	2.81			

Signed for Terminal________ Chief Officer________ Master of M/V OCEAN MASTER________

7. Mate Receipt(선적화물인수증(M / R))

본선의 화물에 대한 책임은 화물을 현실적으로 선적했을 때부터 시작된다. 일등항해사가 발급하는데 인수한 선적화물에 대한 수량 및 제반현상에 대한 수취를 증명하는 유일한 서류이다.

여기에는 본선에서 해당 홀드별로 요구하는 화물량과 실제 선적한 화물량 그리고 총 선적한 화물량을 기입한다.

〈표 2-8〉 Mate Receipt

PORT WARATAH COAL SERVICES LIMITED

SHIP LOADING CERTIFICATE
MATES RECEIPT

PWCS

VESSEL [illegible] DATE [illegible]

BERTH [illegible] HIRER [illegible] SHIPS AGENT [illegible]

THE STOWAGE REQUESTED FOR THIS VESSEL IS AS FOLLOWS

HOLD No.	1	2	3	4	5
EXPORT COAL TYPE		[illegible]	[illegible]		
BELT WEIGHT TONNES	[illegible]	[illegible]	[illegible]	[illegible]	[illegible]
HOLD No.	6	7	8	9	10
EXPORT COAL TYPE		[illegible]	[illegible]		
BELT WEIGHT TONNES	[illegible]	[illegible]	[illegible]	[illegible]	

Total Tonnes Requested (Nominal) [illegible]

I hereby request you to load the nominated tonnage of the above coal products in accordance with the agreed stowage instructions.

Master/Chief Officer ______ Date [illegible]

CERTIFICATE OF STOWAGE

HOLD No.	1	2	3	4	5
EXPORT COAL TYPE		[illegible]	[illegible]	[illegible]	
BELT WEIGHT TONNES	11502	15251	15750	12660	12402
DRAUGHT WEIGHT	11562	15121	15586	12528	12272
HOLD No.	6	7	8	9	10
EXPORT COAL TYPE					
BELT WEIGHT TONNES	13599	14680	16575	13206	
DRAUGHT WEIGHT	13457	14527	16402	13068	

Total Tonnes Stowed (Belt Weight) 125655 Total Tonnes Stowed (Draught Weight) 124343

This is to certify that the 124343 tonnes of coal loaded into this vessel have been stowed and trimmed ~~to my entire satisfaction~~.

Master/Chief Officer ______ Date 25th Feb 07

[illegible]

DRAUGHT SURVEY

This is to certify that the results of the draught survey on this date show that 124343 tonnes of coal have been loaded onto this vessel.

Marine Surveyor ______ Date 25th Feb 07

REMARKS ______

VESSEL ARRIVED ______ hrs [illegible] Date 04-02-07

VESSEL ENTERED ______ hrs 13:04 Date 23-02-07

VESSEL BERTHED ______ hrs [illegible] Date [illegible]

VESSEL CLEARED TO LOAD ______ hrs 15:00 Date [illegible]

SHIPLOADING COMMENCED ______ hrs 19:29 Date 23-02-07

SHIPLOADING COMPLETED ______ hrs 01:56 Date 25-02-07

VESSEL CLEARED BERTH ______ hrs ______ Date ______

Form No. F-08-04

8. Draft Survey Report

화물적하지에서 C/O와 Surveyor가 동시에 측정한 선수, 선미, 중앙의 흘수 및 선체에 영향을 Hogging, Sagging 및 Trim의 결과치 등을 기입하는 보고서이다.

〈표 2-9〉Draft Survey Report

Draft SURVEY REPORT

선 명 :						KIND OF Cargo :	COAL
PORT :	R.BAY					STOWAGE FACTOR :	40
DATE :	28-Nov-07						
VOY.NO :	064						
df(p) :	6.0000	da(p) :	7.0000	dm(p) :	7.3200		
(s) :	6.0000	(s)	7.0000	(s) :	7.3400		
Read df :	6.0000	da :	7.0000	dm :	7.3300	A.TRIM :	1.000
∇df :	−0.0051	∇da :	0.0350	∇dm :	−0.0040		
Corr.df :	5.9949	da :	7.0350	dm :	7.3260	TRIM :	1.040
MEAN :	6.5150	HOG / SAG	−0.81	∇ df :	−0.0051		−0.0051
M/M :	6.9205			∇ da :	0.0350		0.0350
Q/M :	7.1232	DEC.DIFF	3.24	∇ dm :	−0.0040		−0.0040
disp 1 :	75,600.0	F.O :	1,379.0			tpc 1 :	107.64
disp 2 :	75,248.0	D.O :	71.0			tpc 2 :	107.65
		F.W :	163.0			TPC	107.64
DISP :	75,486.0	B.W :	50,814.6				
		L.O :	41.0			lcf 1 :	10.6510
1 ST :	−422.8					lcf 2 :	10.6480
		TTL :	52,468.6			LCF	10.6500
2 ND :	5.5						
						mtc 1 :	1811.80
c.disp :	75,068.7	L.SHIP :	20,775.0			mtc 2 :	1840.50
						∇MTC :	28.70
SG COR :	−271.0	G. TTL :	73,243.6				
						S. G :	1.0213
F.DISP :	74,797.7						
						L P P :	282.0
CONS :	1,554.1						

2.3.3 선적할 화물의 계산

1. Stowage Factor(S / F)

화물 1Long Ton을 적재하는데 차지하는 용적을 FT3으로 나타낸 것이다.

S / F = FT3 / LT, 1 FT3 / LT = 0.02787 M3 / MT

① 중량화물 : S / F가 작은 화물. 선창 용적의 여유가 많지만 만재흘수에 도달하는 화물량(부피)은 작다.

② 용적화물 : S / F가 큰 화물. 만재했을 때 선창용적의 여유가 많지 않다.

2. Loadable Cargo Q'ty의 계산

① Load Port 또는 Discharge Port의 Draft Limitation은 L / D Port 또는 D / P의 허용수심이 흘수선 아래로 제한될 때는 제한되는 Draft까지 밖에 선적할 수 없다.

② L / D Port의 허용수심이 만재흘수선 아래라면 Even Keel로 화물을 선적하는 것이 가장 화물을 많이 실을 수 있다. 항해 중 연료 및 청수 소모로 인한 Trim의 변화는 APT의 Ballast 주입으로 조절 가능하다.

③ D / P의 허용수심이 만재흘수선 아래라면 양하항 입항 시 Even Keel로 들어갈 수 있게 화물을 선적한다(항해 중 예상되는 연료 및 청수소모량만큼 화물을 더 실을 수 있다).

3. Maximum Loadable Cargo Q'ty의 계산식

① Limitted Draft의 Displacement

② Density Correction : Disp. × (1.025 − S.G.(비중)) / 1.025

S.G.(비중)가 1.025 이하일 때는 (−), 클 때는 (+)해준다.

③ Hog. / Sag. Correction

보통 광탄선은 Full Loading 할 경우 Sag. Condition이 된다. 이로 인해 Mid. Draft가 Draft Limitation에 걸릴 수 있으므로 사전에 예상되는 Sag.만큼의 Corr. 값을 감해주어야 한다.

㉠ Sag. : $-1/4 \times TPC \times$ Estimated Sag

㉡ Hog. : $-1/4 \times TPC \times$ Estimated Hog

④ Light Ship : Light Ship의 무게를 감해준다.

⑤ Ship's Possessions

㉠ 양하항의 Draft Limit : 적하항 출항시의 예상 Bunker 및 FW양, Constant 등을 감해주고, 양하항까지 항해 시 예상되는 Bunker 및 FW양을 더해준다.

㉡ 적하항의 Draft Limit : 적하항 출항시의 Ship's Possession을 감한다.

4. Load Line Limit에서의 화물량 산정

1) Primsol Mark

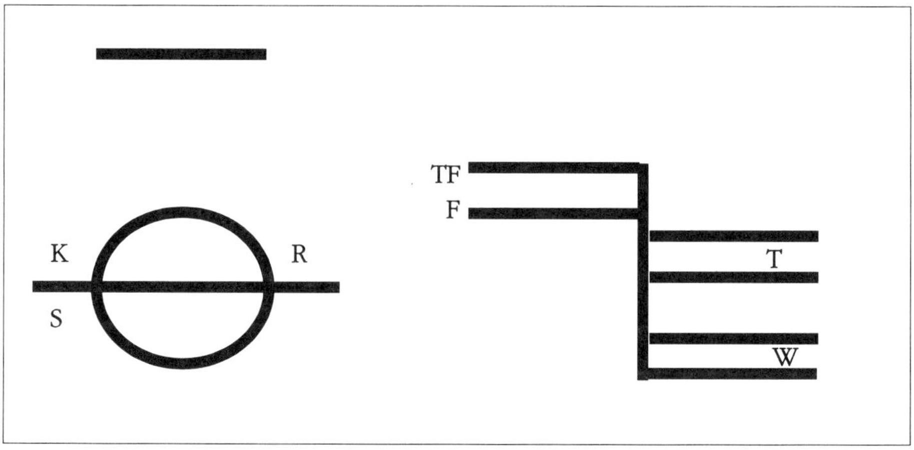

[그림 2-31] Primsol Mark

[그림 2-31]에서 보는 바와 같이 선박이 각 해당 구역을 항해할 시 해당 Draft 이상 Draft가 깊어지면 안된다. 예를 들어, Summer Zone에서 짐을 싣고 항해하다가 Winter Zone을 지나가게 된다면 짐을 싣는 단계에서 Winter Zone의 Draft를 고려하여야 한다.

즉, Winter Zone Draft에 Winter Zone까지의 연료, 청수소모량만큼만 짐을 실을 수 있다(See CHART : BA D6083).

2) 나머지 계산식은 위와 똑같고, Hog. Corr. 만 다르다.

Hog. Corr. : 1 / 4 × TPC × est. Hog.

5. Draft Survey

Bulk Cargo의 검량은 Shore Scale로 결정하는 수도 있으나 주로 Draft Survey로 선적량 또는 양하량을 결정하는데 Draft Survey의 순서는 먼저 흘수와 해수비중을 측정하고 Ship'S Possession을 측정한 후 계산을 행한다.

1) 흘 수

① Draft Mark는 미터 단위에 있어서는 20cm마다 길이 10cm의 아라비아 숫자로, 피트 단위에서는 1피트마다 6인치 길이의 아라비아 또는 로마 숫자로 표시하고 있으며 숫자의 하단이 가리키는 숫자의 흘수가 된다. 또한 글자 자체의 두께가 미터법은 2cm, 피트법은 1인치이므로 이를 고려하여 보다 정밀하게 측정할 수 있으며 다음과 같은 요령으로 측정한다.

㉠ 수분간 흘수를 주시해서 수면의 상하운동의 평균치를 잡는다. 이 평균치는 최고, 최저의 중간치가 아니라 계속 반복 운동하는 해면의 평균치를 말한다.

㉡ 조류가 심한 곳에서는 선수의 수위가 약간 높아지는 것을 고려하여 과대하게 읽지 않도록 주의한다.

㉢ 중앙 흘수, 특히 안벽측의 흘수를 바로 위에서 내려다보면서 읽을 때에는 과대하게 읽기 쉬우므로 주의한다.

㉣ 야간에 빛을 비춰서 읽는 경우 특히 평온한 장소에서는 수면의 위치가 확실하게 보이지 않아서 곤란한 경우가 있으며, 이때에는 작은 돌멩이 등을 던져 수면에 파문을 일으켜서 읽으면 쉽다.

② Draft Survey시 사용되는 흘수

㉠ Apparent Draft Fore & Aft에 수정치를 가감한 흘수를 Corresponding Draft Fore & AFT가 되며 이 둘의 평균이 Mean Draft(Dm)이다.

㉡ Midship Port & Stb'D의 평균이 Midship Mean이다.

㉢ Midship Mean과 Mean Draft의 평균이 Mean of Mean Draft(M / M)이다.

㉣ Mean of Mean과 Midship Mean의 평균이 Quarter Mean(M / 4) Draft 또는 Corresponding Mean Of Mean Draft라 한다.

③ 상기의 계산(②)에 의거 실제로 읽은 흘수가 Quarter Mean Draft에 미치는 영향은 선수미 흘수는 1 / 8, 중앙 각 현의 흘수는 3 / 8이므로 중앙 각 현의 흘수측정 시는 보다 세심한 주의를 하여야 한다.

2) 해수비중

거대선일수록 측정한 비중의 오차는 무시할 수 없을 정도로 커진다. 특히 하구에 있는 항(Brackish Water)에서는 각별한 주의가 필요하다. 일반적으로 해수비중은 같은 장소라도 겨울에는 커지고 여름에는 작아지는 경향이 있으며 하구에서는 풍향과 강우에도 영향을 받는다.

① 비중측정법 : 하구항에서 만재상태로 떠 있을 때의 비중측정은 어렵고, 선수미 또는 수심의 상하층에 따라 해수비중이 현저한 차이가 있는 수도 있다. 원칙으로는 중앙, 선수 및 선미의 양현 6개 장소에서 상, 중, 하층의 물을 떠 올려 측정해 그 평균치를 취해야 한다. 그러나 실제에 있어서는 선체 중앙의 흘수 1 / 3의 아래 부분의 물을 채수하는 것이 보통이다. 비중측정 시에는 뚜껑이 부착된 채수기를 사용해야 깊은 곳의 물을 채수할 수 있다.

② 비중계의 조사 : 비중계는 비중측정을 할 때에 Surveyor의 것과 비교, 조사하여 둘 필요가 있다. 가령 적하지에서 본선의 것을 사용하고 양하지에서 본선의 것을 사용하지 않을 경우에는 적하량의 차이가 나는 수가 있다.

③ 비중관측

㉠ 해수온도와 채수기의 온도차를 없애기 위하여 2~3회 물을 떠올려서 나중에 떠올린 것으로 측정한다.

㉡ 시각에 따른 오차가 생기지 않도록 채수기에 물을 가득 떠올려 비중계를 넣으면 물이 넘치도록 한다.

㉢ 비중계에 수포나 손자국이 묻지 않도록 한다.

㉣ 해수비중의 측정은 물의 표면장력에 의하여 약간 올라온 부분의 눈금을 읽는다. 읽기 쉽게 하기 위하여 비중계를 회전시키기도 한다.

3) Draft Survey 계산방법

① 선수미재의 경사에 대한 흘수수정 : 선수미 흘수가 계산에 이용되는 수선간장(LBP)의 기준이 되는 선수미 수선, 즉 FP와 AP에 위치하지 않기 때문에 실제로 읽은 흘수를 FP와 AP의 흘수값으로 수정하여야 한다. 수정치는 조선소에서 선박을 건조할 때 작성, 보급된 Table에서 찾을 수 있다.

② Quarter Mean Draft를 구하여 Hydrostatic Table에서 그에 대한 배수량(Corresponding Displacement)을 구한다. Quarter Mean Draft를 구하면 Sagging 혹은 Hogging에 대한 수정이 포함된다.

③ Trim Correction : 선박의 Hydrostatic Table은 Keel에 평행한 흘수 즉 선박의 Trim이 Even Keel 상태에 있을 때의 흘수에 대한 배수량을 표시하고 있다. 그러나 Trim이 있을 때의 선박의 배수량을 구할 때에도 단지 평균 흘수에 대한 값을 찾게 되므로 실제의 배수량과는 약간의 오차가 있게 된다.

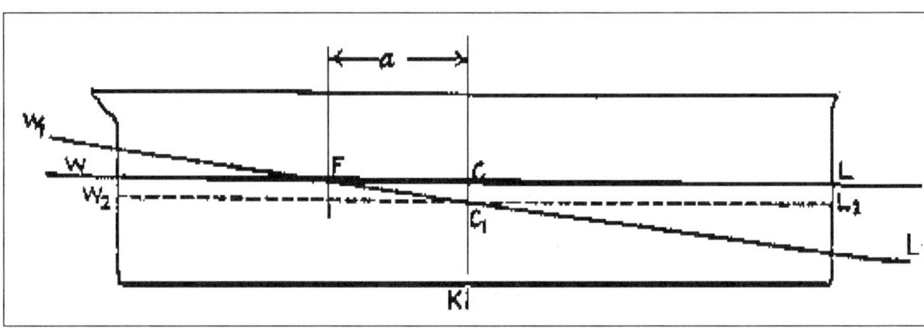

[그림 2-32]

즉 트림이 있을 때의 부면심(Center of Floatation)이 선체의 중앙에 있지 아니하고 선수미쪽에 편재되어 있기 때문에 평균 흘수로 구한 배수량과는 약간 차이가 있어 이를 수정하는 것을 Trim Correction이라 한다.

Trim Correction의 양(W)은 [그림 2-32]를 참조하여 다음 식에 의해 구해진다.

$$W = TRIM \times \frac{a}{LBP} \times TPC$$

a와 TPC는 흘수에 대한 배수량을 구할 때 함께 찾으면 된다. 통상의 Trim Correction은 상기로 끝내나 과도한 트림이 있을 경우에는 트림 때문에 일어나는

수선면적의 변화로 인한 배수량을 수정하는 2nd Trim Correction이 있다.

$$W_2 = 50 \times \frac{(\text{Trim})^2}{\text{LBP}} \times \frac{\text{d MTC}}{\text{dz}}$$

$\frac{\text{d MTC}}{\text{Dz}}$: 흘수 1M변화에 대한 MTC의 변화량, W_2의 부호는 항상 (+)이다.

④ Density Correction : Hydrostatic Table 상의 배수량은 해수의 표준밀도(1.025)에 대한 배수량이므로 현재 떠있는 물의 비중에 대하여 수정하여야 한다.

$$C = W - W_T = W_T \times \frac{\rho}{1.025} - W_T = \frac{\rho - 1.025}{1.025} \times W_T$$

C : 수정량, ρ : 당시의 해수비중, W_T : TABLE에서 구한 배수량

⑤ Ship's Possesion : 선박이 보유하고 있는 연료유, 청수, Light Ship, Constant, Ballast 등을 위의 Displacement에서 빼준다.

6. Trimming Cargo의 산정

1) Trimming

원하는 출항 Draft를 맞추기 위해서 Loading 작업 막바지에 여분의 화물을 선창에 분배하여 싣는 작업을 Trimming이라 한다.

2) Trimming 전 단계

Loading Sequence에 의거 Loading 작업을 하다 총 선적예정량에서 Trimming에 필요한 화물량을 남겨두는 예상시점에 적재작업을 중지하고, Draft Survey를 하여 남은 Balance Cargo를 계산하여 원하는 흘수를 맞추기 위한 Trimming을 하게 된다.

3) Trimming Cargo의 산정방법

실무에서는 Trimming Moment가 큰 Hold(Slack Hold)에 직접 Balance Cargo를 선적

하여 Trimming을 하지만, 원리는 부면심에 Cargo를 선적하고, Trimming Hold로 이동했을 때 흘수 및 Trim의 변화를 계산한다는 것으로 알고 있으면 이해가 쉬울 것이다.

(1) LCF를 이용하는 방법

중량의 이동으로 인한 Trim Moment는

$$\text{Trim Moment} = w \times d = M\text{cm} \times \Delta t$$

$$\therefore \quad \Delta t = \frac{(w \times d)}{M\text{cm}}$$

w : Cargo량 mt,

d : 부면심에서 적재할 Hold까지의 거리

Mcm : MTC

Δt : Trim 변화량

앞의 식으로 NO.2와 8Hold에 각 Balance Cargo를 적재하여 Trimming을 한다면

$$\Delta t = \frac{(w_2 \times d_2 + w_8 \times d_8)}{M\text{cm}}$$

이 된다. 여기서 d_2와 d_8은 상반되는 부호를 가지고 있으며, Trim by the Stern을 (−)로 본다면 d_2는 (+), d_8은 (−)가 된다.

(2) Trim Table을 이용하는 방법

Trim & Stability Manual에는 각 선창별로 화물 100MT 선적하였을 경우 Draft 변화를 표로 나타낸 "TRIM TABLE"이 수록되어 있으며, Trimming 시 이 표를 활용하면 앞서 설명한 것보다 좀 더 쉽게 Trimming Cargo를 분배할 수 있다. 주의할 점은 Draft의 변화에 따라 Draft가 증가하면 (+)를, 감소하면 (−)를 붙여놓았다는 것이다.

[예제] 현재 Draft　F : 12.50m　A : 13.00m　M : 12.80m

출항 Draft　13.00m even

NO.2 & 8 Hold를 Trimming Hold로 할 때 각 Hold의 Trimming Cargo는?

방법 ① 먼저 Trim & Stability Manual에서 12.80m에 대한

TPC : 101.0, MTC : 1765.2

LCF : 132.5m(From A.P) 12.80m과 13.00m의 평균 LCF

NO.2 Hold LCG From A.P : 212.62m

NO.8 Hold LCG From A.P : 71.75m

를 찾는다. 현재 Draft에서 출항 Draft까지의 BALANCE Cargo :

$\triangle Dm \times TPC = 20 \times 101.0 = 2020MT$

$\therefore\ w_2 + d_8 = 2020$ $\qquad d_2 = $ NO.2 LCG LCF $= 80.12$

$\triangle t = +50cm$ $\qquad d_8 = $ NO.8 LCG LCF $= -60.75$

$$\therefore\ 50 = \frac{(w_2 \times d_2 + \times d_8)}{\text{Mcm}}$$

$$= \frac{(2020 - w_8) \times 80.12 + w_8 \times -60.75}{1765.2}$$

$w_8 = 522 \fallingdotseq 520,$ $\qquad w_2 = 1500$

NO.2 Hold에 1500MT, NO.8 Hold에 520MT를 각각 적재하면 13.00m Even으로 출항할 수 있다.

방법 ② Total Balance Cargo : 2020MT $= w_2 + w_8 \quad \triangle t = +50cm$

Trimming 전의 Draft 12.80m으로 찾은 Trim Table 값

〈표 2-10〉

	NO.2 Hold	NO.8 Hold
AFT	−1.32	2.74
FWD	3.20	−0.70
Trim 변화	4.52	−3.44

여기서 주의할 점은 NO.2 Hold에 실었을 경우 Trim이 (+)방향으로 증가하고, NO.8 Hold에 실었을 경우 Trim이 (−)방향으로 증가한다는 것이다.

따라서 시은 $w_2 + w_8 = \dfrac{2020(4.52 \times 2_2 - 3.44 \times w_8)}{100} = \wedge t = 50$

이 2차 방정식을 풀면 $w_2 = 1501 \quad w_8 = 519$로 앞의 값과 거의 같다.

4) Trimming 시 주의사항

① Trimming 전 단계에 배를 Upright될 수 있도록 할 것. 그리고 매 Hold Trimming 시 Upright시킬 것

② Trimming 1~2시간 전에는 Midship Draft를 자주 확인해 정확한 Trimming 시 점 및 Trimming Cargo 양을 예상할 것. Trimming 전에 Trimming Cargo의 양이 부족하게 하는 일이 발생하지 않도록 할 것

③ Loading 시작 전 Shore Weight Scale의 오차를 알아두어 오차를 감안하여 Trimming Cargo를 산정할 것(오차가 클 경우 Trimming Cargo를 많이 잡는다)

④ 광석의 경우 하역작업 중지신호 후에도 Belt상에 화물이 상당량 있다는 것에 주의할 것

2.3.4 적양하 시 주의사항

1. 화물선적 시 주의사항

1) Bulk Cargo의 이동

항해 중 선체의 경사에 의하여 산적한 Bulk Cargo가 일단 이동하게 되면 중심이 한쪽으로 이동하여 선체에 고정경사를 주며, 그 고정경사를 중심으로 하여 또 경사하게 되므로 급기야는 선박전복의 위험이 있다.

① Bulk Cargo의 정지각 : 곡류나 광석 등을 산적하면 적재상태가 원추형의 모양이 된다. 그 때의 사면과 수평면을 이루는 각을 정지각(Angle of Repose)이라 한다. 정지각은 산적화물의 종류에 따라서 다르며 똑같은 종류의 화물이라도 그 건습상태

〈표 2-11〉 정지각의 예

화 물 명		입자가 떨어지기 시작할 때	대량으로 이동할 때
밀	WHEAT	23	34
옥수수	MAIZE	25	37
보리	BARLEY	20.5	31
쌀	RICE	27	39
콩	SOYA BEAN	–	34
모래	SAND	25	35
석탄	COAL	30	–

에 따라 입자간의 마찰정도에 차이가 있기 때문에 약간씩 다르나, 대개 곡류는 20도~30도, 석탄은 30도~40도, 광석은 30도~50도 정도이다. 정지각이 적으면 적을수록 이동성이 크며, 선박의 동요경사가 정지각 이상이 되면 이동하게 된다.

그러나 이 정지각은 육상 정지상태에 있어서 결정된 값이기 때문에 실제 해상에서는 횡요에 의한 관성력, 화물의 침하, 기관의 진동 및 선박의 상하운동 때문에 정지각 이내의 선박경사에서 화물이 이동하게 된다.

2) 화물의 이동방지

① Hold에 만재를 하여 부분 적재의 구획을 최소화하여야 한다. 또한 필요시 평평하게 Trimming을 하여야 한다.

② 부분적재의 Hold에 있어서 경사 Moment를 제거하기 위하여 Strapping 또는 Lashing을 행한다.

③ 미국에서 곡물선적 시의 경우 선박 자체 Self Trimming 장치를 갖추도록 요구하고 있으며 이를 설치하지 아니한 선박은 Hold 전후방의 Trimming을 요청받게 되고 이때 소요되는 Trimming Charge를 선주가 추가로 부담하게 된다. Self Trimming 장치란 Hold 좌우방향에 설치되어 있는 Top Side Tank뿐만 아니라 Hold 전후방향에도 이와 유사한 Slopping Bulkhead를 가지고 있어서 곡물을 Free Pouring하였을 때 Trimming하지 않아도 되는 선박을 말한다.

④ Self Trimming 장치가 되어 있지 않은 선박은 Untrimmed End의 Void Area를 감안한 Grain Loading Booklet을 추가로 선급으로부터 발급받아야 한다.

⑤ ④항의 Booklet로 적재 시에는 자체 Heeling Moment가 크며 Allowable Heeling Moment를 초과하는 경우가 있으니 Trimming해야 할 Hold수를 줄인다.

⑥ 육상과 적절한 Communication을 유지하여야 하며, 계획된 Sequence대로 작업을 진행하는지 살펴보아야 한다. 또한 수시로 Deck 순찰을 하여 Mooring Line의 상태, 당직다수들의 근무상태, 각 Hold에 적재된 화물의 양 및 선창과 Deck의 손상유무를 확인하여야 한다.

⑦ 수시로 Draft Survey를 행하여 본선 Scale과 육상 Scale의 차이를 비교해두어야 하며, 특히 하역작업 막바지에는 더 자주 Draft Survey를 행하여 Trimming 시점과 하역완료 시점을 예상해두어야 한다.

⑧ Trimming 시점을 잘 파악해야 하는데 만약 Trimming 시점을 너무 늦게 잡으면, 이미 본선에 화물이 많이 실려 있어 Trimming Cargo가 부족하게 되고, 원하는 출항 Draft를 맞출 수가 없어 출항이 지연될 수 있다. Trimming Cargo는 가능한 많이 잡아두는 것이 안전하다.

2. Loader로 선적 시의 주의사항

[그림 2-33] Loader로 석탄 선적 중

Loader는 크레인에 비해 이동성에 제약이 크다. 보통 Loader의 본체는 고정되어 있고 길게 나와 있는 컨베이어만 상하좌우 모두 작은 각도로 움직일 수 있다. 그래서 건현이 너무 높아서 Loader가 홀드위에 위치하지 못할 수도 있으며, 또 다른 홀드에 선적할 때는 배를 Shifting하면서 선적할 수도 있다. Loader로 선적 시에는 Loading Rate가 다른 작업보다 월등히 크다. 그래서 자칫 하다가는 화물이 Over되어 곤란한 경우가 발생할 수도 있기 때문에 Draft를 수시로 체크하면서 화물을 실어야 한다.

3. Hot Roll Coil 선적 시에 주의사항

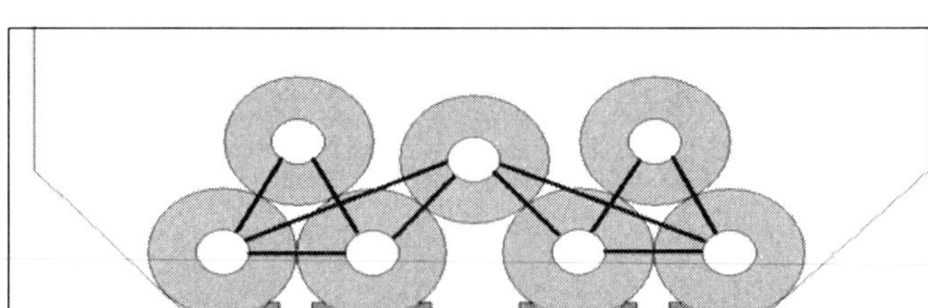

[그림 2-34] Coil Lashing 작업 시 초킹 및 고박방법

코일을 싣기 위해서는 Coil Hook를 이용해서 작업을 한다. 이 화물은 한 개당 25~30톤에 달하는 중량화물이기 때문에 선적을 할 때에 각별한 주의가 필요하다. 크레인 사용 시에 조심스럽게 사용하지 않고 빠른 속도로 크레인을 작동시키면 와이어에 무리가 가서 Twisting이 발생할 수 있다. Twisting이 발생하면 와이어가 움직이면서 서로 마찰이 일어나서 와이어 Kink가 생겨서 와이어가 절단되는 큰 사고가 발생할 수 있다.

[그림 2-35] Hold 위에서 내려다본 코일 선적한 사진

또 코일을 선적할 때 홀드내에 불도저가 들어가서 코일을 적절하게 분배를 하는데 이 때 한쪽으로 너무 쏠리면 Heeling이 쉽게 변하기 때문에 항해사가 인부들에게 의사전달을 하면서 Heeling 조절을 해주어야 한다.

Coil 선적 시에 항해사가 가장 중점적으로 확인해야 되는 것이 바로 Cargo Lashing작업이다. 선창모양이 정확히 사각형도 아니라서 화물을 차곡차곡 선적해도 고박이 힘들기 때문에 옆에 그림의 갈색처럼 코일 밑부분에 초킹작업을 잘 해주어야 하고 코일과 코일을 Lashing Band로 꽉 조여주어야 한다.

4. Ballasting/Deballasting 시 주의사항

Ballasting/Deballasting 시 계획된 선적/양하계획에 맞추어 Ballast 배출/주입을 해야 하며, 실수하는 일이 없도록 한다. 근래의 Bulk선들의 경우 대형화, 전용선화되고 있어 Ballast Tank 또한 커지게 되고, 따라서 Ballast에 의한 선체 응력조절이 더 중요해지고 있다.

1) Pump Suction & Delivery 압력확인

Ballast Pump를 통한 주배수하는 경우 Pump Suction & Delivery 압력이 양호하게 작동하여야 하며, 만일 압력이 적정치보다 저하된 경우 Ballast의 주배수가 원활히 수행되지 아니하므로 확인 및 적절한 조치를 취하여야 한다.

2) 펌프의 주 손상원인인 공회전

펌프의 주 손상원인인 공회전을 방지하기 위하여 어떠한 경우에도 Suction 밸브를 닫은 채 5분 이상 공회전 및 10분 이상 출구밸브 잠근 채 운전되지 않도록 주의한다.

① Ballast Control Panel과 압력계에 Ballast Pump의 운전특성, 즉 펌프 용량 입출구 상용 압력 등을 Mark하고 항해사관. 특히, 초임사관은 잘 숙지한다.

② Ballast Pump, Prime Pump, 각종 Gauge는 상시 최적상태로 유지하고 펌프 운전 중 Level Gauge의 레벨과 펌프의 압력변화를 잘 관찰하고 다음 사항을 충분히 숙지한다.

㉠ Level Gauge에 의거 배출 마지막 단계 전부터는 Sounding을 병행하여 최종단계에서 펌프를 정지한다.

㉡ 마지막 단계에서 토출압력계도 함께 잘 관찰하여 압력이 저하되기 시작하면 즉시 펌프를 정지한다.

㉢ 각종 Gauge 고장 시에는 빠른 시간 내 교환 또는 수리하도록 하고 고장상태에서는 현장확인을 강화한다.

㉣ 펌프 운전상태에서는 수시로 펌프측에 내려가 진동 / 소음 / 발열 등 상태점검하고 Mechanical Seal Type은 진동에 취약하며, Bearing Housing 온도는 주위온도보다 40℃ 혹은 해수온도보다 20℃ 이상 높아서는 안된다.

3) Ballast 주배수 여부의 확인

Ballast의 주배수작업 시에는 실제로 주배수가 이루어지는지 Remote Sounding Gauge나 실제 Tank Sounding을 실시하여 확인한다.

4) Ballast 실무

Ballast 계통도를 간단하게 그려보면 [그림 2-36]과 같다.

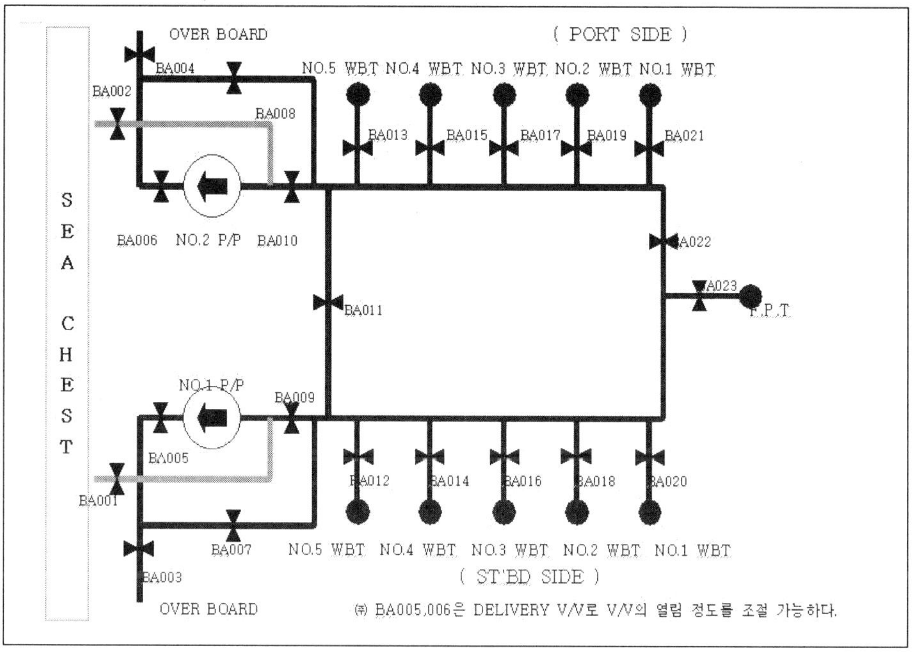

[그림 2-36] Ballast 계통도

대형 광탄선의 Ballast Line을 그린 것으로 다른 Bulk선들보다 Ballast Operating을 더 신경을 많이 쓰는 선종이므로 좋은 참고가 될 것이다.

(1) 선적항에서

선박은 보통 Full Ballast 상태로 선적항에 도착하게 된다. 따라서 화물을 선적하기 위해서는 계획된 Loading Sequence에 맞춰 Ballast를 배출시켜야 하는데, 보통 처음에는 중력으로 배출시킨 후 펌프를 사용하여 배출한다. 이는 탱크 내의 수두가 해수면보다 월등히 높을 시에는 펌프를 가동시킨 것보다 중력으로 배출시키는 것이 효율면에서 더 좋기 때문이다. 만약 펌프를 가동시켜 높은 수두의 Ballast를 배출시킬 때 Suction Gauge의 압력을 보면 양압이 걸려 있을 것이다. 이는 펌프의 힘으로 Ballast가 배출되는 것이 아니라 수두차로 인해 배출되고 있다는 뜻이다.

중력을 이용하여 배출할 때 밸브의 Open 순서는 NO.1 Port WBT를 가정할 때 BA004 BA008 BA021이고, NO.2 Pump를 이용하여 배출할 때는 BA004 BA010 BA021를 열고, BA006을 1/4쯤 연 상태에서 펌프를 작동시키고, 펌프의 정상운전 확인하면 (Discharge 압력이 계속 상승할 때) BA006을 계속 Open시켜 적정 Discharge 압력에 맞춘다. 이렇게 하는 이유는 만약 수두의 차이가 거의 없는 상태에서 모든 V/V를 Full Open시킨 후 펌프를 작동시키면, 펌프 내에 공동현상(Cavitation)이 발생하여 펌프의 임펠러를 손상시킬 수 있기 때문이다.

Discharge Gauge의 압력이 헌팅하기 시작하면 Ballast Pump로는 Ballast를 배출하기 어려운 상태에 도달한 것이므로, Stripping 단계로 넘어가야 한다. Stripping은 Eductor를 이용한 것으로 탱크 바닥의 Ballast까지 배출시키는 작업이다. Main Ballast Pump를 이용할 때처럼 펌프의 임펠러를 손상시키거나 밸브를 손상시킬 우려는 없으나, 선체의 종경사 및 횡경사에 영향을 많이 받으므로, 실수하게 되면 탱크를 Empty 상태로 만들 수 없으므로 주의해야 한다(왜냐하면, 각 라인의 Bell Mouse의 위치 때문인데 대부분 탱크의 뒤쪽 Center Girder 부근에 있다).

(2) 양하항에서

양하항에 입항 시 선박은 대개 Ballast를 거의 싣지 않고 입항하게 되며, 계획된 Discharge Plan에 따라 작업을 시행하면서 Ballast를 싣게 된다. 이 때 주의할 점은 본선의 Ballast Line 및 탱크가 Empty 상태라는 것이다. 이는 Line Primming 절차 없이 Ballast를 싣게 되면 수격작용에 의해 Pipe 및 Valve에 악영향을 미치게 된다. 따라서 양하항 입항 시 1항사는 제일 먼저 Line Primming을 해야 하며, 다른 당직사관들도 Line Primming의 시행여부를 확인해야 한다.

Line Primming 요령은 각 탱크의 V/V(BA012~026)를 모두 열고, Cross Line V/V(BA011~022)도 연다. BA007(BA008) Open BA005 (BA006) 1/4 Open BA001 (BA002) Open 후 BA005(006) Full Open시키고 수초의 간격으로 NO.5 WBT부터 차례로 V/V를 Close한다. 이렇게 하면, 모든 라인에 물이 차게 되어 수격작용을 막을 수가 있다.

중력으로 Ballast 주입 시 Valve Open 순서는 NO.1 WBT Port에 주입 시, BA021 BA010 BA002의 순으로 열어준다. 펌프로 Ballast 주입 시 순서는 BA021 BA008 BA002 BA006 1/4 Open NO.2 펌프 작동한 후 Discharge 압력을 적정 압력에 맞추기 위해 BA006을 더 Open한다.

Ballast를 주입 시 Gauge의 오차 및 펌프의 용량을 숙지함으로써 Ballast가 Over Flow 되는 일이 없도록 해야 한다.

Ballast Operating이 끝나면 항상 Sounding을 실시하여 그 양을 적어두어 화물계산 및 Condition Report 작성 시 참고가 되게 한다.

2.4 화물 관련 사고 및 주의사항

2.4.1 화물 관련 사고

1. 화물손상 사고(Hold Bilge 배출 시 주의사항)

1) 일시 및 장소

1997년 1월 5일 1530LT, Papua New Guinea 북부 항해 중

2) 사고개요

1996년 12월 30일 0806LT에 호주 Port Kembla에서 COAL 41,435M/T 선적 후 출항하여 대만 Suao향 항해 중 NO.2 Hold(STB'D)에 Bilge 발생(50CM, Bilge Box 높이 약 60CM)하여 Ejector 이용 배출작업 중 3/E의 V/V 조작실수 및 Bilge Line의 Non-Return V/V 작동불량(추정)으로 Sea Water Damage 발생함.

3) 손상내용

Coal 약 150M/T Wet Damage 추정(Trim By The Stern 80CM 감안하지 않은 상태)

4) 사고원인

NO.2 Hold Bilge 배출시 Sea Chest → G/S Pump → Ejector → Overboard의 V/V Open하여 정상압력 유지 후 Hold Bilge V/V Open해야 하나 G/S Pump 기동전 상기 모든 V/V를 Open(3~5분 정도)하여 해수역류 및 Bilge Line의 Non-Return V/V 정상작동이 안된다.

5) 사고방지대책

① Hold Bilge 배출뿐만 아니라 (DE)Ballasting 시 관련 펌프의 운전상태 및 라인 계통도는 담당사관이 완전히 숙지하여 오조작으로 인한 역류방지

② Hold Bilge Line의 V / V Seat 접촉부에 이물질이 있어 V / V가 Close된 상태에서 완전한 수밀이 되지 않을 경우에 대비하여 Hold Cleaning 시 과다한 찌꺼기가 Bilge Line에 유입되지 않도록 세심한 주의

③ Hold Bilge 배출 시는 유성물질이나 유성혼합물의 함유 가능성이 있으므로 항해 중인 해역 및 Bilge 성분을 고려하고 배출 라인의 오염여부 점검 및 지속적인 주위 해면의 오염여부 감시

④ Bulk선이 산적화물 운송 중 Hold Bilge 배출 시는 Bilge Box 손상방지를 위해 항상 Sounding Cap Open 후 시행

2. 화물손상 사고 Feed Back

1) 사고개요

미국 Camden항에서 Stevedore 부주의로 NO.1 Hold 양하 중이던 파이프가 떨어져 NO.1 Hold 우현 Hopper Plate 2개소 Dent 및 앞쪽에 있던 Tampa항 화물의 일부가 손상됨.

2) 경과내용

① Stevedore Damage Report(Hull & Cargo) 서명 득함

② Cargo Surveyor의 화물손상 점검 및 보고

3) 안전대책

Stevedore에 의한 선체, 화물 손상방지를 위해서는 하역 전 Meeting 시 화물과 선체의 특성 설명 및 하역 중에는 지속적인 감시 유지하고 필요시는 시정조치를 요구한다.

2.4.2 화물취급 시 주의사항

1. 화물의 운송 중 관리

1) 일반 화물의 운송 중 관리

① 화물의 운송 중 관리는 화물손상의 방지이며 이를 위해 적절한 통풍환기, 방수와 오수처리 및 방화관리 등이 요구된다. 대부분의 화물은 고온, 다습하면 부패하거나 변질되기 쉽고 위험화물은 폭발을 일으키며, 또 선박 특유의 발한에 의한 화물손상을 초래하기도 한다. 이를 방지하기 위하여 통풍환기를 실시해야 하며, 통풍환기 시에는 창내 온도 및 습도, 외기 온도 및 습도, 그리고 풍향 및 풍속 등에 주의해야 한다.

② 통풍환기의 목적

㉠ 창내 온도 및 습도의 상승에 의한 화물의 변질방지

㉡ 발한에 의한 화물의 손상방지

㉢ 신선한 외기의 공급에 의한 화물의 변질방지

㉣ 화물의 발열에 따른 변질 및 화재방지

㉤ 위험 가스의 배출

③ 통풍통의 종류

㉠ 고깔형 통풍통(Cowl Head Ventilator) : 주로 기관실과 선창의 배기 및 급기용으로 사용되며, 자연통풍 시 통풍효율이 우수하기 때문에 널리 사용되고 있다. 그러나 기계식 통풍장치에서는 사용되지 않고 있다.

㉡ 버섯형 통풍통(Mushroom Ventilator) : 버섯 모양으로 생겼다하여 버섯형이라 하고 주로 거주구역과 창고 등 소규모 구획의 배기용으로 사용되고 있으며, 기계식 통풍장치에서 많이 채택되고 있는 통풍통이다.

㉢ 구즈넥 통풍통(Gooseneck Ventilator) : 거위의 목과 같이 생겼다 하여 구즈넥이라고 하고 각종 탱크와 거주구 내 소구획의 배기용으로 사용된다.

④ 자연통풍법

㉠ 적극적 환기법 : 보통 바람은 선수에서 선미쪽으로 불어오므로, 선수부의 통풍통은 풍하 쪽으로 향하게 하여 파랑에 의한 물보라를 피하면서 배기용으로 사용하

고, 선미부의 통풍통은 풍상쪽으로 향하게 하여 급기용으로 사용함으로써 환기시키는 방법이다.

㉡ 소극적 환기법 : 모든 통풍을 풍하쪽으로 향하게 하여, 창내의 고온 다습한 공기의 대류현상에 의해 완만하게 환기가 되게 하는 방법이다. 이 방법으로 창내 공기를 외기와 천천히 치환하게 되면 발한의 발생을 효과적으로 방지할 수 있다.

⑤ 기계통풍법 : 자연통풍법은 풍향과 풍속의 변화가 있으면 효과적인 통풍을 할 수 없으며, 화물의 성질에 따라 통풍량을 조절할 수도 없다. 이와 같은 결점을 보완하기 위하여 통풍통에 통풍기(Fan Motor)를 설치하여, 필요할 때에 언제든지 환기를 할 수 있음은 물로 급기량을 조절할 수 있도록 한 것이 기계 통풍장치이다.

⑥ 통풍환기법 : 창내 공기의 이슬점이 높아지면 기상이나 일몰 등의 영향으로 기온이 이보다 낮아져 응결수가 생기기 쉽다. 따라서, 통풍환기는 창내 공기의 이슬점을 낮추기 위한 목적으로 실시한다.

⑦ 곡물의 호흡과 발열 : 곡물은 운송 중에도 공기 중의 산소를 흡입함과 동시에 이산화탄소를 배출하는 활발한 호흡작용(Respiratory Action of Grain, RA)을 한다. 그리고 이러한 호흡작용은 화물 중 수분의 함유량이 높은 경우에는 발열과 응축현상을 동반함으로써 화물의 손상을 야기하고, 습도, 온도 및 통풍에 영향을 받는다.

2) 석 탄

(1) 석탄의 일반 성질

① 석탄은 비중이 1.1~1.4로 비교적 작아서 항행상의 안전성은 좋다. 색깔은 흑색이 보통이며, 탄화가 심할수록 진한 흑색을 나타내고 탄면에 광택이 난다. 공기 중에 노출되면 산소와 결합하여 쉽게 풍화되며 자연발화성이 있다.

② 이러한 자연발화는 석탄의 종류에 따라 차이는 있지만, 대량으로 장시간 운송하는 경우 발생하기 쉽다. 그리고 자연발화는 석탄에서 발생하는 가연성 가스에 옮겨져 폭발을 일으키기도 한다. 이런 이유 때문에 석탄을 선적 시에 선적항에서는 화물의 특성에 관한 사항을 확인하고 화물을 운송 중에 주의해야 할 점을 확인해 두어야 한다.

③ 석탄은 탄분의 정도에 따라 니탄, 갈탄, 아탄, 유여탄(역청탄), 무연탄 및 아역청탄으로 구분된다. 이들 중 선박에 의해 가장 많이 운송되는 것은 유연탄이다. 유연탄은 70~80%의 탄소(C)를 함유하고 있고, 휘발성이 큰 석탄이다.

(2) 석탄의 자연발화

석탄의 자연발화 현상은 매우 복잡한 반응의 결과로 발생하기 때문에 아직 정확한 원인에 대하여 명확하게 밝혀진 것이 없다. 그러나 현재까지의 조사보고에 의하면 석탄은 산화작용에 의하여 가열되고, 그 가열정도는 황(S)과 수분함유량, 휘발성, 산소함유량, 수송형태 및 석탄의 분말도 등에 따라 다르다. 석탄의 자연발화와 관련된 내용을 요약하면 다음과 같다.

① 석탄의 자연발화는 석탄의 온도가 55℃ 이상일 때 일어나며 온도의 상승은 선창 내에서의 자연반응에 의한다.

② 채탄한 지 얼마 되지 않는 신탄은 산화작용이 왕성하고 폐쇄되기 쉬워서 발열이 크다. 또 가스가 많이 발생한다.

③ 석탄 속에 나무 조각, 종이, 천 조각 등이 불순물이 섞여 있으면 자연발화하기 쉽다.

④ 석탄입자가 작으면 작을수록 자연발화하기 쉽다.

⑤ 외부로부터의 가열은 석탄의 자연발화를 촉진시키므로, 고온의 격벽이나 파이프에 접촉하지 않도록 해야 한다.

(3) 항해 중의 유의사항

① 석탄은 메탄가스를 방출하므로 통풍이 불량한 밀폐된 장소에 출입할 때에는 가스 검지기로 가스의 양을 측정한다.

② 석탄으로부터 방출된 메탄가스가 선창 내에 축적되지 않도록 표면 통풍을 실시한다. 그리고 탄층 내에 공기가 유입되어 자연발화되지 않도록 주의한다.

③ 온도측정용 파이프를 통해 매일 1회 이상 정기적으로 화물온도를 측정함으로써 이상 유무를 확인하고, 화물온도, 통풍 실시 여부 및 기상상태 등을 항해일지에 기입한다.

④ 석탄온도가 55℃를 초과하여 급격하게 상승하는 경우에 잠재적인 화재가 진행 중일 가능성이 높으므로, 해치를 개방하지 말고 선창을 밀폐하고 육상과 긴밀하게 협소하여 대처한다.

2.5 항해사의 업무

2.5.1 정박 당직 시 항해사의 업무

① 화물감독(foreman)과 Loading Plan & Unloading Plan을 확인하고 작업 전에 Draft를 확인하여 화물량을 확인한다.

② 입항과 동시에 화물작업이 이루어질 수 있도록 Hatch Cover를 항해사 감독에 의해 개방한다.

③ Plan에 따라 Loading & Unloading 작업이 수행되는지 Port Log Book에 기록하면서 관리 감독한다.

㉮ Port Log Book 기재 내용

0800 Commenced Loading NO.4 Hold

0900 Started Loading NO.5 Hold.

1000 Started Ballast NO.3 TST & DBT.

1100 Complete Loading NO.4 & NO.5 Hold & Ballast NO.3 TST.

④ Plan에 나와 있는 순서대로 Ballast & Deballast를 시행하여야 한다. 항해사는 Ballast & Deballast 작업 시에는 적어도 한 번 이상은 Draft를 목측하여 Plan과 비교하고 Port Log Book에 목측한 Draft를 시간과 함께 기록하여야 한다.

⑤ Ballast & Deballast 시에 작업이 잘 되고 있는 타수를 지시하여 Sounding을 실시하도록 하고 Sounding Table을 이용 Ballast Tank에 Ballast를 확인하도록 한다.

⑥ 화물작업 시에는 작업속도가 Hold마다 차이가 나므로 일정시간마다 작업량과 각 Hold별 잔량을 구하여 선체에 가해지고 있는 Shearing Force & Bending Moment 등을 조사하여 선체에 무리가 안되게 항상 배의 Condition을 유지한다.

⑦ Loader나 Unloading 시의 각종 장비(㉮ grab, C.S.U, 불도저 등)에 의한 선체 등에 대한 Damage를 확인하고 Damage 발생 시에는 Damage Report를 작성 화물감독(Foreman)에게 보고한다.

⑧ Cargo 작업에 의해 발생되는 Heeling 및 Trim은 선체 복원성에 영향을 끼칠 수 있기 때문에 화물감독(Foreman)과 연락을 통해 조절할 수 있게 해야 한다.

⑨ Cargo가 Hold 내 쌓여 있는 경사각을 고려하여 작업하도록 해야 하며 지나친 경사각은 항해 중 선체운동이 있을 때 복원성에 영향을 미치므로 조절하도록 해야 한다.

⑩ Hold 내 작업인부가 진입할 시에는 당직항해사가 직접 Gas Detector를 이용 Gas 체크하여 Hold 내 작업이 가능한지 확인하여야 한다.

⑪ 조석간만의 차가 심한 항구에 정박 시에는 조석표를 참조 Deck 순찰을 타수에 지시하거나 직접 Mooring Line 및 Gangway를 확인하도록 해야 한다.

⑫ ISPS에 따라 타수가 현문당직근무를 잘 수행하는지 확인 및 모든 외부 출입문을 자물쇠로 통제하고 있는지 확인해야 한다.

⑬ 선식 & 선용품의 수급 시에는 당직항해사는 관리 감독하며 Provision Crane 사용을 확인해야 한다.

⑭ 선내에 이루어지는 각종 수리작업 및 외부 인부현황 등 전체적으로 알고 확인해야 하며 다음 당직항해사에게 인수인계해주도록 해야 한다.

2.5.2 Ballasting

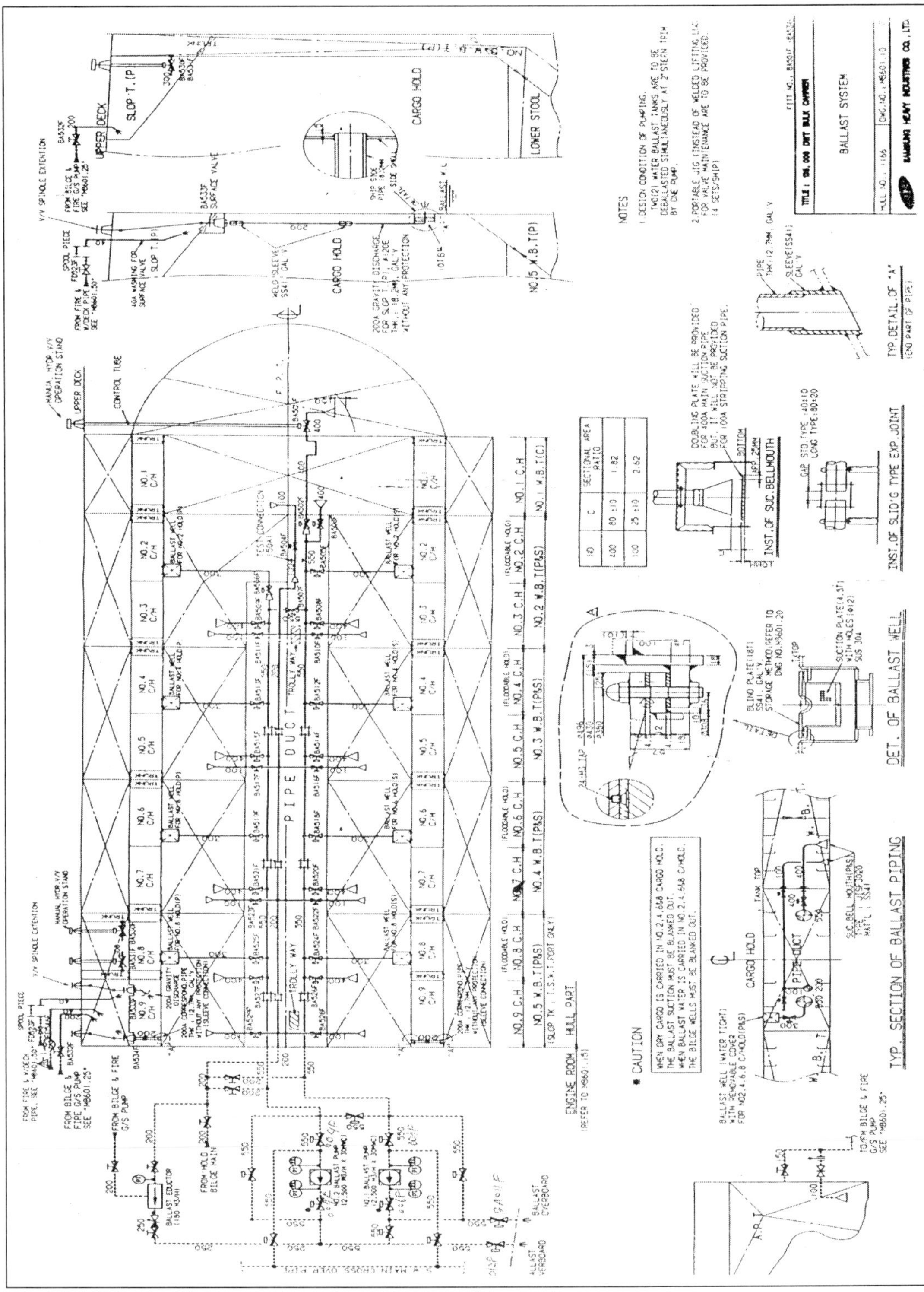

[그림 2-37] Ballast System

1. 목 적

① 공선 항해 시 Ballasting을 함으로써 선박의 감항성 및 복원력을 유지한다.
② 적양하 작업 시에 Heeling을 잡아준다.

2. 방 법

① 밸러스팅 작업은 양하 시(Discharging)에 화물을 양하하면서 선박의 적정 배수량을 만들어 주기 위한다.
② Unloading Plan에 따라 순차적으로 양하하면서 Ballasting을 행한다.
③ 적히 시에는 선박의 Heeling을 잡아주기 위해서도 Ballasting을 한다.

3. Ballasting 순서

순서는 Unloading Plan의 순서를 따르거나 당직사관의 재량하에 이루어진다.

1) Ballasting 이전

프라이밍* 작업을 해준다. 양하항에 입항 시 선박은 대개 Ballast를 거의 싣지 않고 입항하게 되며, 계획된 Discharge Plan에 따라 작업을 시행하면서 Ballast를 싣게 된다. 이 때 주의할 점은 본선의 Ballast Line 및 탱크가 Empty 상태라는 것이다. 이는 Line Primming 절차 없이 Ballast를 싣게 되면 수격작용(Water Hammering)에 의해 파이프 및 밸브에 악영향을 미치게 된다. 따라서 양하항 입항 시 1항사는 제일 먼저 Line Primming을 해야 하며, 다른 당직사관들도 Line Primming의 시행여부를 확인해야 한다.

Line Primming 요령은 각 탱크의 V / V(BA012～026)를 모두 열고, Cross Line V / V(BA011～022)도 연다. BA007(BA008) Open BA005(BA006) 1 / 4 Open BA001 (BA002) Open 후 BA005(006) Full Open시키고 수초의 간격으로 NO.5 WBT부터 차례로 V / V를 Close한다. 이렇게 하면, 모든 라인에 물이 차게 되어 수격작용(Water hammering)을 막을 수가 있다.

* Ballasting 라인에 해수를 채워주는 과정. 이유는 라인 안에 진공상태를 없애주어 수격작용(Water Hammering) 방지. 또는 라인 안의 공기를 제거해줌으로써 Ballast Pump의 헌팅(펌프안으로 공기가 들어가 펌프에 과부하가 걸리는 것－프로펠러 레이싱과 비슷한 현상임)을 방지한다.

2) Ballasting 방법

① 초기 Ballasting－중력방식으로 50~60%로 정도 채운다.

② Ballasting 시간단축을 위해 중력방식과 Ballast Pump를 같이 사용하기도 한다.

③ 이후 Ballasting－Ballast Pump를 작동시켜 탱크를 채운다.

Ballasting 시 밸브 작동순서([그림 2-38]을 예로 설명)

㉮ NO.5 W.B.T STB'D쪽 Ballasting 시

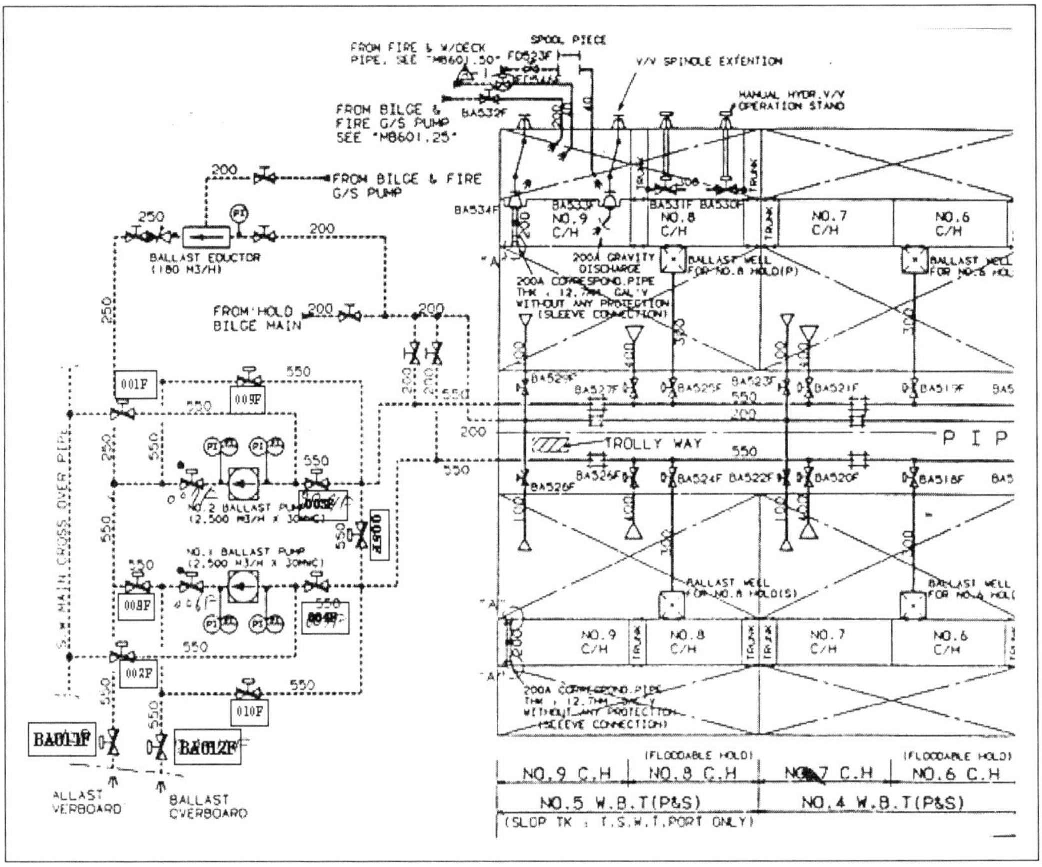

[그림 2-38] Ballasting System

④ 초기 중력방식 : 해수를 채우는 탱크쪽부터 밸브를 순차적으로 Open(해수가 들어갈 길부터 만들어 놓고 그 다음 수문을 열어주는 그런 방식)

[그림 2-38]에서 설명하자면 NO.5 WBT STB'D 쪽 Ballast 밸브인 BA526F Open → 다음 밸러스팅 라인을 따라가면서 BA004F 밸브 Open → BA002F 밸브 Open

이렇게 하면 중력의 힘으로 해수가 탱크 내로 들어간다.
(* OPEN 밸브－BA002F, BA004F, BA526F, * CLOSE 밸브－BA005F, BA006F 그 외 나머지 밸브 Close 함. 더하여 Ballasting 시간단축을 위하여 추가로 BA010F → BA012F 밸브 Open 또는 Ballast Pump를 사용하여 Ballasting을 한다. 중력 방식으로 50~60%정도 채우고 나면 Ballasting한 탱크의 밸브(BA526F)는 Close 한다)

해수를 채우는 탱크쪽부터 밸브를 순차적으로 Open시키는 이유

밸브를 역으로 해수쪽 밸브부터 Open하면 해수가 유입되면서 빠른 유속으로 아직 Close되어 있는 탱크쪽 밸브를 강하게 강타(수격작용 / Water Hammering－Ballast Line 내를 일정한 속도로 흐르는 유체를 급격히 정지하면 유체의 속도 에너지는 압력 에너지로 변하는데, 특히 라인 내가 진공의 경우에 Full Tank의 밸브를 급격히 개방하거나 또는 선외변을 개방 시 유체의 흐름은 가속도가 붙어 음속에 가까운 속도로 질주하여 유체의 유입측에서 가장 먼 밸브나 Pump Casing에 충돌하게 되어 파손되는데 그 압력은 50kg / cm^2 이상이 되므로 항시 라인 내에는 진공을 형성하여서는 아니됨)하여 밸브를 손상시킬 수 있기 때문에 탱크쪽 밸브부터 Open한다.

수격작용(Water Hammering) 방지법

1. 어떠한 경우에서도 라인내를 진공의 상태로 놓아두지 말 것. 특히 Stripping 후 G.S.(General Service)를 정지 시의 순서는 원칙은 펌프 정지 → 중간 Valve Close → Tank Valve Close순으로 해야 한다.
2. Full Tank의 밸브나 Deep Draft 시의 선외변을 Open 시에는 개도 1 / 8정도에서 최소한 1분 정도 지난 후 완전히 개방하도록 한다.
3. Pump를 운행 중에 흡입측의 압력이 부압의 경우에는 이를 해소한 후에 Full Tank의 밸브를 개방하도록 한다.
4. 밸브의 개폐 소요시간을 Valve Dia 1m / m당 1초의 속도로 조정한다.

⑤ Ballast Pump 사용 시 : 초기 중력방식(④)으로 채우고 난 후 밸브들이 Open된 상태에서 우선 Ballasting할 탱크의 밸브를 Open(BA526F Open) → 다음으로 Ballast Pump를 운전하기 위해 먼저 펌프 앞쪽의 밸브(BA006F) Open → Ballast Pump Power On → BA004F 밸브 Close → 밸러스트 라인을 따라 가면서 BA008F Close → BA012F Close → BA010F Open 이렇게 하면 펌프를 사용하여 Ballasting을 할 수 있다.

(* Open 밸브－BA002F, BA006F, BA010, BA526F. * Close 밸브－BA004F, BA008F, BA012, BA005F 그밖에 나머지 밸브도 Close)

⑥ By-pass : 펌프로 Ballasting 시에 Ballast 작업을 잠시 중지하거나 Ballasting하는 탱크를 옮기고자 할 때 이런 경우에 Ballast Pump를 잠시 중지하지 않고도 By-pass를 통해 연속적으로 펌프를 운전 가능하게 한다.

원리는 간단하다. 먼저 나가는 길을 만들어 주고 사용하지 않는 길을 닫는다. [그림 2-38]에서 설명하면 NO.1 Ballast Pump를 사용 중일 때 먼저 나가는 길을 열어줌, 즉 BA012F 밸브 Open → 사용하지 않는 길은 폐쇄, BA010F 밸브는 Close한다. 그러면 Ballasting을 하지 않고도 펌프를 연속적으로 운전이 가능하다(* Open 밸브－BA002F, BA006F, BA012F, * Close 밸브－BA004F, BA008F, BA010F 그 외 나머지 밸브를 Close함).

⑦ By-pass를 통한 Ballast 이동－ex) NO.5 W.B.T(S) → NO.4 W.B.T(S) 로 Ballast를 이동시키려면 : 우선 위와 같이 Ballast 라인을 By-pass시켜준 후 NO.5 WBT(S)의 밸브(BA526F)를 Close → 다음 NO.4 WBT(S)의 밸브(BA520F)를 Open 한다. 마지막으로 By-pass되어 있는 Ballast 라인을 정상 작동시킨다. 즉, By-pass했던 방법 그대로 나가는 길을 먼저 열어주고(BA010F 밸브 Open), 사용하지 않는 길은 폐쇄(BA012F 밸브 Close)하면 Ballast Pump를 통해 NO.4 WBT(S)로 해수가 유입된다.

3) Deballasting

Deballasting은 화물적하 시에 시행하는 작업이다.

(1) 작업순서

① Load Plan에 따르거나 당직사관의 재량하에 Deballasting을 행한다.

② Ballasting과 마찬가지로 초기에는 중력방식 약 50%까지 Deballasting을 행한다(여기서 Deballasting의 시간단축을 위해 Ballast Pump를 같이 운영하기도 함).

㉠ 이후 Ballast Pump를 사용하여 Load Plan에 따라 순차적으로 Deballasting을 행한다.

㉡ Deballasting 시에는 프라이밍을 해줄 필요가 없다(이미 Ballast 라인 안에 해수가 꽉 채워져 있음).

(2) 초기 중력방식

해수가 선외로 배출되는 쪽의 밸브부터 Deballasting하는 탱크쪽으로 Ballast 라인을 따라 오면서 순차적으로를 밸브를 Open한다.

[그림 2-38]에서 설명하자면 해수가 빠져나가는 쪽의 밸브(BA002F)부터 Open → 다음 Ballast 라인을 따라 가면서 다음 밸브(BA004F) Open → 마지막으로 Deballasting하는 탱크의 밸브(BA526F) Open하면 해수가 중력에 의해 Ballast Tank에서 Ballast 라인을 따라 선외로 배출된다.

(* Open 밸브－BA002F, BA004F, BA526F, * Close 밸브－BA005F, BA006F 그 외 나머지 밸브 Close 함. 더하여 Deballasting의 시간단축을 위하여 추가로 BA012F → BA010F 밸브 Open 또는 Ballast Pump를 사용하여 Deballasting을 한다. 중력방식으로 50% 정도 배출하고 나면 Deballasting한 탱크의 밸브(BA526F)는 Close한다)

(3) Ballast Pump 사용 시

위의 초기중력 방식으로 Deballasting 후 밸브들이 Close된 상태에서 Ballast Pump를 작동시키기 위해 Deballasting을 위한 모든 밸브들을 Open(BA526F / BA004F / BA006F / BA012F 밸브 Open) → 다음으로 Deballasting에 사용하지 않는 밸브 Close되어 있는지 확인(이미 나머지 밸브들은 Close되어 있는 상태이므로 다시 한 번 Close되어 있는지만 확인하면 된다. Close 밸브－BA002F / BA005F / BA008F / BA010F / 그 외 나머지 밸브들도 Close) → 다음으로 Ballast Pump Power ON하면 펌프를 운전하여 Deballasting이 시작된다.

(4) By-pass

Deballasting시에도 By-pass를 한다. 방법은 Ballasting할 때와 동일하지만 밸브 작동순서에서의 약간의 차이가 있다. 여기에서 By-pass 시 밸브 작동순서는 먼저 BA002F 밸브 Open → 다음 BA004F 밸브 Close한다. 이렇게 해서 Deballasting을 잠시 중지하거나 다른 Ballast Tank의 Deballasting으로 넘어간다.

By-pass 후에 Ballast Pump의 정상가동을 위해서는 By-pass를 시작할 때와 반대로 먼저 BA004F 밸브를 Open → 다음으로 BA002F 밸브 Close하면 펌프가 정상가동하여 Deballasting을 시작한다.

(5) Deballasting이 90% 이상 되었을 때

선체구조 특정상 Ballasting 라인으로 100% Deballasting은 불가능하다. 이유는 Ballast Tank의 바닥과 해수를 흡입하는 Ballast Bellmouth 사이의 떨어져 있는 공간 때문에 Bellmouth의 높이까지 밖에 흡입되지 않기 때문이다. 그래서 흡입되지 않은 나머지 해수는 스트리핑 라인을 통해 모두 배출한다.

여기서 주의해야 할 점은 해수가 Bellmouth의 높이까지 흡입되었을 때 이때에는 해수만 흡이되는 것이 아니라, 공기까지 빨려 들어와 Ballast Pump의 헌팅(펌프 안으로 공기가 들어가 펌프에 과부하가 걸리는 것－프로펠러 레이싱가 비슷한 현상임)을 일으킨다는 점이다. 펌프의 헌팅 여부는 Ballast Suction 게이지를 보고 판별가능하다. Ballast Suction 게이지를 보면 지침이 순간 위아래로 점프하는데 이런 현상이 나타나면 Ballast Pump의 운전을 중지하고 스트리핑 작업으로 넘어간다.

Suction and Discharge Gauge의 이용

일반적인 광탄선에서 Full Tank의 Ballast를 배출 시에는 별문제가 없으나 탱크의 액면이 2~3m 정도되었을 때부터 펌프의 Gauge가 Hunting을 시작하는데 이는 탱크의 Bell Mouth측에서 공기 흡입 또는 공동현상(Cavitation)으로 인하여 발생되는 것으로 이때 Suction Gauge를 보면 과도하게(－0.5이상) 걸려 있음을 알 수 있다(청각으로도 펌프의 진동음을 인지할 수 있음). 통상적으로 광탄선의 경우 Tank Bottom에서 Pump Casing에는 토출측의 밸브를 지속적으로 조금씩 Close하도록 한다.

만일 Gauge의 Hunting을 오래도록 방치하면 펌프의 진동으로 Impeller, Shaft, Mechanical Seal, Gear Coupling이 손상을 받는다.

(Cavitation - 액체는 압력을 감하면 기화하는데 펌프 운영 시 토출량보다 흡입량이 적을시 펌프 Casing내에 진공이 형성되어 기화하는 현상임)

항시 펌프의 기동 시나 운행 중에는 펌프의 Gauge와 Tank Level, Draft와의 상관관계를 고려하여 정상치를 지시하는지를 주시하여야 한다.

4) Stripping

① Ballast관보다 얇다.

② Stripping Bellmouth의 위치는 Ballast Tank의 바닥에 위치해 있어서 남아 있는 모든 해수를 빨아들인다.

③ 베르누이 정리에 Ballast Eductor로 저압을 형성시켜서 Ballast Tank 내에 잔존하는 해수를 Stripping 라인으로 빨아들인다.

Ballast 밸브 작동 시 주의사항

밸브를 Open / Close할 때 한 번에 한 개씩 열고 닫는다. 유압 밸브이기 때문에 한 번에 두 개 이상의 밸브를 작동시키면 유압이 과도하게 상승하여 알람이 운다. 한 개의 밸브를 작동시키고 약간의 시간차를 두어 다음 밸브를 작동시킨다.

Ballast System을 쉽게 설명하자면 밸러스트 라인을 따라 Ballasting / Deballasting할 탱크로 수로를 낸다고 생각하면 된다. 여기서 주의할 점은 얼마나 Ballast Pump a 및 밸브에 무리를 안주면서 최대한 빠르게 작업을 진행하는가에 주의하여야 한다. 일례로 벌크선의 1항사의 능력을 밸러스트를 얼마나 잘하는가를 보고 판단하는 예도 있다.

2.5.3 항해 중 항해사의 업무

1. Hold Cleaning

Bulk Carrier는 정기선일 경우에는 거의 한 화물만 실지만 부정기선 같은 경우에는 한 가지 화물만 싣는 것이 아니라 각 항차마다 싣는 화물이 틀리다. 다른 화물을 실기 위해서는 먼저 화물의 잔재를 없애기 위해 홀드 클리닝(Hold Cleaning)이라는 것을 한다. Hold Cleaning을 통하여 화물을 적재할 수 있는 상태로 해주어 Hold Inspection을 거쳐 화물적재에 영향을 미치지 않게 해야 한다.

2. Cargo Lashing

원목이나 핫코일 등의 화물을 실었을 경우 화물이 움직일 수 있는 화물은 철저한 라싱 작업을 해야 한다. 그렇지 않을 경우 황천이나 날씨가 안 좋을 경우 롤링이나 피칭이 심하여 화물이 움직이게 되어 선박에 손상을 줄 수도 있고, 화물에 Damage를 줄 수 있기 때문에 주기적으로 Lashing을 확인해야 한다.

3. Bilgo 확인

석탄이나 철광석 등 화물에 특성상 수분을 보유하고 있는 화물은 항해 중 Bilge Hold 내에 생길 수 있기 때문에 Bilge-well Sounding을 통해 지속적으로 Bilge를 확인해야 한다. Bilge가 생기는 경우에는 항해사가 Bilge Pump(G.S Pump)를 이용하여 하역작업에 영향을 미치지 않게 Bilge 배출을 하도록 해야 한다. 항해 중 배출된 Bilge는 Bilge Record Book에 기록으로 남겨두어 하역 시 Claim을 예방해야 한다.

또, 선체손상에 따라 Hold 내로 해수유입이 있을 수 있으니 항시 확인하도록 해야 한다.

4. 가스 & 온도확인

석탄은 메탄가스를 방출하므로 통풍이 불량한 밀폐된 장소에 출입할 때에는 가스 검지기로 가스의 양을 측정한다. 석탄으로부터 방출된 메탄가스가 선창 내에 축적되지 않도록 표면 통풍을 실시한다. 그리고 탄층 내에 공기가 유입되어 자연발화되지 않도록 주의한다. 다른 화물에서도 선적 시 화물특징에 따라 자연 발화나 통풍이 필요한 화물에 대해서는 가스 & 온도를 확인하여 Cargo Damage를 예방하도록 한다.

5. 선체보수

항해사는 자신이 맡은 업무가 있어 선체보수에도 자신의 업무를 수행하도록 해야 한다. 예를 들어 C/O는 Deck 보수를 맡고 있기 때문에 주기적인 Deck 순찰을 통해 갑판장에게 업무를 지시 및 기관부 협조를 요청하기도 한다.

6. 선체에 Damage 확인

항해 시 탱크 및 Hold 내 정기적으로 검사하여 선체에 Damage가 없는지를 확인하고 이상이 있을 경우에는 수리 및 수리결과보고서를 제출하도록 한다.

제3장

자동차운반선

3.1 자동차운반선의 일반 및 구조특성

3.1.1 자동차운반선의 개요

자동차운반선(Car Carrier, 전용선), PCC(Pure Car Carrier)는 종전에는 자동차를 건화물과 함께 일반 벌크선이나 컨테이너선으로 소량 수송하였으나, 자동차만을 전용으로 수송하는 선박이 필요하여 1970년경에 처음 등장하였다.

[그림 3-1] 자동차운반선 Johamm Schulte호(일반 벌크선 타입)

자동차뿐만 아니라, 트럭, 버스, 기차, 전투기, 건설장비 등도 운송하기 때문에 화물창 구조가 일반적으로 다층 구조로 되어 있으며, RO / RO(Roll On / Roll Off) 방식으로 하역과 적재가 이루어지므로 RO / RO선이라고도 한다. 화물창은 12~15개의 Deck로 구성되어 있으며, 뛰어난 적재능력과 악천후에서도 영향을 거의 받지 않는 정확한 수송능력이 가장 큰 강점이다.

보통 선체의 크기는 전장 200m, 전폭 32m 정도로 소형차 기준 6,000대를 운반할 수 있으나, 최근에 55m로 확장된 파나마 운하 덕분에 35.4m로 넓게 설계된 선박이 운항을 시작하여 최대 운송능력은 증가되고 있다.

[그림 3-2] DWT 3만 8천톤급 자동차운반선

[그림 3-3] 선적 대기 중인 차량과 정박 중인 자동차운반선

3.1.2 자동차운반선의 구조적 특징

1. Stern / Side Ramp

자동차운반선의 가장 큰 구조적 특징이라 할 수 있는 것이 바로 Stern / Side Ramp이다. 선박이 제 시간에 항구에 도착한다 해도 이 하역장비가 제대로 작동되지 않으면 아무것도 할 수 없기 때문에 가장 중요한 장비라 할 수 있다.

[그림 3-4] Stern Ramp의 격납된 모습과 하역준비된 모습

선박이 부두에 접근하게 되면 선미 계류를 책임지는 이등항해사는 Stern Ramp를 설치할 수 있도록 부두의 Bitt 및 구조물에 걸리지 않게 선박의 위치를 선장에게 보고하며 접안을 하게 된다.

이등항해사는 이미 그 선박의 Ramp 치수를 숙지하고 있어야 하며, 접안 후 (Spring) Line Shifting 시 선장에게 즉각적으로 위치 보고를 해야 한다.

통상적으로 첫 줄이 나간 후 1시간 이내에 Ramp를 내리고 하역 준비가 되어야 하기 때문에 숙련된 항해사의 자질이 필요로 한다. Stern Ramp를 내리도록 허가가 떨어지면 (검역) 부두에서 안전하게 내릴 수 있도록 감독해주는 일등항해사와 호흡을 맞춰 이등항해사가 작동하여 준비한다.

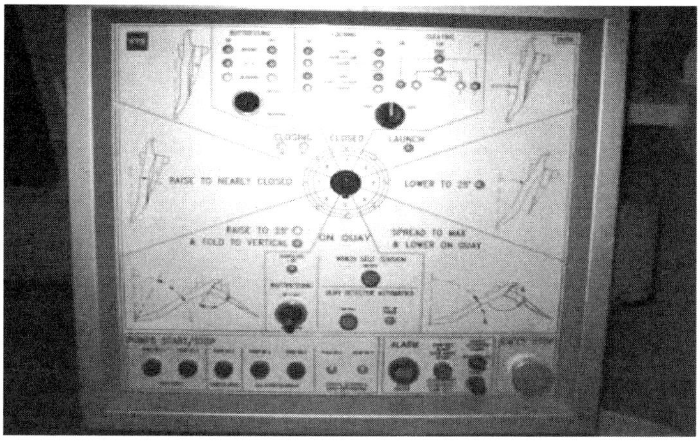

[그림 3-5] Stern Ramp Control Panel(Main)

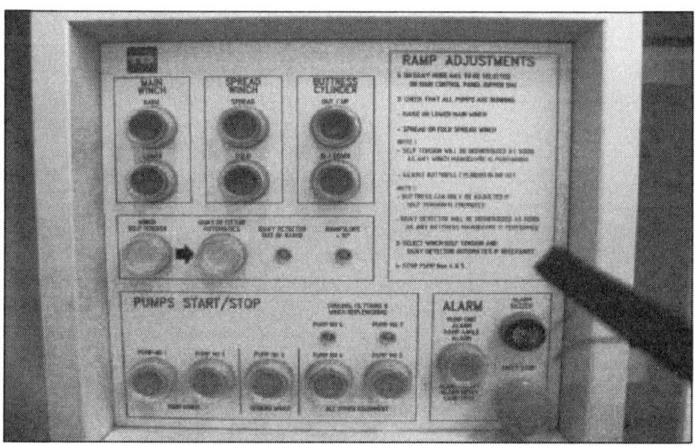

[그림 3-6] Stern Ramp Control Panel(Sub)

[그림 3-7] 작동 중인 Stern Ramp와 하역준비된 모습(부두측 모습)

하역 시에는 주로 Stern Ramp를 사용한다. 안전사용하중(Safety Working Load, SWL)이 커서 중량화물 선적 시에는 Stern Ramp만 이용할 수밖에 없다. 그러나 Stern Ramp의 고장, 하역시간의 단축, 소형화물의 선적 등 여러 가지 사정에 따라 Side Ramp를 사용하기도 한다.

[그림 3-8] 하역준비된 Side Ramp의 모습

2. Car Deck(Hold) 구조

1) Car Deck Panel

일반적으로 자동차선은 12~13개의 Car Deck로 화물창이 다층으로 나뉘어져 있다. 각 층은 선적될 화물의 주된 종류에 따라 Deck Height, Uniform Load 및 Axle Load 등이 다르게 설계되어 있다. 각 층별로 승용차 및 상용차 기준으로 설계된 Deck도 있고, Heavy / High Cargo를 선적할 수 있도록 설계된 Deck도 있다.

H / H Cargo를 선적하는 Deck는 일반적으로 Deck의 높이를 조정할 수 있으며, Deck Strength도 강하게 설계되어 있고, 중량화물의 고박(Lashing)을 위한 별도의 장치도 설치되어 있다.

Car Deck Panel은 H / H Cargo의 선적을 위해서 높이 조절이 가능하다. Deck Lifter라는 장비 또는 유압계통을 이용한 Wire 구동방식으로 Deck Height를 조절할 수 있다. [그림 3-10]의 예를 들면, 1번, 3번, 5번 Deck에 H / H Cargo를 운반할 수 있도록 높이조절이 가능하고 Uniform Load도 강하게 설계되어 있음을 볼 수 있다. 선박마다 중량화물을 실을 수 있는 Deck가 다르게 설계되어 있으므로 항해사는 잘 파악하고 있어야 한다.

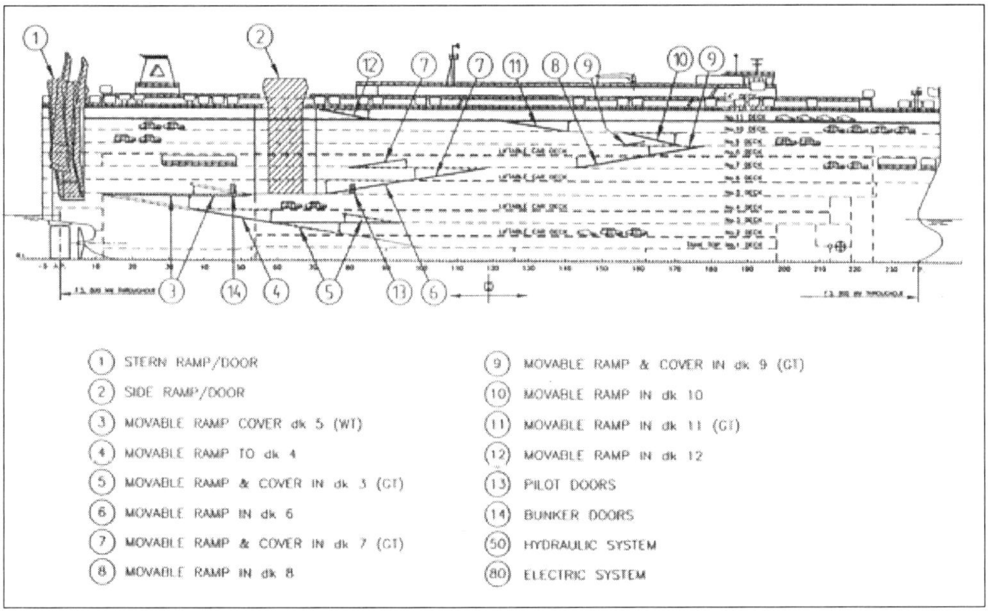

[그림 3-9] General Car Deck Arrangement

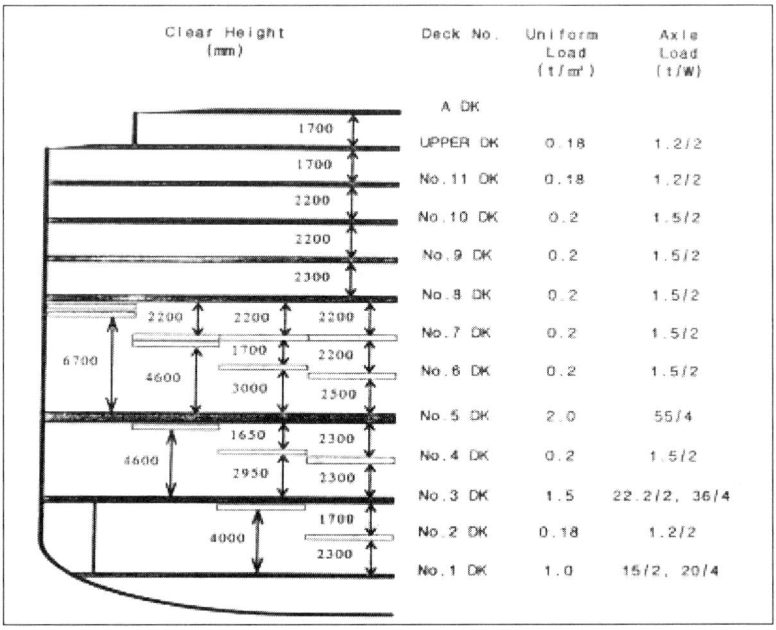

[그림 3-10] Liftable Car Deck

2) Movable Ramp(Inner Ramp)

각 Deck 사이를 오고가며 화물을 선적할 수 있도록 하기 위해 그 중간에 Movable Ramp가 설치되어 있다.

[그림 3-11] Movable(Inner) Ramp(좌 - Ramp in Deck 11, 우 - Ramp in Deck 5)

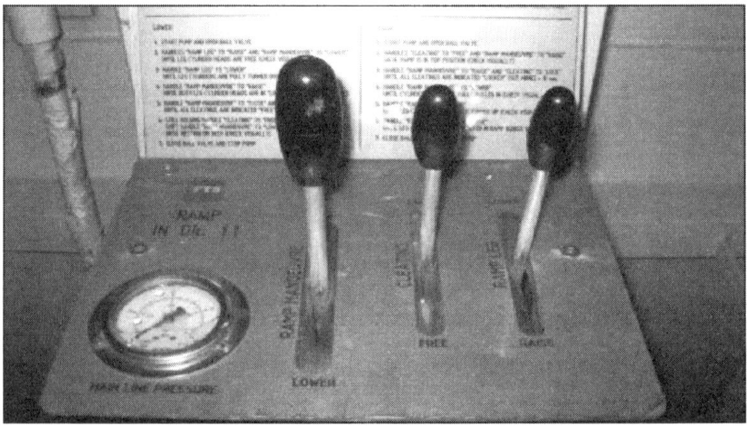

[그림 3-12] Ramp In Deck 11 Controller

Inner Ramp의 작동 시 주의사항으로는 작업 반경 내에 사람이 있어서는 안되며, 이용하려고 내려놓는 경우에는 [그림 3-13]에서 보듯이 Stanchion Bar와 Tiger Rope 설치 및 Traffic Corn으로 Deck에서 Ramp로 추락할 수 있는 사고를 미연에 방지하여야 한다.

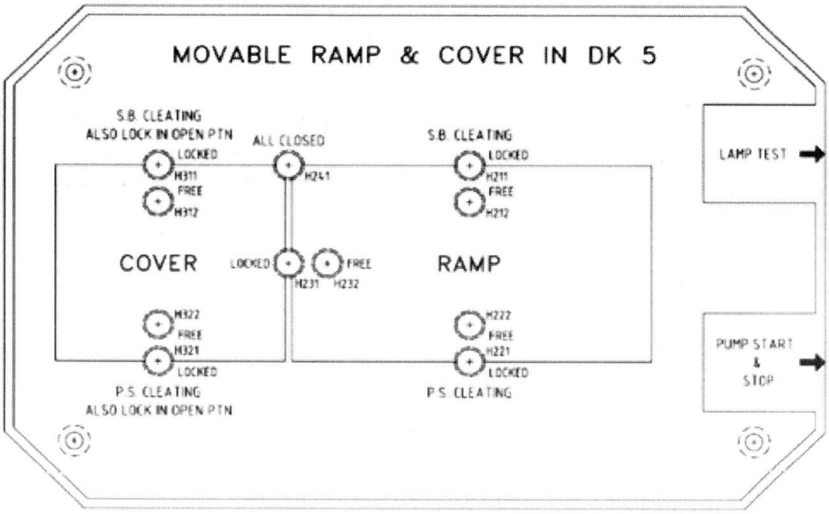

[그림 3-13] Ramp In Deck 5 배치도

Ramp Way를 만드는 경우에는 유압펌프를 작동시킨 후 [그림 3-13]에 표시된 Cleat 장치를 Free(Unlock)시킨다. 그 다음 Ramp를 내려 작업을 실시하면 된다. 격납 시에는 반대로 Cleat Free 상태에서 격납을 시킨 후 Cleat Lock을 하면 격납이 완료된다.

3. Fire Section / Ventilation

자동차운반선은 각 화물의 이동에 쓰이는 연료의 유증기 누출과 하역작업 중 생성되는 배기가스 등 여러 가지 다양한 요인에 의해 화재가 발생할 확률이 높다. 화물의 적재 특성상 사람의 접근과 이동이 어렵기 때문에 대부분의 자동차선은 Car Deck에 Fixed Low Press CO_2 소화장치가 설치되어 있다.

그러나 넓고 높은 화물창 전체를 만족할 만한 양의 CO_2를 저장하기는 사실상 불가능하기 때문에 구역별로 층을 나눠 Water / Gas Tight가 가능하도록 설계가 되어 있다. 통상 13개의 Deck로 설계가 되어 있는 자동차선의 경우 No.1~4 Deck, No.5~7 Deck, No.8~9 Deck, No.10~13 Deck로 구역이 나누어져 있어 어느 한 구역에 화재가 발생하면 해당 구역에 CO_2를 방출하여 진화를 할 수 있도록 되어 있다.

[그림 3-14]에서 보이는 Upper Deck상 수많은 Ventilation System 또한 [그림 3-14]와 같은 이유로 각 구역별로 독립되어 설치되어 있다.

[그림 3-14] Upper Deck상 설치되어 있는 Ventilation

하역작업 중에는 모든 Fire Section을 열고 작업을 하기 때문에 전 구역의 팬을 작동하여 작업 중 발생하는 배기가스를 전부 선외로 방출 시킨다. 하지만 항해 중에는 Fire Section이 나뉘게 되기 때문에 항해 중 발생할 수 있는 화물창 내 유증기 및 각종 가스를 제거하기 위해서는 각 구역별로 환기를 시켜줘야 한다. 팬의 용량에 따라 Supply Fan 및 Exhaust Fan을 적절하게 작동시켜 환기시킨다.

4. Lashing Point 및 Lashing Material(Gear)

선박의 동요(Rolling, Pitching 등)에 의해 차량이 이동하는 것을 방지하기 위해 Lashing이 필요하다. Lashing Material(Gear)리고 불리는 여러 종류의 Band와 Chain, Wedge 등이 고박작업에 사용된다.

1) Lashing Point

Car Deck 바닥 및 Pillar에 부착되어 있으며 화물의 중량, 크기 및 고박위치에 따라 다양한 강도를 가진 Point가 있다.

(1) Lashing Pot

일반적인 Lashing Point로 강도가 약해 승용차 및 상용차 고박에 주로 사용되고 전 Deck에 걸쳐서 설비가 되어 있다. Fire Section으로 밀폐가 되어야 하는 Deck는 구멍이 폐쇄되어 있다. 폐쇄된 구멍에 들어가 있는 오수나 기름, 먼지 등은 선적 전 준비과정에서 깨끗이 청소되어야 한다.

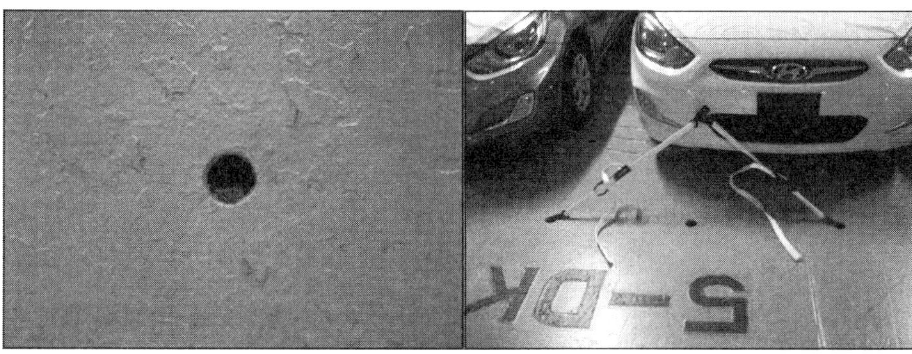

[그림 3-15] Lashing Point - Lashing Pot(Hole Type)

Lashing Pot에 다른 종류로 'Clover Leaf' 타입이 있는데 이는 강도가 강해서 주로 중장비 고박에 사용된다.

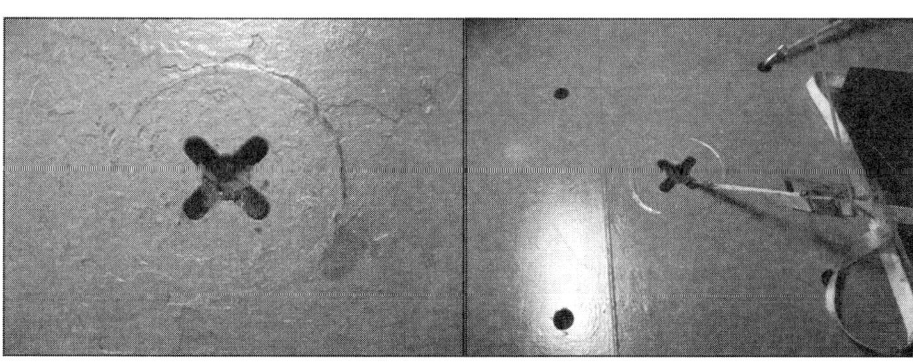

[그림 3-16] Lashing Point - Lashing Pot(Clover Leaf Type)

(2) D - Ring

알파벳 'D'자 모양으로 생긴 D - Ring은 선체 구조물의 벽면이나 바닥에 설치되어 있다. 정형화된 화물이 아닌 경우에 곳곳에 이런 설비가 설치되어 있다. 강도는 강하여 중량화물의 고박에도 사용 가능하다.

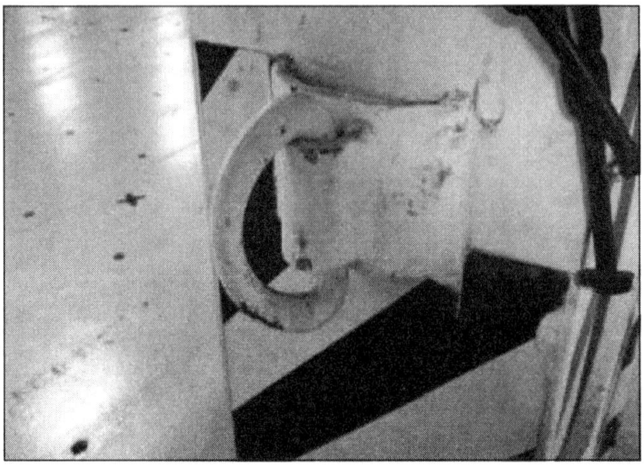

[그림 3-17] Lashing Point - D-Ring

(3) Clinkle Bar

선체 강도를 유지해야 하는 Pillar 주변에 Lashing Pot를 설치하게 되면 선체 강도의 저해가 될 수 있기 때문에 용접으로 Clinkle Bar를 설치한다. 협소한 기둥 사이나 선측에 주로 설치가 되고, 강도는 약한 편이어서 승용차나 상용차의 고박에 사용된다.

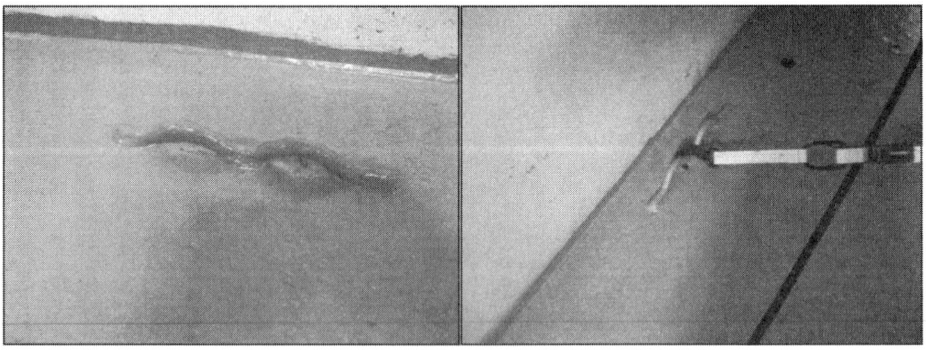

[그림 3-18] Lashing Point - Clinkle Bar

(4) Elephant Foot

이 설비는 생김새가 코끼리 발 같다 하여 이러한 이름이 붙여지게 되었다. 강도가 강해서 중장비나 중량화물을 선적하는 Deck 바닥에 주로 설치가 되어 있다.

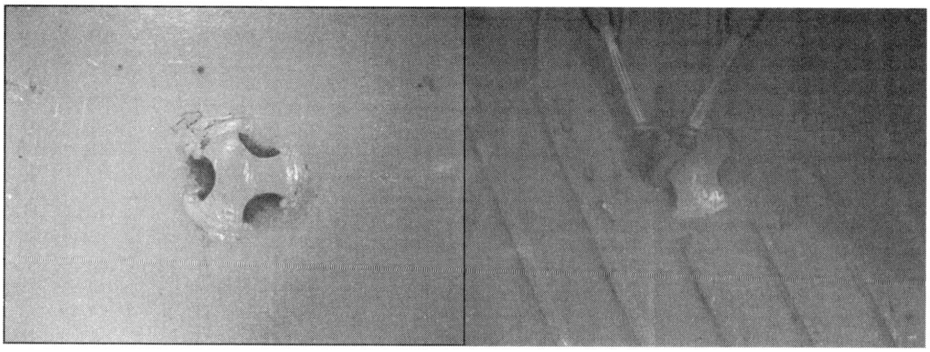

[그림 3-19] Lashing Point - Elephant Foot

2) Lashing Material(Gear)

Lashing Point와 화물을 연결해 Deck에 고박하는 장비로써 선체동요로 인한 화물의 이동을 방지하는데 중요한 역할을 한다.

(1) Small Lashing Belt(Clasper Type)

가장 흔한 이동식 고박설비로 가장 많은 양을 보유하고 있으며, 주로 승용차 및 상용차에 사용된다. 중량물을 많이 선적한다거나 할 경우에는 벽면에 보관걸이에 걸어 놓는다. 모든 금속부분은 PVC(플라스틱) 재질로 쌓여 있어 화물과 접촉에 의한 손상을 방지한다.

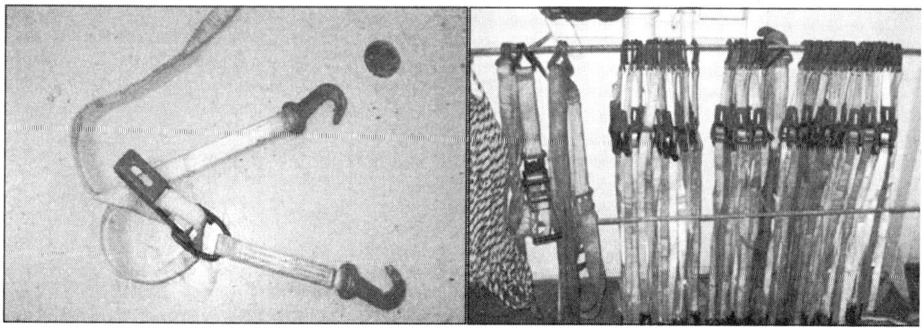

[그림 3-20] Small Lashing Belt(Clasper Type)

[그림 3-21] Small Lashing Belt로 고박한 모습

보통의 소형 벨트의 파단력(BL, Braking Load)은 신품이 2.0톤, 구품이 1.5톤이며, 안전사용하중(Maximum Securing Load, MSL)은 신품이 1.0톤, 구품이 0.75톤이다. 고박방식의 일례를 들면, 2톤인 승용차를 선적할 경우 Rolling과 Pitching을 고려해 차량이 한쪽으로 쏠렸을 경우를 대비하여 MSL 기준으로 앞뒤로 2개씩 사용하여 고박한다.

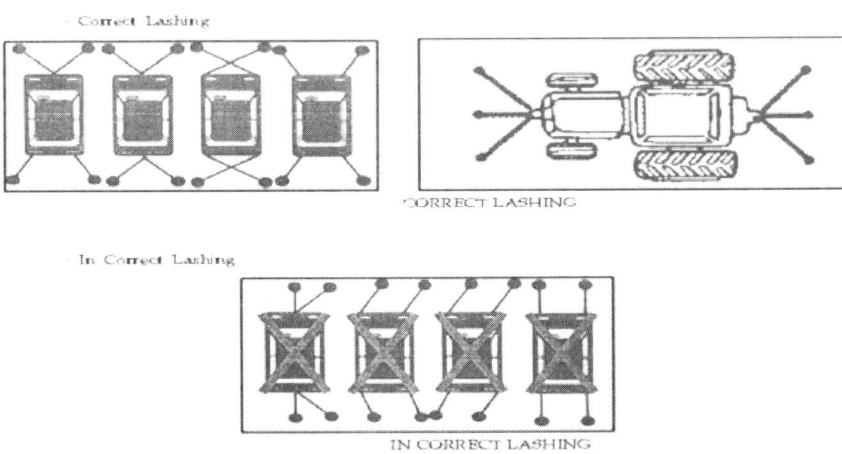

[그림 3-22] Fore and After, Athwart Stowing(선수미, 횡방향 선적)

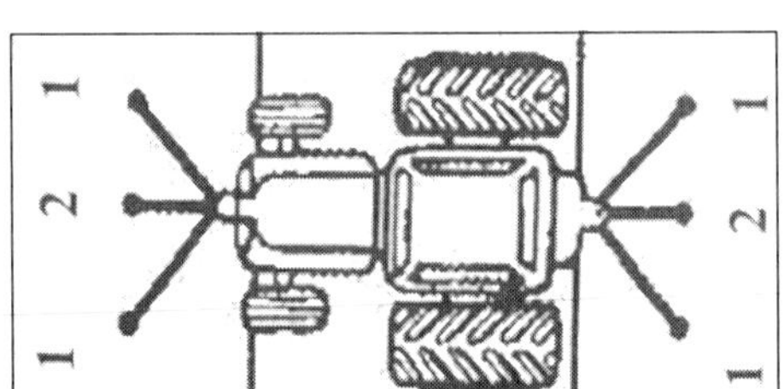

[그림 3-23] Athwart Stowing(횡방향 선적)

자동차운반선을 소유하고 있는 선사의 Cargo Operation Manual에는 기본적으로 모든 화물은 종방향으로 선적이 되어야 한다. 그러나 [그림 3-23]에서 보듯이 승용차 및 상용차(상대적으로 가벼운 화물)는 Space를 고려할 때 횡방향으로 선적(Athwart Stow)할 경우가 생기게 된다. 선체 동요 중 Rolling에 의해 화물이 이동되는 것을 막기 위해 횡방향으로 선적한 경우에는 라싱벨트를 추가로 1개씩 더 잡아준다. 추가적으로 Rubber / Wood Wedge를 바퀴와 Deck 사이에 끼우는 조치도 취한다.

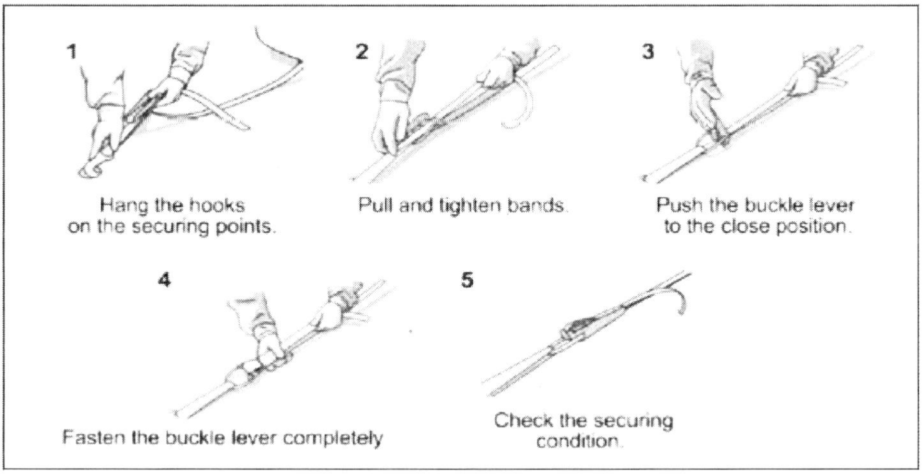

[그림 3-24] 소형 벨트 사용법

(2) Large Lashing Belt(Web Type)

대형 벨트는 버스나 대형차, 가벼운 중장비에 사용된다. 소형 벨트보다 강한 파단력을 가지고 있으며 손잡이가 장력을 주기 쉽게 되어 있어 용이하다.

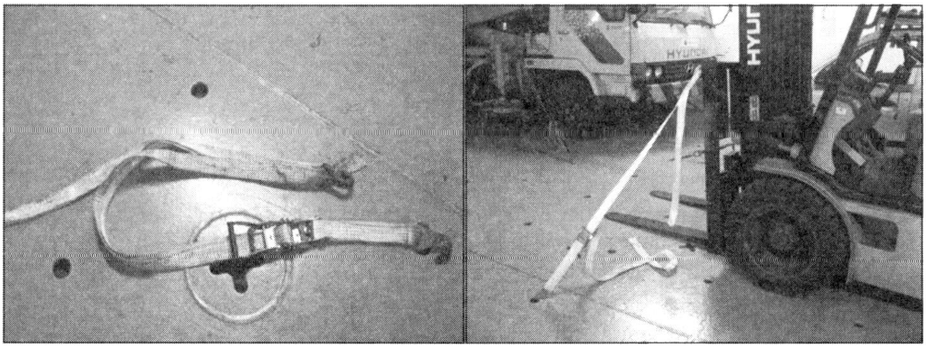

[그림 3-25] Large Lashing Belt(Web Type)

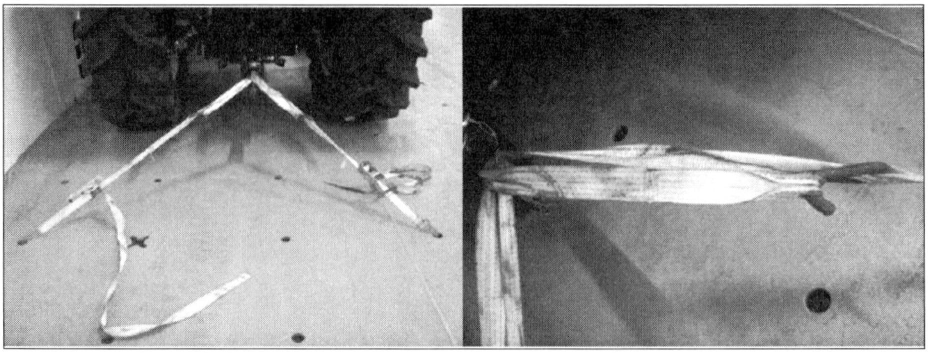

[그림 3-26] Large Lashing Belt로 고박한 모습(좌)과 자체 Sling으로 고박한 모습(우)

보통의 대형 벨트의 파단력은 신품이 5.0톤과 10.0톤짜리가 있고, 안전사용하중은 신품이 2.5톤과 5.0톤이다.

(3) Chain Lashing

중장비의 고박에 주로 사용되는 Chain은 Lashing Chain과 Tension Lever로 구성되어 있다. Chain은 직접 화물에 연결해 Point와 이어주는 장치이고, Tension Lever는 Chain에 장력을 걸어주는 역할을 한다.

Chain Lashing은 장력을 만들 때 많은 힘을 필요로 하기 때문에 혼자서는 하기 힘들어 지렛대 역할을 하는 Extension Handle을 이용하여 고박시킨다. 보통의 Chain의 파단력은 15.0톤이고, 안전사용하중은 7.5톤이다.

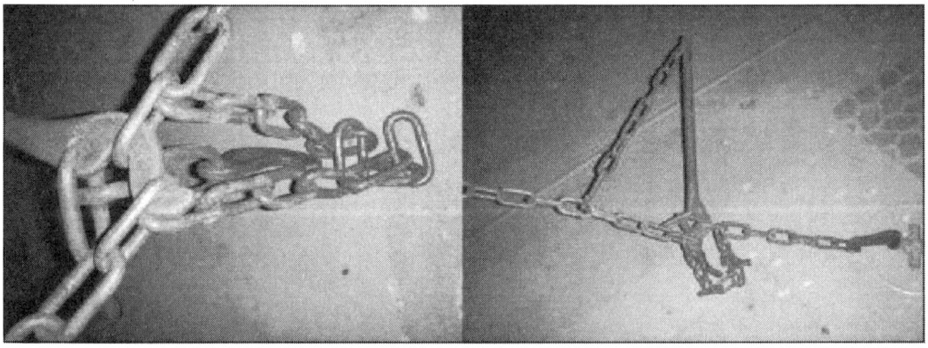

[그림 3-27] Chain Lashing

[그림 3-28] Chain Lashing으로 고박한 모습

중량화물의 고박에 사용되는 만큼 고박하려는 화물의 중량에 따라 적절한 개수의 사용이 요구되는데 일반적으로 Chain의 개수를 산정하는 공식은 다음과 같다.

Ex) Cargo Weight : 45MT, Lashing chain : 11mm(BL15 tons / Maximum Securing Load 7.5tons)

Number of chian (Port : 6chains, Stb'd : 6chains $= \frac{45MT}{7.5tons\ in\ MSL} \times 2times = 12chains$

Number of chian (Port : 6chains, Stb'd : 6chains $= \frac{45MT}{15tons\ in\ MSL} \times 4times = 12chains$

[그림 3-29] Chain Lashing의 체결개수 산정공식

(4) Sling Band

Sling은 보통 Small Lashing Belt와 같이 사용한다. 라싱벨트의 Hook로 인해 고급 승용차에 흠집을 내지 않기 위해서나 라싱벨트를 걸 수 없는 차량이 경우 바퀴의 림(Rim)에 걸어서 사용한다.

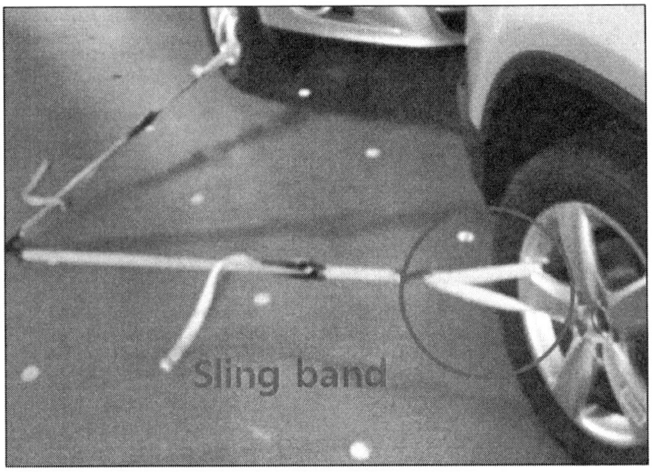

[그림 3-30] Sling Band를 사용하여 고박한 모습

(5) Wedge

Wedge(쐐기)는 차량의 바퀴에 끼워서 차량이 움직이는 것을 방지하는 장치로 화물을 경사가 있는 Ramp위나 횡방향으로 적재했을 경우에 주로 사용된다.

종류는 소형차에 주로 쓰이는 Rubber Wedge와 대형차 및 중량물에 쓰이는 Wooden Wedge가 있다.

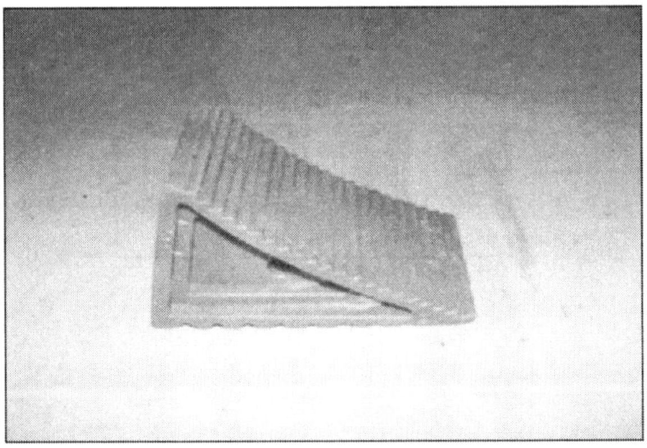

[그림 3-31] Rubber Wedge

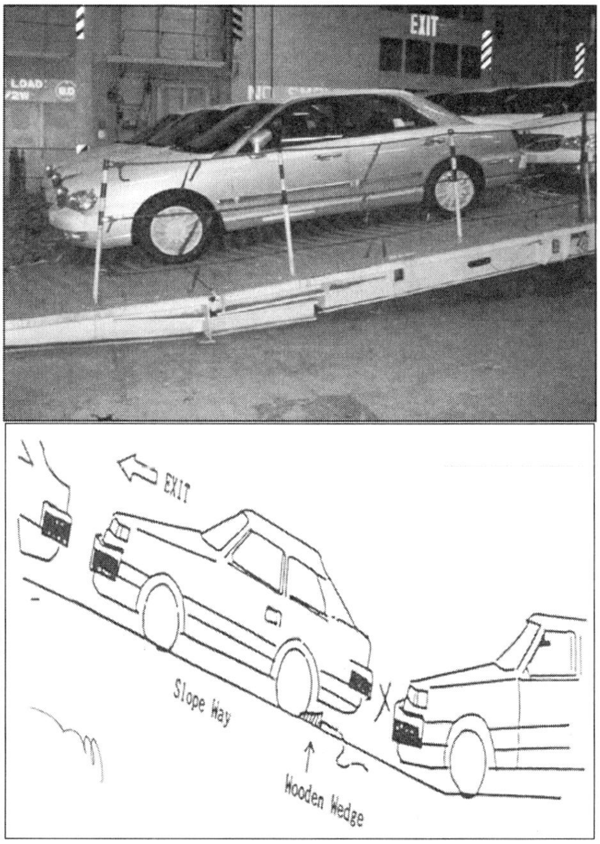

[그림 3-32] 경사로에 선적된 화물의 라싱 상태(Wedge)

5. 특수 장비

1) Deck Lifter

자동차운반선의 특수한 작업 및 운항에 필요한 장비가 있다. 다른 일반 선박들과 차별화된 Deck Lifter라는 장비는 이미 언급한 Deck Height 조정 시 필요한 장비이다.

[그림 3-33] Deck Lifter의 이용장면

높이를 조정하고자 하는 패널의 아래에 표시된 곳에 LEG를 위치시킨 뒤에 Table을 위아래로 조작하여 패널의 높이를 조절한다. 각 패널을 지지하고 있는 Pillar의 Deck Panel Supporter를 조작하여 원하는 높이(One Step Up, Full Up)에 패널을 얹혀놓으면 된다.

[그림 3-34] One Step Up Position(좌), Full Up Position(우)으로 높이 조정된 모습

2) Folk Lifter

이 장비는 Lashing Chain을 보관하는 박스, 하역작업 시 보조, 기타 본선에서 필요한 작업 시 전천후로 사용되는 장비이다.

[그림 3-35] Folk Lifter

3) Service Car(Pick-up Truck)

라싱벨트, 소화호스, 당직업무용, 페인트 운반 등 Folk Lifter와 마찬가지로 본선의 여러 가지 필요한 작업에 사용되는 차량이다. 상대적으로 가벼운 물체를 운반하는 데 사용된다.

[그림 3-36] Service Car(Pick-up Truck)

4) Cleaning Car

넓은 Car Deck의 소제 작업을 원활하게 하기 위한 청소용 차량이다.

[그림 3-37] Cleaning Car

3.2 Cargo Working Procedure에 따른 항해사의 업무

3.2.1 일반적인 주의사항

자동차운반선의 화물작업 중 일반적인 주의사항은 다음과 같다.

① Car Deck내 흡연 금지 : 차량에서 나오는 배기가스와 연료통에 있는 기름에서 유증기가 새어나올 수 있기 때문에 흡연은 엄격히 금지된다.

② 당직자는 적합한 복장을 착용 : 화물창은 선외보다 상대적으로 어둡기 때문에 적절한 조명에 사람이 식별될 수 있도록 차량의 전조등이 비치면 빛이 반사되는 재질로 만들어진 복장을 착용해야 한다. 또한 Car Deck에서 차량과의 접촉을 피하기 위해 벨트 버클이나 단추, 시계 등 금속물질은 차량의 손상을 방지하기 위해 완벽히 덮혀져야 한다.

③ 모든 Car Deck와 Ramp는 차량 또는 작업자의 미끄럼 방지를 위해 물, 기름 등 액체나 기타 미끄러질 수 있는 물질은 완벽히 제거되어야 한다.

④ 차량이 선적되어 있는 경우에는 페인트 작업이 허용되지 않는다.

⑤ 연료나 산소 및 아세틸렌 용기 같은 인화성 물질은 Car Deck 내에 비치하면 안된다.

⑥ 회사의 허가 없이 차량의 위치이동을 위한 본선 승무원의 차량탑승은 금지된다. Port Rotation에 따라 차량의 이동이 불가피한 상황에서는 해당 항구의 화물감독과 협의하여 하역회사가 실시한다.

3.2.2 Loading

1. 선적 전 준비사항

선적 작업 전 본선에서는 먼저 선적항의 화물감독이 작성한 선적 전 화물적부도(Stowage Plan)에 따라 Car Deck Panel의 조정작업을 해야 한다. 간단한 예를 들어, 승용차와 버스의 높이는 확연히 다르다. 두 화물을 같은 Deck에 선적한다면 불필요한 Space의 낭비에 따른 운임의 손실이 따르게 된다. 따라서 승용차 같은 경우에는 패널 조정이 불가능한 Deck에 선적을 하고, 상대적으로 운임이 높은 대형 화물들은 패널 조정이 가능해 충분한 높이가 보장되는 Deck에 선적해야 한다.

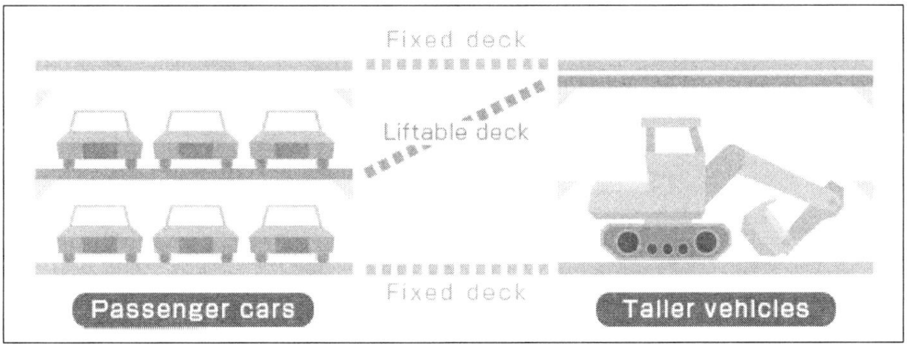

[그림 3-38] Car Deck Panel 조정 예시

Ramp와 Deck Slope Way(경사면)는 차량선적 시 미끄러지지 않도록 성돈된 상태로 유지해야 하며, 천장이나 상부 구조물에 있는 하역인부들이 먹고 마신 쓰레기나 빈 병 등의 이물질을 점검하고 제거해야 한다.

[그림 3-39] Ramp Way 미끄럼 방지 Steel Bar 정비

[그림 3-40] 정리된 Lashing Gear

각 Car Deck의 Lashing Point와 Lashing Gear의 상태 및 수량이 파악되어 있어야 한다. Lashing Gear의 수량이 부족하다면 선적할 수 있는 화물의 양이 줄어들어 운항이익이 적어지기 때문에 선적 전 각 Gear의 수량을 파악해 선주사에 통보하고 Booking된 화물을 충분히 선적할 수 있는지 여부를 따져서 부족하면 선주사가 보급을 하게 된다.

화물창 내에 있는 냉각수관, Ballast관, 소화전, 통풍시스템의 Fan Duct, 유압유 라인 등은 누수 및 오작동에 의한 해수, 비산 등 선내 염수와 오수에 의한 차량손상을 방지하기 위해 점검되어야 한다. 마찬가지로 화물을 고박하고 남은 Lashing Gear들은 잘 정리하여 화물과 접촉이 일어나지 않도록 해야 한다.

적절한 조명도 중요하고 선외보다 화물창은 어둡기 때문에 선박의 구조에 익숙하지 않은 작업 인부들이 운전하다 Ramp Way나 Deck Panel의 높이가 다른 부분을 오인해 추락하는 사고가 발생할 수 있기 때문에 점검해야 한다. 또한 불안정하게 설치가 되어 있거나 형광등의 커버의 고박이 미비한 부분은 선체 진동에 의해 형광등이 떨어져 차량에 손상을 줄 수 있기 때문에 이 또한 철저히 점검되어야 한다.

[그림 3-41] 성비불량으로 불안하게 매달려 있는 형광등

선적 전 모든 사항을 준비한 뒤 본격적인 선적에 앞서 화물감독과 Meeting을 시행한다. 안전한 선적을 위해 본선 사무실이나 Ramp쪽에서 실시하게 되는데 주요 논의사항은 다음과 같다.

① 선적 스케줄과 예비 화물적부도(Pre-Stowage Plan)에 따른 Uniform Load*의 적합성과 작업시간 확인

② Ramp 작업 스케줄 : 강하 및 격납 / 각도조절

③ 승무원의 이동 및 각종 Tank Sounding을 위한 화물창 내 여유공간 확보

④ 작업 중 최대 안전운전 속력 : 통상적으로 30km / h(20mph)

⑤ Car Deck 높이 및 Inner Ramp폭 등

⑥ 저속운행구간 설정 : Car Deck 높이가 낮아 상부여유가 적은 곳, Inner Ramp 경사로 부근 및 회전구간 등

⑦ Drive Way 제시 : Fore man과 상의하여 Traffic Corn과 테이프를 이용해 화물창내 안전한 통행로를 제시함

⑧ 기타 협의사항

[그림 3-42] Drive Way 설치 예시

2. 선적작업 중

1) 화물의 점검

선적작업 중에는 주변상황 및 화물의 상태를 중점적으로 관찰해야 한다. 우선 차량의 문이나 창문이 완전히 닫혔는지, 실내등과 전조등이 점등되어 있는지, 라디오 안테나가 돌출되어 있는지, 키는 차량 내에 있는지, 기어의 결속상태나 각종 오일의 누유 등 전반적

* 단위면적당 선적가능 하중(tons / m^2)

인 사항을 점검하여야 한다.

작업자들이 고박지침에 따른 적절한 라싱이 이루어지고 있는지 감독하며, 미비할 경우에는 라싱 포맨에게 요청하여 수정요청을 해야 한다. 그리고 작업 전 화물창 통풍 팬을 작동시켜 환기를 지속적으로 해야 한다. 적절한 환기가 이루어지고 있다고 해도 화물창 내에서는 흡연이 원천적으로 금지되므로 작업자에게 주의를 줄 필요가 있다.

[그림 3-43] Poster - 주차 시 주의사항

화물을 선적할 때 차량 사이의 적부 간격과 상부구조물과의 여유기준은 다음과 같다(선사마다 약간의 차이는 있음).

Stowage distances

1) Side to Side : 10cm(4˝)
2) Passenger side to Fixed objects(Pillar, Bulkhead) : 10cm(4˝)
3) Driver's side to Fixed objects : 50cm(20˝)
4) Driver's side of Key car to Unit/Fixed objects : 50cm(20˝)
5) Bumper to Bumper : 30cm(12˝)
6) Bumper to Fixed objects : 30cm(12˝)
7) Width of Passage : Min.30cm(12˝)
for Australian port only - Min.40cm(16˝)

[그림 3-44] 화물의 적부간격 기준

Height clearance

a) Always ensure that there is sufficient height clearance (Min. 5cm) for the vehicles to be loaded in the entire driveway as well in the deck intended for stowage.
b) In car decks with small head clearance (Less than 10cm), speed should be reduced in order to pass them safely to minimum range.

[그림 3-45] 화물과 상부구조물과의 여유 기준

2) 항내 자연환경 관찰

당직사관 및 당직부원은 항내 강조류와 강풍에 대비책을 마련해놓고 지속적으로 관찰하고, 이와 같은 이유로 안전한 화물작업을 지속할 수 없을 때는 하역사 포맨에게 알려 작업을 중지하고 조치를 취해야 한다.

3) Ballasting 및 하역기기 점검

조석간만의 차로 선체가 승강할 경우에는 Stern Ramp가 부두와 접촉하여 손상을 입을 수 있기 때문에 수시로 체크하여 Ramp의 각도를 조정해 화물작업에 지장을 주어서는 안된다. 밸러스트(평형수) 작업은 화물작업 중 선체 경사에 의한 Ramp의 뒤틀림과 안벽과의 접촉으로 인한 손상을 방지하기 위해 실시함으로 매우 중요하다. 선체 경사가 심하게 되면 차량이 이동 중에 미끄러져 사고가 발생할 수 있기 때문에 보통 3도 이상의 경사가 생기는 것을 금하고 있다.

4) Lashing Condition 확인 및 화물의 검수

작업이 먼저 끝나는 Car Deck는 STWG Plan에 따라 화물이 해당 구역에 정확한 수량이 선적되었는지, 라싱이 적절하게 되었는지 점검해야 한다. 육상작업자(Checker / Tally man)와 본선 당직사관 및 당직부원이 이중으로 확인하고 미비할 경우 라싱포맨에게 요청하여 매뉴얼에 맞도록 수정 고박을 요청해야 한다.

[그림 3-46] Cargo Securing Manual에 따라 고박된 화물의 모습

[그림 3-47] Lashing Condition 점검과 테이프(Separation Tape)로 구분된 모습

5) 화물작업의 감시

작업을 마치고 라싱 상태까지 확인을 마친 다음에는 그 구역에서 작업인부를 모두 철수시키고 다음에 작업할 구역으로 안내한다. 필요에 따라서는 Movable Ramp의 조정을 해줘야 하며 Ramp 강하시나 패널 조정으로 단차가 생겨 추락의 위험성이 있는 구간에는 작업 전 꼭 Safety Corn이나 Safety Line을 설치하여 본선 승무원 및 작업인부의 안전을 확보하여야 한다.

[그림 3-48] Safety Line과 Safety Corn이 설치된 모습

3. 선적종료 후(항해 중)

선적이 종료가 되면 각 Deck의 방화문을 닫고 환기를 위한 Fan을 중지한 뒤 Ramp를 격납한다. 선적항을 출항하고 나서 일등항해사와 갑판부 승무원들은 그 항구에서 실은 화물을 전반적으로 점검한다. 선적항이 여러 항구일 경우 마지막 선적항을 출항하고 전체 화물을 점검해야 한다.

항해시작 후 3일 동안은 매일 화물을 점검하고, 이후에는 3일에 한번씩 점검을 해야 한다. 하지만 화물창의 전반적인 상황과 화재순찰은 매일 이루어져야 한다. 또한 악천후가 예상될 경우 미리 점검을 해야 하며, 모든 점검 시에는 라싱이 잘 체결되어 있는지 항상 점검해야 한다.

양하항구가 여러 항인 경우 양하항에서 내린 화물 주변에 실수로 라싱이 풀려있는지도 확인하여야 한다. 점검 시 확인해야 할 항목은 다음과 같다.

1) 고박 점검

① 라싱이 되지 않은 화물의 유무
② 느슨하게 라싱이 되어 있는지 여부
③ 라싱 벨트의 꼬임 여부
④ 프레임, 브라켓과 같은 선체 구조물과의 접촉 여부
⑤ 경사로에 선적된 화물의 Wedge 설치 여부

2) 화물(차량) 점검

① 양하지별 분류의 정확성, 필요 시 화물구별 테이프(Separation Tape)로 재분류 한다.
② 화물의 라이트는 소등
③ 문과 창문이 모두 닫혀있어야 함(차문의 잠김 여부)
④ 라디오 안테나의 돌출 여부
⑤ 자동차키의 분실 여부
⑥ 키는 뽑혀 있는지 여부 : 과열로 인한 발화 가능성
⑦ 엔진 오일 및 연료유 등의 누유 여부
⑧ 핸드브레이크의 결속 여부와 기어레버의 적절한 위치확인(자동미션의 경우 P위치, 수동미션의 경우 1단 또는 후진). 수정할 수 없을 경우 추가 라싱 실시

3) 화물창 상태 점검

① 방화문, 수밀문, 통로와 해치커버 및 방화구역을 구분짓는 Inner Ramp의 폐쇄여부
② 스파크가 일어날 수 있기 때문에 화물창의 조명은 항상 소등해야 한다. 그러나 점검 또는 순찰 시 라이트를 켜야 할 경우 점등 전에 통풍팬으로 환기를 시킨 후 작동한다.
③ 기상이 허락하는 한 매일 통풍시스템을 가동하여 가연성 가스 및 유해 가스를 창내로부터 방출시킨다.

④ 화물창 내 습기와 잔수(오수)를 제거한다.
⑤ 파이프 및 밸브에서의 Ballast수 및 유압유의 유출을 점검한다.
⑥ 이상한 냄새나 소리를 점검한다.
⑦ 화물창 내 녹이나 화물의 잔여물이 보이면 바로 제거해야 하고 차량의 지붕이나 측면에 보인다면 도장면에 손상이 가지 않도록 조심하여 제거한다.

4) Ballast 탱크 측심

해수의 침입으로 인한 사고를 예방하기 위해 매일 Ballast Tank와 Bilge Tank를 측심하고 기록하여야 한다.

5) 운하통과 시 도난사고 방지

① 모든 문과 해치는 운하통과 전 최소한의 통로를 제외하고 잠근다.
② 통로 순찰인원을 배치하고 감시한다.
③ 출입구의 계단은 라싱 벨트를 이용하여 제한구역으로 만든다.
④ 좀도둑이 빈번하게 일어나는 항구에서도 적용하여 시행한다.

6) 동계 지역을 운항 시 점검

동계 지역 또는 극한 지역을 운항하는 선박은 추위로 인해 파이프의 동파 및 유압유가 원활하게 흐르지 않기 때문에 화물작업의 지연이 발생할 수 있다.
① 유압계통 기계를 사용하기 전에는 반드시 워밍업을 실시한다.
② Ballast Tank를 완전히 채우지 않는다.
③ 가능하다면 선미 Trim을 만들어 파이프 내에 잔수(잔유)의 흐름은 만들어준다.
④ 단열재로 각종 배관을 싼다.

[그림 3-49] 항해 중 화물관리

3.2.3 Unloading

1. 양하 전 준비사항

매 양하항에서 양하작업 동안 화물의 손상 가능성을 최소화하기 위해 회의가 선행되어야 한다. 마찬가지로 화물감독, 하역사 포맨, 대리점, 선장, 일등항해사 등이 참석한다. 논의되는 사항은 다음과 같다.

① 양하할 Deck의 순서와 하역사의 양하계획

② 본선 구조상 양하 시 특별한 주의가 필요한 구역

③ STWG Plan상 주의해야 하는 화물의 표시 및 신호수 위치지정

④ 배터리가 방전된 차량의 양하에 대한 장비 준비여부

⑤ STWG Plan상 양하지를 구분하여 고박해체계획

⑥ 각종 Ramp 및 Panel의 작동계획

⑦ Safety Corn과 Safety Line의 설치 여부

⑧ 화물이동 시 안전속력

⑨ 저속 운행구간 표시 : 상부구조물과의 여유가 없는 구역, 경사로 등

⑩ 통풍 시스템의 가동

2. 양하작업 중

선적작업 중 행하는 항해사의 업무는 비슷하나 특별히 양하 시 주의해야 할 사항은 다음과 같다.

① 화물의 과부족 양하문제를 피하기 위해 고박해체작업 전 구별된 양하지를 확인하고 작업인부들에게 통지한다. 50% 이상의 흠집 손상(Scratch Damage)은 고박/고박해체작업 중에 발생한다. 따라서 본선 선원들은 고박해체작업을 참관해야 한다.

② 촘촘하게 선적 된 화물의 양하를 위해 맨 마지막에 상대적으로 여유 공간을 둔 'Key Car'가 첫 번째로 하역될 때 Ramp 끝단에 부딪히지 않고 나가는지 확인을 해야 한다.

③ 화물이 장기간 운송되는 과정에서 방전이 된 경우 시동이 걸리지 않게 된다. 그럴 경우에는 하역사에서 준비한 배터리 점프 케이블을 통해 방전된 배터리를 충전한다. 그러나 스파크의 발생으로 인한 화재 및 폭발을 예방하기 위해 다음의 절차에 따라 시행해야 한다.

㉠ 배터리 충전 전 당직사관에게 가스검지기로 가스 농도측정을 확인한다.

㉡ 본선의 책임자가 참관해야 하며, 작업구역 주변에 휴대식 소화기를 비치한다.

㉢ 점프 케이블의 (+)극은 방전된 배터리와 충전용 배터리를 연결하고, (−)극은 방전된 배터리에 먼저 연결하고 그 다음에 충전용 배터리에 연결한다.

㉣ 점프 케이블의 끝단이 Car Deck보다 450mm 이상에 위치해야 한다.

㉤ 충전용 배터리의 용량은 5kWh를 넘지 않아야 한다.

㉥ 주변에서 배터리 충전을 하는 동안에는 연료주입을 하지 않는다.

④ 양하작업이 종료되는 구역마다 본선 승무원을 동원하여 Lashing Gear를 정돈하도록 한다. 이는 본선의 바쁜 스케줄에 따른 추가 작업시간의 소요를 방지하기 위함이다.

[그림 3-50] Poster - 주유 및 배터리 충전 시 주의사항

3. 양하 종료 후

양하가 종료되었더라도 자동차운반선의 운항특성상 많은 양의 화물이 잔존해 있을 것이기 때문에 선적이 종료되었을 때 행하여진 전반적인 점검과 조치를 취해야 한다. 가장 주의해야 할 사항으로는 양하된 화물의 종류와 수량이 STWG Plan과 일치하는지를 확인하여야 한다.

마지막 양하지에서 화물을 모두 양하하고 나면 다음 항차에 대비를 하여야 한다. 화물작업 중에 손상된 Car Deck와 Lashing Gear 등을 정비 및 보수해야 하며, Hold Cleaning과 Lashing Gear의 수량을 파악하는 등 절차에 따라 준비해야 한다.

3.3 Damage Control

3.3.1 선내 화물작업 과정에서의 주의사항

자동차운반선이 운반하는 화물은 개별적으로 이동하여 작업을 하기 때문에 그 특성상 화물이 손상을 입을 가능성이 매우 크다. 또한 일반적으로 선박의 화물창 내에는 몇 가지 각 구획별 특징이 있다. 그러한 곳에 대해 미리 주의를 주지 않으면 화물에 손상이 발생할 가능성이 증가한다.

본선 당직사관 및 당직부원들은 '크리티컬 포인트(Critical Point)'라 하는 곳을 잘 알아야 하며, 화물작업 중 상당한 주의를 기울여야 한다. 크리티컬 포인트에는 보통 화물창 내 색상과 구별되는 페인트나 타이거 마킹의 표시로 구분짓는다.

[그림 3-51] Critical Point의 구별(Tiger Marking)

마킹으로 구분을 지어놓았더라도 구조가 익숙하지 않고, 오랜 작업으로 인해 집중력이 떨어지게 되면 화물의 손상이 발생할 확률은 더욱 커질 수밖에 없다. [그림 3-52]의 그림들은 화물이 손상을 받을 수 있는 여러 가지 상황에 대해 주의를 주는 자료이다. 이러한 자료는 사전에 작업자들에게 교육을 시켜 안전한 화물작업이 이루어질 수 있도록 해야 한다.

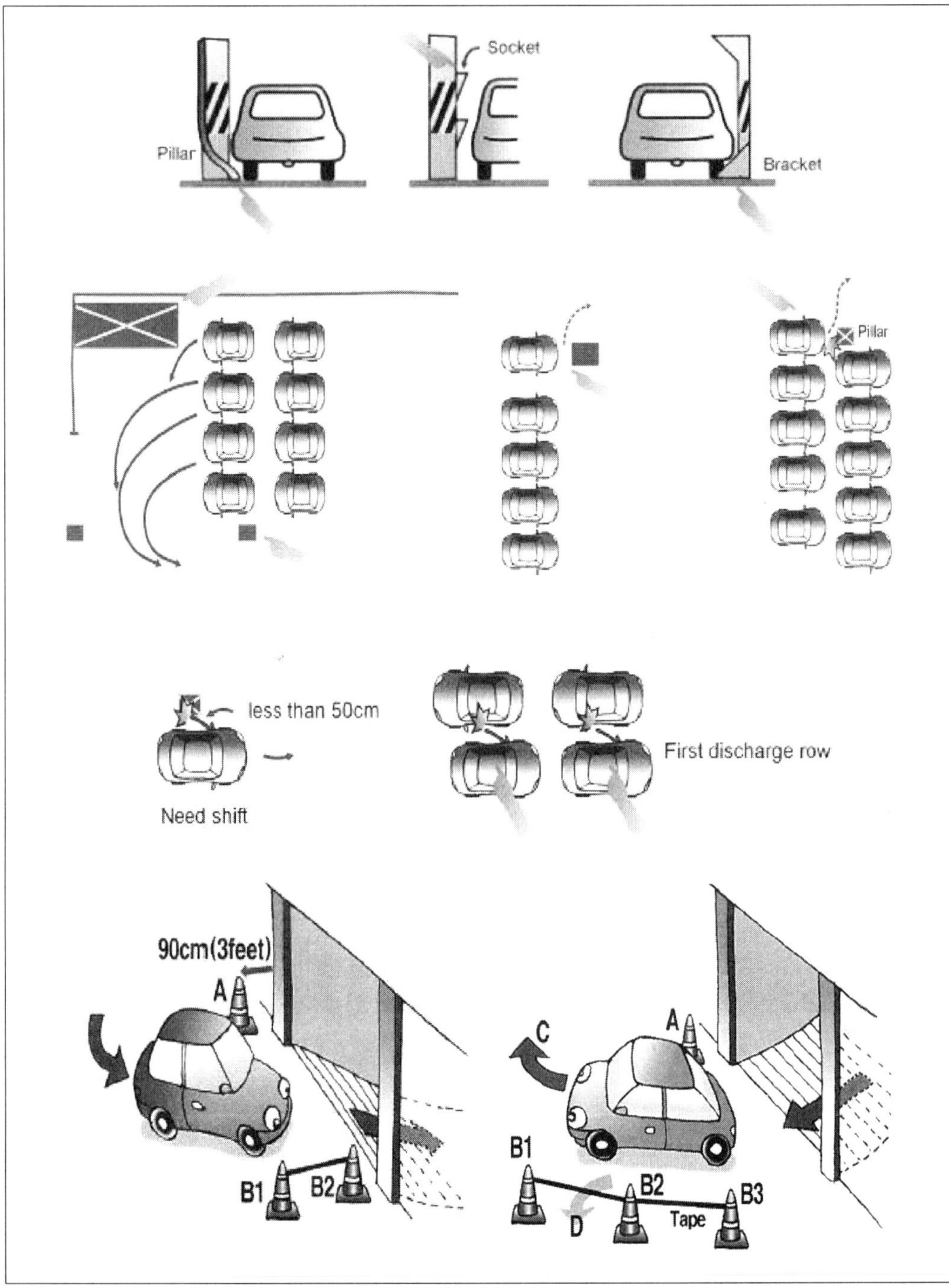

[그림 3-52] 각종 Damage가 발생할 수 있는 상황(a)

<table>
<tr><th>Damage 발생상황</th><th>조치방안</th></tr>
<tr><td>제한된 공간에서 급작스런 선회나 방향전환</td><td rowspan="4">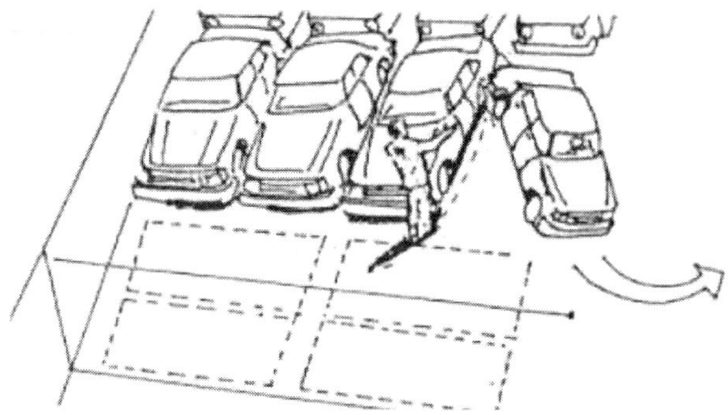
• 작업구역에 감독자(신호수)를 배치한다</td></tr>
<tr><td>Hold Pillar(기둥)와 환기구(Duct) 주변에서의 운전</td></tr>
<tr><td>Key Car(첫 양하차)가 움직일 때 돌출된 구조물을 주의</td></tr>
<tr><td>인접한 두 차량의 접촉으로 인한 손상</td></tr>
<tr><td>화물창 내 과속으로 인한 손상</td><td>

• Traffic Corn의 폭을 줄여 운전자로 하여금 부담을 느끼게 한다</td></tr>
<tr><td>경사로(Slope Way)에서의 스크래치 및 하부 손상</td><td>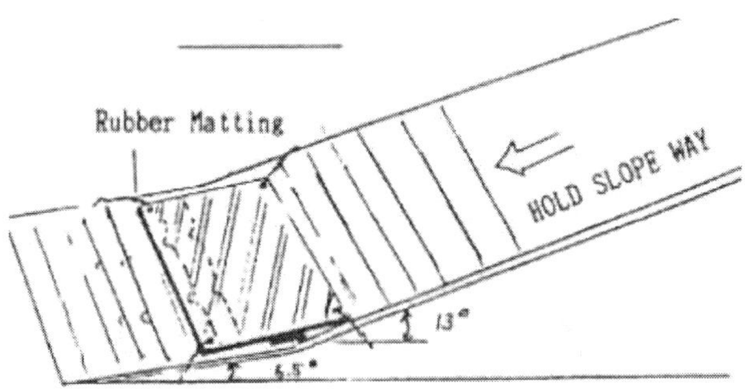

• 경사로 Pillar 주변에 Traffic Corn을 설치한다
• 경사로 아래에는 고무매트를 깔아 흠집을 방지한다
• 경사면 통과 시에는 저속으로 지나도록 교육한다</td></tr>
</table>

특히 [그림 3-53]처럼 Ramp 부근에서는 여러 방향에서 모이는 교통의 혼잡을 해소하기 위해 안전한 통행로를 제시해야 하며, 통행로의 합류점이 식별이 된다면 Traffic Corn과 Tape를 이용하여 지정해야 한다. 화물작업 모든 과정에 신호수 및 감독자만 잘 배치해도 화물손상을 대부분 막을 수 있다.

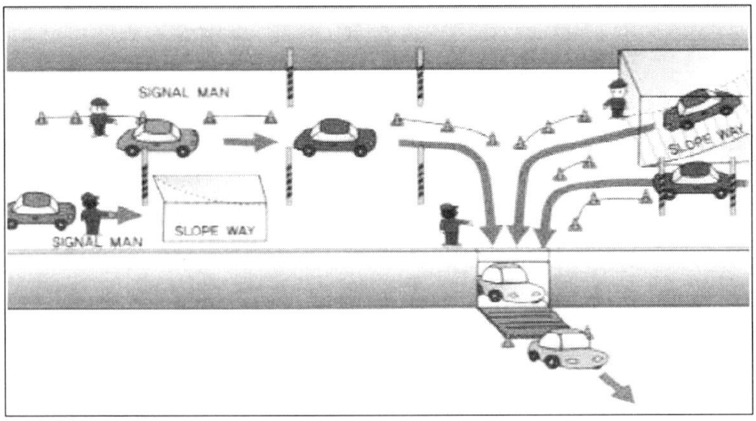

[그림 3-53] 화물의 손상을 막기 위한 Traffic Control

3.3.2 야적지에 적재된 화물에 대한 주의사항

선내 화물작업에서 뿐만 아니라 야적지(Yard)에서도 화물의 손상은 야드 작업자는 물론 본선 승무원들도 주의사항을 숙지하여야 한다. 본선의 유지보수작업 및 여러 가지 다른 작업으로 인해 야드에 적재된 화물에 손상을 입혀서는 안된다. 일반적으로 주의해야 할 사항은 다음과 같다.

① 부두에서의 본선 작업용 차량의 운전 및 접촉은 엄격히 금지한다.

[그림 3-54]

② Stern / Side Ramp Wire의 직접적인 Greasing 작업금지 - 바람에 의해 날릴 수 있다.

③ 본선 거주구역의 Spray 페인팅 금지 - 야적된 차량에 페인트 Damage를 입힐 수 있고 선적된 차량에는 선박의 환풍구로 들어가 역시 페인트 Damage를 입힐 수 있다.

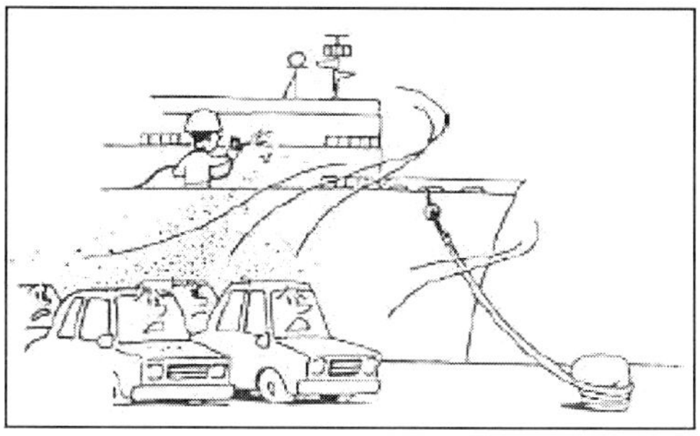

[그림 3-55]

④ 해수 비산에 의한 손상 : Ballast의 주입/배출 작업 시 앵커 파이프나 스커퍼로부터 밸러스트수가 분출하게 되면 바람에 의해 날리고 야적/선적된 차량에 손상을 줄 수 있다.

[그림 3-56]

⑤ Rat Guard에 의한 손상 : Rat Guard가 계류색에 맞지 않으면 강한 바람에 날려 야적된 화물에 손상을 줄 수 있다. Rat Guard에 줄을 연결하여 바람이 불어도 날아가지 않게끔 본선의 구조물이나 계류색에 단단히 묶어두어야 한다.

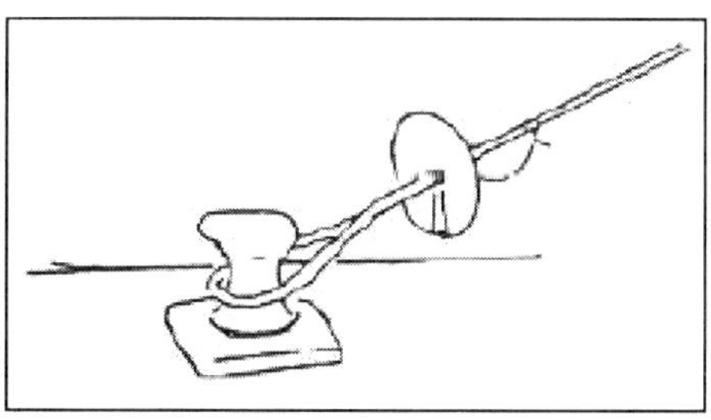

[그림 3-57]

⑥ 기관 시운전 : 엔진 시동 시 그을음에 의한 손상을 방지하기 위해 야드의 풍향에 상당한 주의를 기울여야 한다.

[그림 3-58]

⑦ Messenger Line : 선박접안 중 메신저 라인을 부두에 던질 때 야적된 차량에 부딪혀 손상을 방지하기 위해 주의를 기울여야 함. 차량은 부두 끝단에서 최소 5m떨어진 곳에 야적되어야 한다.

[그림 3-59]

3.3.3 Damage Report

1. 일반적인 사항

화물작업 중 육상측 작업자와 본선의 승무원은 최대한 화물의 손상이 가지 않도록 주의하여 감독하면서 작업해야 하겠지만 부득이 하게 사고가 발생하게 되면 신속히 조치를 취해야 한다. 하역사 감독/포맨은 양하 중에 본선에서 화물의 손상이 발생했을 때 본선의 일등항해사와 화물감독(Port Captain) 또는 대리점에게 손상에 대한 상세를 최대한 빨리 보고해야 한다.

만일 본선의 일등항해사 또는 당직사관/부원이 화물손상을 발견하면 화물감독이나 대리점에게 보고해야 한다. 크고 작은 화물의 손상이나 작업자의 부상 또는 사망과 같은 인사사고 역시 화물감독 또는 대리점에 보고한다.

2. 항내 작업 중 보고지침

항내 화물작업 중 사고에 대한 보고의 책임은 화물감독, 대리점이 지고 있다. 본선 승무원에 의해 발견된 사고는 지체 없이 선주사로 보고해야 한다. 항내에 작업 중인 화물감독이 대리점이 없다면 선장이 담당자에게 지체 없이 보고해야 한다.

3. 항해 중 보고지침

해상에서 발견되는 사고에 대한 상세 역시 보고되어야 한다. 대부분의 자동차운반선을 운항하는 선사들은 사고발견 후 선사담당자 또는 화물감독에게 12시간 이내에 사고의 상세를 초기 보고해야 하고, 12시간 이내에 보고할 수 없는 경우에는 다음 12시간 이내에 보고를 하도록 규정하고 있다. 그러고 난 후 완결 사고 보고는 24시간 이내에 제출되어야 한다.

4. 주요 Damage의 기준 및 보고

1) 주요 Damage 초기 보고

① 승용화물의 경우 손실차량 대수, 수리가 요구되는 부분 등
② 포장화물의 경우 포장이 불량하여 떨어지거나 구조적 손상을 입은 화물
③ 인명사고(Human Accident)
④ 유사사고(Near-Miss)

2) 주요 Damage 요약보고

① 사건/사고의 원인(Cause of Accident/Incident)
② 조치 사항(Corrective Actions)
③ 상황(Status)

3) 화물손상 보고의 상세내용

화물의 손상이 발생하였을 경우에는 다음과 같은 내용이 포함되어야 한다.

① 섀시 번호(VIN)와 차량의 종류(Chassis Number(VIN) and Kind of Vehicle)

② 손상의 구분(Kind of Damage)

③ 손상 부분 및 크기(Location & the Extent of Damage on the Vehicle)

④ 손상 발생원인(Cause of Damage)

⑤ 손상 발생장소(Where the Damage Occurred, Hold / Ramp / Parking Area, etc)

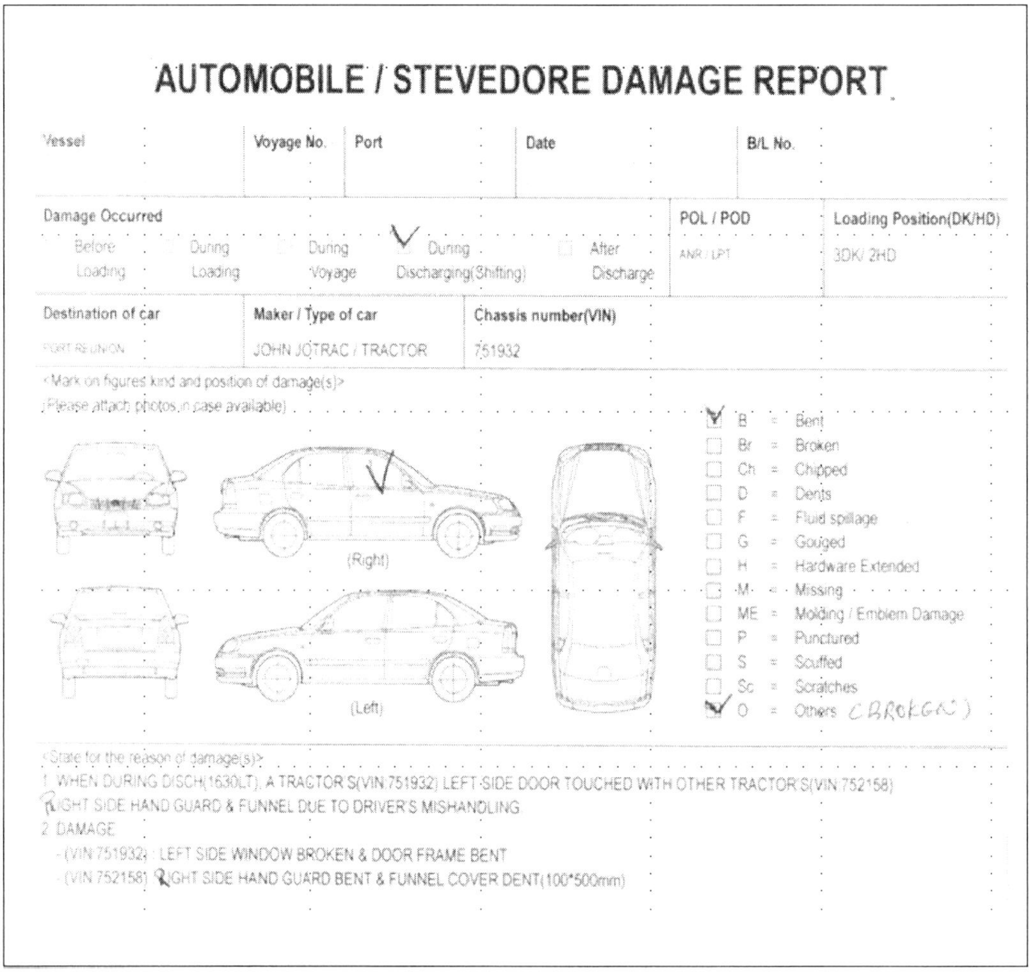

AUTOMOBILE / STEVEDORE DAMAGE REPORT

Vessel	Voyage No.	Port	Date	B/L No.

Damage Occurred	POL / POD	Loading Position(DK/HD)
Before Loading / During Loading / During Voyage / ✓ During Discharging(Shifting) / After Discharge	ANR / LPT	3DK/ 2HD

Destination of car	Maker / Type of car	Chassis number(VIN)
PORT REUNION	JOHN JOTRAC / TRACTOR	751932

<Mark on figures kind and position of damage(s)>
(Please attach photos in case available)

(Right)
(Left)

- ✓ B = Bent
- Br = Broken
- Ch = Chipped
- D = Dents
- F = Fluid spillage
- G = Gouged
- H = Hardware Extended
- M = Missing
- ME = Molding / Emblem Damage
- P = Punctured
- S = Scuffed
- Sc = Scratches
- ✓ O = Others (BROKEN)

<State for the reason of damage(s)>
1. WHEN DURING DISCH(1630LT), A TRACTOR'S(VIN 751932) LEFT SIDE DOOR TOUCHED WITH OTHER TRACTOR'S(VIN 752158) RIGHT SIDE HAND GUARD & FUNNEL DUE TO DRIVER'S MISHANDLING
2. DAMAGE
- (VIN 751932) : LEFT SIDE WINDOW BROKEN & DOOR FRAME BENT
- (VIN 752158) RIGHT SIDE HAND GUARD BENT & FUNNEL COVER DENT(100*500mm)

[그림 3-60] Automobile Damage Report 예시

3.4 Cargo Documents

3.4.1 Stowage Plan

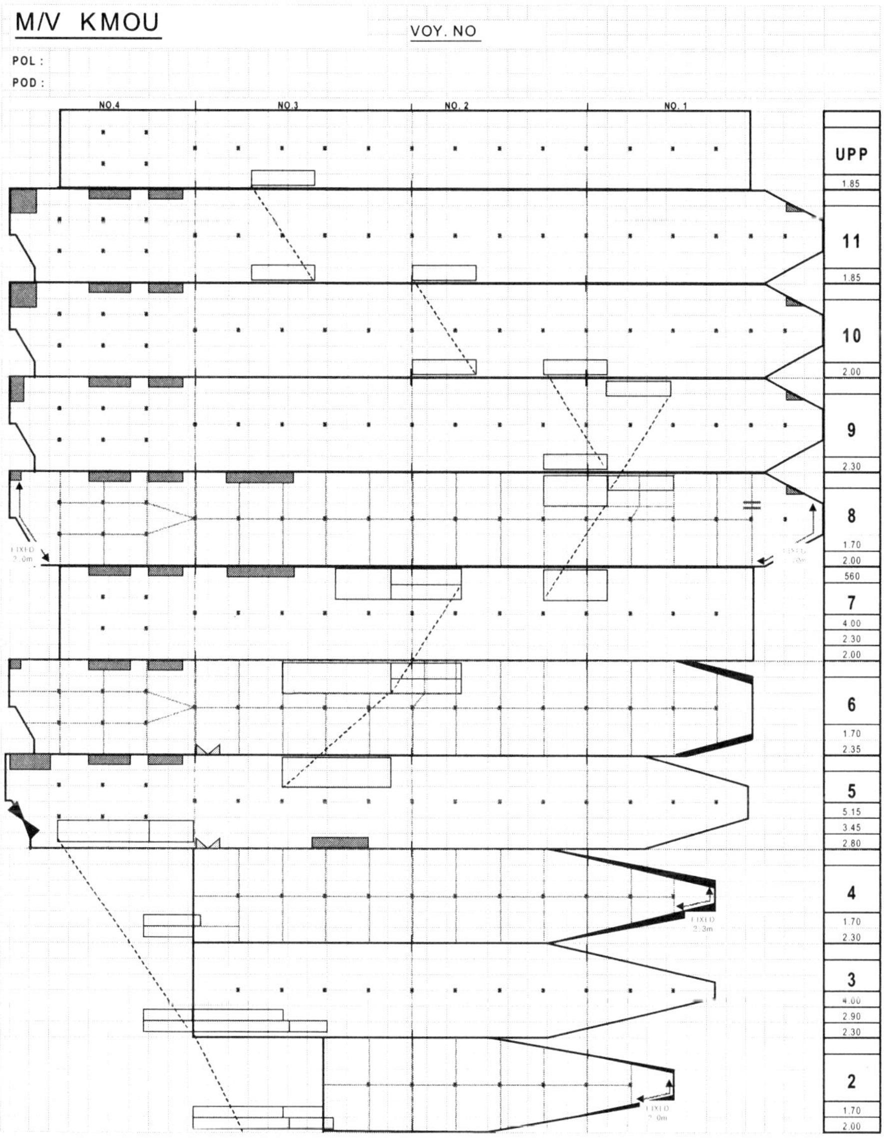

[그림 3-61] 자동차운반선의 일반적인 Stowage Plan(Blank Form)

화물감독이 화주나 선주사에서 화물의 Booking List를 받게 되면, 그 목록에는 각각의 화물들의 상세가 기재되어 있다. 화물감독 크기, 중량, 수량 등을 분석하고 선적항과 양하항의 Port Rotation을 고려하여 적부계획을 수립한다. 화물의 높이에 따라 Car Deck Panel 높이도 결정해 본선이 준비할 수 있도록 해야 한다.

실제 현장에서 사용한 하나의 STWG Plan을 보며 알아보도록 한다. 플랜상 일반적인 사항이 표시가 되어 있고, 오른쪽에는 Deck의 번호와 함께 Deck Height도 표시가 되어 있다.

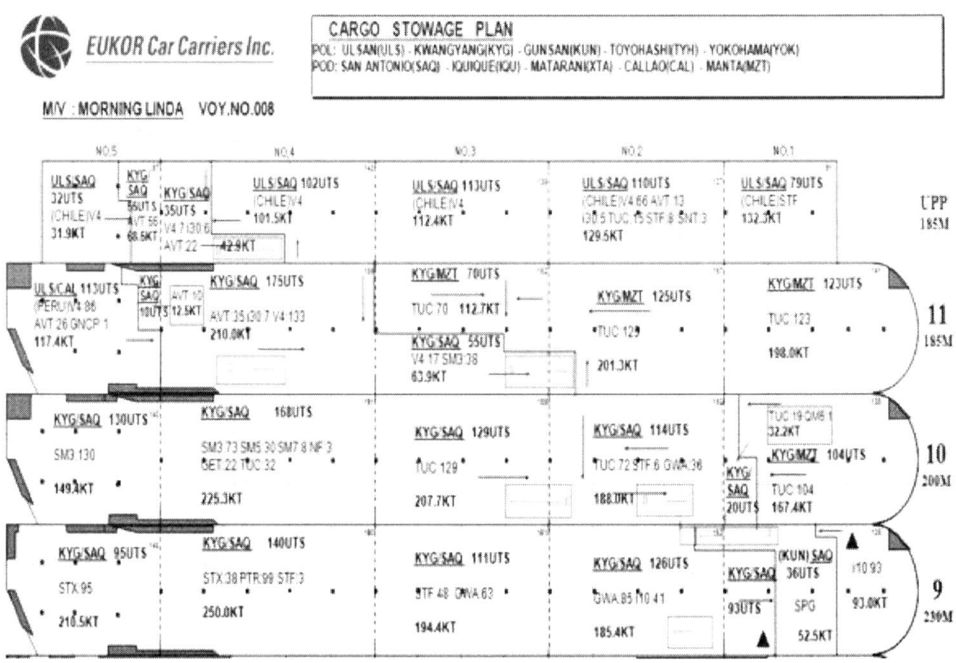

[그림 3-62] Stowage Plan

① POL(Port of Loading) : 선적항

② POD(Port of Discharging) : 양하항

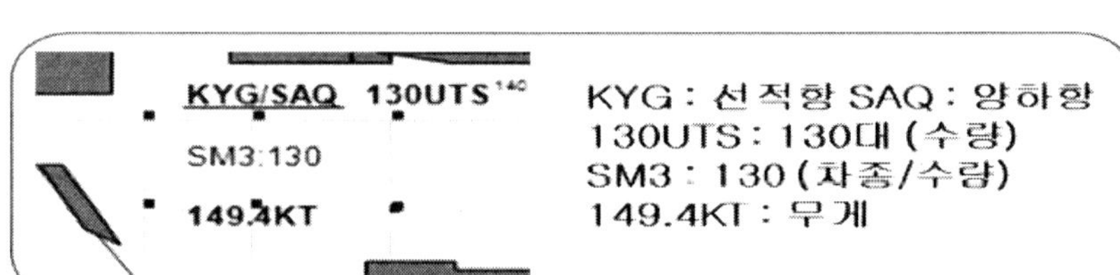

[그림 3-63] Stowage Plan

3.4.2 Cargo Summary

1. Portwise Cargo Summary

선적 후 실제 변경된 부분을 수정하여 최종 Stowage Plan을 작성하게 된다. 그 Plan에 있는 화물의 수량과 무게를 선적항과 양하항으로 분류하여 간단하게 작성되는 서류가 Portwise Cargo Summary이다.

〈표 3-1〉 Cargo Documents - Portwise Cargo Summary

Vessel : Voy. No. PORTWISE SUMMARY

POL	SHANGHAI(SHA)		XINGANG(XIN)		PYUNGTAEK(PTU)		ULSAN(ULS)		KWANGYANG(KYG)		MOKPO(MOK)		PORT KELANG(PKE)				Total per POD	
POD	Total units	Total weight	Total units	Total weight	Total units	Total weight	Total units	Total weight	Total units	Total weight	Total units	Total weight	Total units	Total weight	Total units	Total weight	Total units	Total weight
ALEXANDRIA (AXE)					180	216.8	436	543.1	147	250.6	600	745.2					1363	1755.7
LE HARVE (LEH)					101	124.1			385	617.9	213	243.3					899	985.3
IMMINGHAM (IMM)					316	381.1			[illegible]	[illegible]							366	441.4
WALLHAMN (WLH)					254	279.1	518	876.3	149	243.8	181	229.2					1102	1628.2
FREDERICIA (FDA)					651	676.4	16	24.1									667	700.5
B HAVEN (BRV)	3 16 62	 43 578.0			418	478.6	238	469.3	404	647.8							1055 16 1114	 43 2173.3
ANTWERP (ANT)	1 1	 52.0			58	68.0	514	890.8	18	30.7							591	1041.5
SOUTHAMPTON (SOO)					1	2.3											1	2.3
MOKPO (MOK)							2	38.3									2	38.3
TOTAL per POL	3 16 62	 43 578.0	1 1	 52.0	1971 1971	 2206.4	1724 1724	 2833.9	1153 1153	 1870.7	994 994	 1217.7					5848 16 5905	 43 8758.7

* DETAIL OF SPARE PARTS FOR DOOSAN, HHI & OTHERS FROM KOREA

POL	PYUNGTAEK(PTU)			ULSAN(ULS)			KWANGYANG(KYG)			MOKPO(MOK)					
MAKER	UNIT	S/P IN CAR	S/P ON DECK	UNIT	S/P IN CAR	S/P ON DECK	UNIT	S/P IN CAR	S/P ON DECK	UNIT	S/P IN CAR	S/P ON DECK	UNIT	S/P IN CAR	S/P ON DECK
DOOSAN															
HHI				2											
OTHERS															
TOTAL				2											

2. Holdwise Cargo Summary

화물을 양하항별로 분류한 Table로 해당 항구에서 화물을 얼마나 양하해야 하는지 한 눈에 살펴볼 수 있다.

〈표 3-2〉 Cargo Documents - Holdwise Cargo Summary

(THROUGH) CARGO SUMMARY (HOLD WISE)

M/V: VOY NO : 036 PORT:MOKPO DATE:

HOLD / DISCH'			NO.1		NO.2		NO.3		NO.4		TOTAL		B.BULK	
			U/T	KT	U/T	KT	U/T	KT	U/T	KT	U/T	KT	PKGS	KT
MANZANILLO	AZL	CAR												
		STATIC							(3)	116.5	(3)	116.5	3	116.5
BRUNSWICK	BUW	CAR	559	711.1	528	699.3	497	717.6	309	439.5	1893	2567.5		
		STATIC												
PHILADELPHIA	PHL	CAR	247	378.6	405	514.3	621	823.2	337	455.2	1610	2171.3		
		STATIC												
TOTAL		CAR	806	1089.7	933	1213.6	1118	1540.8	646	894.7	3503	4738.8		
		STATIC							(3)	116.5	(3)	116.5	3	116.5

제 Ⅱ 편

탱커운송

제1장 탱커선
제2장 LNG 운반선

제1장

탱커선

1.1 탱커선의 개요

원유운반선은 천연의 가공하지 않은 원유를 용기에 넣지 않은 상태로 배에 직접 실어서 수송하는 선박을 말한다. 유조선은 수송화물의 청결도에 따라 원유나 중유를 수송하는 더티 탱커(Dirty Tanker)와 가솔린, 경유 등을 수송하는 클린 탱커(Clean Tanker)로 구분하기도 한다. 또한 유조선은 운항해역에 따라 내항 유조선과 외항 유조선으로 분류하기도 한다. VLCC와 같은 외항 유조선은 원산지에서 소비지로 원유를 운반한다.

1.1.1 Ship's Particular

각 선박마다 [그림 1-1]의 Ship's Particular에서와 같이 그 선박에 대한 상세정보를 알기 쉽게 기술해 놓았다. 실습 항해사를 포함해 모든 항해사는 배에 처음 승선한 후 이 내용을 필히 숙지해 그 선박에 대한 상세사항들을 파악해두어야 한다.

1.1.2 Ballast System

Ballast 작업은 양하완료 후 출항에 필요한 흘수를 만들기 위하여 Ballast Tank 내에 해수를 채우는 작업을 말한다. 이와 반대로 적하를 하면서 수심의 제한에 의해 흘수를 조절하기 위해 Ballast Tank 내에 해수를 내보내는 작업을 Deballasting이라 한다.

화물과의 관계를 고려하면 양하 도중에 Tank Plan에 따라 화물유를 이곳저곳의 탱크에 적재하면서 흘수, 트림, 종강도 등을 조절하게 된다. 그러나 양하완료 후에는 통상 과대한 트림, 선체중앙부의 심한 Hogging 현상 등이 나타나게 된다. 이를 조정하거나 출항 시 Propeller-Immersion 유지 등을 위하여 전용 Ballast Tank에 해수를 채우는 것을 말한다.

1. Ballasting 방법

① 모든 펌프와 라인의 조작은 원유 하역 때와 같이 충분한 주의가 요구되며, 사고 방지를 위해 Panel상의 Line-up과 Local에서의 재확인도 필요하다.

〈표 1-1〉 Ship's Particular

SHIP'S PARTICULAR

1.	SHIP'S NAME	:	NATIONALITY	: PANAMA
	CALL SIGN	:	PORT OF REGISTRY	: PANAMA
	TLX NO.	: 335147210		
	TEL NO.(SAT-B)	: 335147210/ 335147211		
	FAX NO.	: 335147213		
	DATA.	: 335147214		
	IMO NO.	: 9256999		
	MMSI NO.	: 351472000		
	OFFICIAL NO.	: 30045-04		
	E-MAIL ADDRESS	:		
2.	SHIP'S CLASS	: DNV, KR		
	HULL	: DOUBLE HULL		
	SHIP'S TYPE	: CRUDE OIL TANKER		
3.	BUILDER	: SAMSUNG HEAVY INDUSTRIES CO.,LTD.		
	KEEL LAID	: 2003.12.29	LAUNCHED DATE	: 2004.03.20
	LAST DRY DOCK	: N/A	DELIVERY DATE	: 2004.06.08
4.	TYPE OF MAIN ENG.	: HSD B&W 6S90MCC		
	MCR	: 39,900 BHP X 76.0 RPMS	SPEED	: 17.0 KTS
	NCR	: 35,910 BHP X 73.4 RPMS	SPEED	: 16.3 KTS
5.	SHIP'S DIMENSIONS			
	L.O.A.	: 336.6 M 1104.33 FT	HEIGHT	: 66.16 M 217.06 FT
	L.B.P.	: 322.0 M 1056.43 FT	PROPELLER IMM.	: 11.0 M
	BREADTH MOULDED	: 59.6 M 195.54 FT	DEPTH MOULDED	: 29.6M 97.11 FT
	GRT	: 159,530 TONS		
	NRT	: 105,039 TONS		

FREEBOARD PARTICULAR		DRAFT(EXTREME)	DISPMENT	DEADWEIGHT	FREEBOARD
TROPICAL	T	21.433 m	350,078 MT	307,085 MT(302,236 LT)	8.215 m
SUMMER	S	20.996 m	342,166 MT	299,173 MT(294,449 LT)	8.652 m
WINTER	W	20.559 m	334,267 MT	291,274 MT(286,675 LT)	9.089 m
LIGHT SHIP		3.068 m	42,993 MT	(SBT Ballast Q'ty 100 % : 104,175.5 Cub.M)	

TPC @ SUMMER DRAFT : 180.9 MT (178.04 LT), TPI @ SUMMER DRAFT : 459.49 MT (452.23 LT)

6.	MANIFOLD TO BOW	: 162.25 M		
	BRIDGE TO FORE	: 275.95 M		
	MANIFOLD TO AFT	: 174.35 M		
	BRIDGE TO AFT	: 60.65 M		
	MANIFOLD TO MANIFOLD	: 3.0 M		
	MANIFOLD TO SHIP'S SIDE	: 4.6 M		
	HEIGHT OF MANIFOLD OVER DECK	: 2.1 M		
	MANIFOLD HEIGHT FROM TOP OF OIL SPILL CONTAINNER	: 0.9 m		
	MFLD TO WATER LEVEL AT LOADED CONDITION	: 10.7M(35.10FT)		
	MFLD TO WTR LEVEL AT NORMAL BALLAST	: 22.2M(72.83FT)		
7.	CARGO PUMP	: 5000 CU.M X 3	STRIPPER PUMP	: 400CU.M X 1
	BALLAST PUMP	: 3000 CU.M X 2	CARGO EDUCTOR	: 800CU.M X 2
	GUNCLEAN MACHINE	: 8kg/cm2	BALLAST EDUCTOR	: 400CU.M X 2

② Ballast Line-Up을 완료하고 Sea Chest V/V Close 상태(아주 약하게 열어둔다)에서 WBP(Water Ballast Pump)를 낮은 RPM으로 작동하여 Delivery Pressure가 생기기 시작하면 V/V를 서서히 Open하고 P/P의 RPM을 높이도록 한다.

이때 해수는 해면의 Head(양정)으로 인한 Gravity 및 Pump Suction에 의해 선내로 들어오게 된다. 모든 펌프 조작에서 Priming은 펌프에 발생하게 되는 공동현상(Cavitation)을 예방한다.

③ Heeling(List) Gauge를 이용하여 배가 좌/우로 기운 것을 확인하며 기울어진 반대편 탱크에 해수를 채운다. 현재 하역 중인 탱크 주변의 상황을 감안하여 부근의 탱크부터 작업을 실시한다. 항상 주의하여 선체에 Twist 현상이나 심한 Hogging / Sagging을 방지한다.

2. Ballasting 작업 시 주의사항

① Ballasting은 양하 중에 실시하게 되므로 Stripping 및 Cow 작업에 필요한 Trim과 선체 응력을 고려하여 적재하도록 계획해야 한다.

② Gravity에 의한 적재 및 배출방법을 충분히 활용한다. 이는 P/P를 사용하지 않고도 Head만으로도 유체를 이송할 수 있다는 유체역학의 기본을 숙지하여야 한다.

③ APT(After Peak Tank) 등 기관실에서 적재하는 Ballast Tank는 긴밀히 연락을 취하여 Over Flow 또는 배출 시 P/P가 장시간 공회전하지 않도록 하고 Bilge P/P로 Ballast를 적재 및 배출하지 못하게 하며, 이를 취급하는 라인이 기름에 오염되어 있으면 오염사고를 발생시킬 우려가 있음을 유의한다.

④ 예정된 탱크에 제대로 이송되는지 주기적으로 Gauge를 확인하며 타 탱크에 유입되지 않는지 확인하고 Ullage Report를 정확하게 기입한다. 또한 Over Flow를 막기 위해서 Gauge에 미리 알람을 설정하는 것도 필요하다.

1.1.3 Cargo Pump

하역을 함에 있어 하역에 이용되는 펌프를 잘 이해하고 활용하는 것은 매우 중요한 사항이며, 항상 주의해야 할 사항이라 판단하여 본선에서 하역에 사용하고 있는 각종 펌프에 대해서 알아보고자 한다.

1. 펌프의 원리

① 펌프란 낮은 곳의 액체를 끌어 올려서 압력을 가하여 높은 곳 또는 압력이 있는

용기에 보내는 장치이다. 이론상 펌프가 흡입할 수 있는 물의 높이는 10.33M(토리첼리의 진공)이지만 실제로는 관내의 저항, 기압 및 순수한 물이 아니기 때문에 6~7M 정도를 흡입할 수 있다.

② 펌프가 물을 끌어올리거나 내보낼 때의 높이를 수두 또는 양정(Head)으로 표시하며, 단위는 M으로 표시하며 [그림 1-1]과 같다.

㉠ 펌프의 중심에서 아래 수면까지의 수직거리를 흡입수두(Suction Head, HS)라 한다.

㉡ 펌프의 중심에서 윗 수면까지의 수직거리를 토출수두(Delivery Head, HD)라 한다.

㉢ 흡입수누(양정)와 토출수두를 전수두(Total Head, H)라 한다.

③ Torricelli의 Vacuum

㉠ 수은을 가득 채운 시험관을 수은이 담긴 그릇에 거꾸로 세운다.

㉡ 시험관 내의 수은주는 수은면으로부터 76cm 높이에서 정지되고 시험관 상부는 진공으로 된다. 이것을 Torricellian Vacuum이라 한다.

㉢ 이것은 관내의 수은주가 대기압과 균형을 유지한 결과이다.

㉣ 이런 원리를 이용하여 낮은 곳의 물을 끌어 올려 압력을 가하여 높은 곳이나 압력이 있는 용기에 보내는 장치를 펌프라 한다.

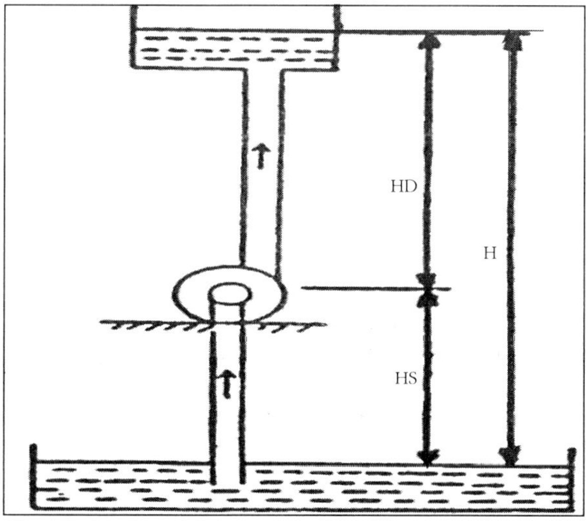

[그림 1-1] 펌프의 양정

수은 대신 물의 경우는 76cm×13.6(수은의 비중)≒1033cm의 높이가 된다. 즉, 약 10m의 깊이에서 물을 끌어 올릴 수 있다는 것이다. 그러나 실제로는 관로손실, 공기누입, 수온상승 등으로 인해 5~7m 정도 깊이에 있는 물만 끌어 올릴 수 있다.

2. 펌프의 종류

1) 왕복 펌프(Reciprocating Pump)

Bilge 펌프 등에 사용한다.

2) 원심 펌프(Centrifugal Pump)

Ballast 펌프나 청수 펌프 등 해수나 청수 관련 펌프들은 대부분 이에 속한다.

3) 선전 펌프(Rotary Pump)

FO, LO 펌프 등에 사용한다.

4) 프로펠러 펌프(Propeller Pump)

원심 펌프의 Impeller를 프로펠러로 대체한 것으로 원심펌프 원리와는 전혀 다르다. 프로펠러의 Blade가 액체에 주는 양력(Lift)에 의해서 액체가 이송된다. 액체의 흐름이 펌프의 축방향과 동일하여 축류 펌프라고도 하며, 대용량 저양정에 사용하고 터빈선의 Main Cooling Pump, Bow Thruster 등이 있다.

5) 특수 펌프

증기나 물 등을 분사하여 펌프 역할을 하는 분사 펌프(Jet Pump), 압축공기의 기포를 수주에 혼합하여 펌프 역할을 하는 기포 펌프(Air Lift Pump), 마찰응력을 이용한 마찰 펌프 등이 있다.

3. Cargo Pump

1) Cargo Pump의 원리

원심 펌프(Centrifugal Pump)는 Bucket에 물을 넣어 회전시킬 때 물이 떨어지지 않는 원리를 이용한 것이다. 이때 Bucket 밑면에 구멍을 뚫어 두면 물이 나오게 될 것이며, 이 물은 회전속도에 비례하여 많이 나오게 되고 멀리까지 가게 된다.

Bucket 상부에 물이 계속 공급되면 밑면에서는 물이 계속 배출될 것이며, 이 원리가 원심력 펌프의 기초이다. 유체를 흡입하여 배출하는 데는 임펠러가 사용되고 이는 원심력 펌프의 가장 중요한 회전부이다.

원심력 펌프의 케이싱은 속력 에너지를 압력 에너지로 변환시키도록 설계되어 있으며, 이 압력 에너지를 가진 유체는 파이프 라인을 통하여 이동하게 된다.

[그림 1-2] 원심 펌프

2) Centrifugal Pump의 특성

임펠러(Impeller)의 회전운동에 의하여 펌프 내부에 진공을 형성하여 유체를 흡입하고, 이를 토출하는 펌프로써 토출량과 토출압력이 맥동하는 일이 없고, 언제나 일정량을 얻을 수 있으므로 사용범위가 매우 넓고, 현재 사용 중인 펌프의 80~90% 이상이 원심펌프이다.

3) Centrifugal Pump의 주요 구성

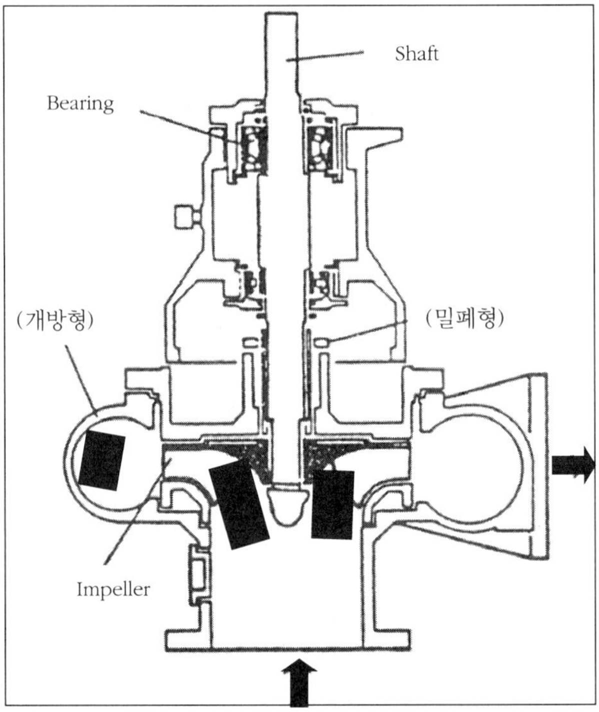

[그림 1-3] 원심 펌프의 종류

(1) Impeller

케이싱(Casing) 내로 유체를 흡입하고 이 유체에 속도 에너지를 제공하는 장치이다.

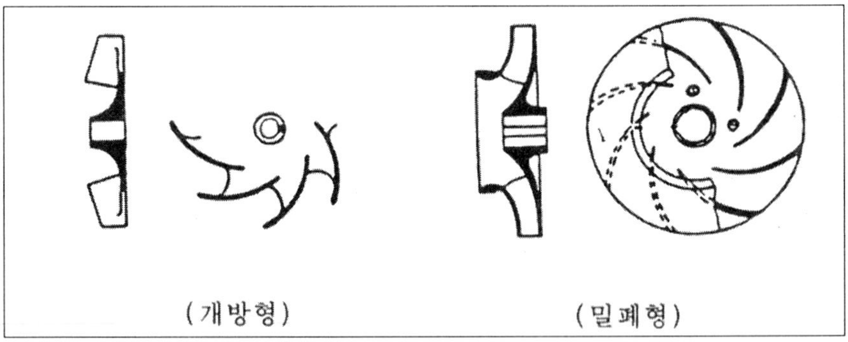

[그림 1-4] 임펠러의 종류

(2) 베어링(Bearing)

임펠러축을 고정시키고 축방향 또는 반경방향의 하중을 지지하기 위해서 베어링이 설치된다. 베어링 종류에는 롤링 베어링(Rolling Bearing)과 슬라이딩 베어링(Sliding Bearing)이 있다.

(3) 케이싱(Casing)

임펠러 주위를 감싸고 있으며, 임펠러의 회전에 의해서 발생된 속도 에너지가 안내날개, 와형실 또는 와류실 등에서 압력 에너지로 변환되는 장소이다.

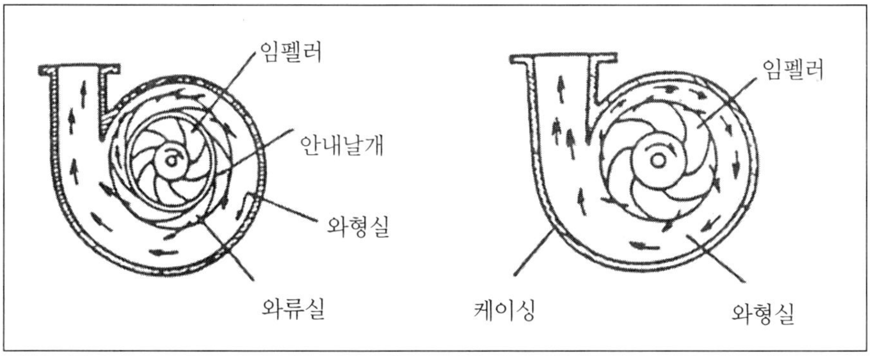

[그림 1-5] 와류실이 있는 펌프

(4) 축봉장치

케이싱과 펌프 축 사이의 유체 누설이나 공기의 혼입을 방지하는 장치이고, 스터핑 박스형(Styffing Box Type), 슬립 링형(Slip Ring Type) 및 래비린스형(Labylinth Type)이 있다.

4) Cargo Pump의 관련 장치

(1) Eductor

일명 Ejector라고 하며 증기 또는 물을 고속으로 분사하여 그 주위에 국부적 진공을 만들어 액체를 흡입할 수 있도록 된 장치이다. Eductor는 운동부분이 없고 형태가 작아 설치가 간단하고 뻘물이나 오수에도 지장이 없는 장점이 있으나 양수효율이 낮은 결점이 있다.

작동원리는 액체가 고속으로 Nozzle의 내부로부터 분출하면 주위의 공기가 흡입되어 저압부가 형성되면서 액체를 흡입한다. 이 액체가 Nozzle 전방에 좁은 관을 통과할 때 고속 저압을 만들어 흡입작용을 더욱 크게 한다.

(2) Stripping Pump

Stripping Pump의 작동원리는 Piston이 작동하면서 직접 액체에 압력을 주어서 펌프 내부에 용적을 변화시켜 액체를 이송하도록 되어 있다. 이 때에 Group Valve Box 내의 Delivery Valve와 Suction Valve는 반복하여 개폐되어 액체를 일정 방향으로 이송시킨다.

주요 구조는 Slide Valve Box부, Steam Cylinder부, Liquid Cylinder부, Group Valve Box부, Air Vessel부, Safety Valve부로 구성되어 있다.

1.2 탱커선의 특징

1.2.1 Inert Gas System

1. IGS의 개요

① IGS란 Inert Gas System의 약어로서 Cargo Tank 내에 불활성 가스를 공급하여 탱크 폭발 화재를 방지하기 위한 장치를 말한다. 불활성 가스는 보일러의 배기 가스를 사용하는데, 이 배기 가스는 극히 고온이며 유황성분, 그을음 등의 불순물을 포함하고 있으므로 이를 탈황, 탈진, 냉각시켜 양질의 불활성 가스로 만든 다음 Blower를 이용해 Cargo Tank 내에 주입시킨다.

② Inert Gas로는 Flue Gas를 이용하는 것 이외에도 IGG(Inert Gas Generator)를 사용하여 산소농도가 아주 낮은 불활성 가스를 만드는 방법, 순수한 N_2 또는 CO_2를 사용하는 방법 등이 있다.

2. IGS의 원리 및 위험성

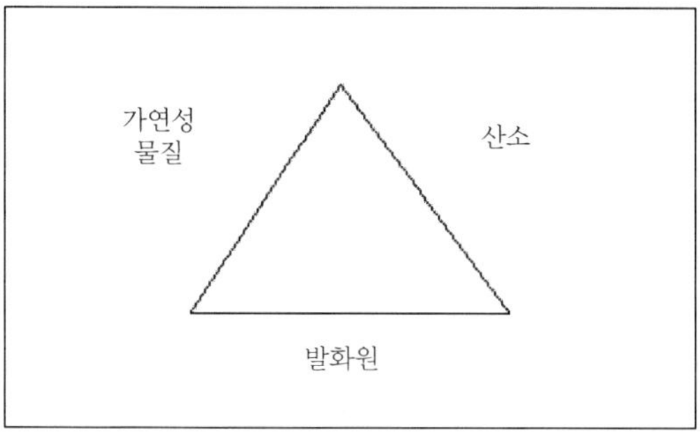

[그림 1-6] 화재 및 폭발의 3요소

화재 및 폭발의 3요소 중 한 가지라도 부족하게 되면 화재 및 폭발의 위험이 제거된다. 탱커선의 경우 원유를 운송하는 선박으로 세 가지 요소 중 가연성 가스 및 연료는 항상 운송하므로 제거 불가, 발화원은 나화 또는 정전기에 의해 발생할 수 있으므로 제거가 불가하다.

그러나 산소는 탱크가 밀폐구역으로 대기와 격리되어 있기 때문에 Inert Gas를 공급하여 탱크 내 산소농도를 8% 이하로 낮추어 화재 및 폭발을 방지할 수 있다. 따라서 화물탱크는 대기로부터 완전히 격리되어 있어야 하고, 항상 탱크 내 압력은 대기압보다 높은 상태를 유지하여 산소흡입을 막아야 한다.

Inert Gas는 다음과 같은 위험성이 있어 주의를 해야 한다.

① 산소결핍 : Inert Gas는 산소농도 5% 이하로 Inert Gas에 노출되면 수분 안에 무의식 상태 또는 생명에 치명적인 손상을 준다.

② 소량이지만 독성 가스인 SO_2, CO 등이 포함되어 있으므로 Inert Gas가 주입된 구역에 들어갈 경우 확실한 Gas Free 및 Toxicity Gas를 제거해야 한다.

③ 연소가스(Basic Flue Gas)

㉠ Carbon Dioxide(CO_2) : Approx. 13% by Volume

㉡ Sulphur Dioxide(SO_2) : Approx. 3,000ppm

㉢ Oxygen(O_2) : 5% by Volume

㉣ Nitrogen(N_2) : Balance

④ Inert Gas

㉠ Carbon Dioxide(CO_2) : Approx. 13% by Volume

㉡ Sulphur Dioxide(SO_2) : Less than 100ppm

㉢ Oxygen(O_2) : 5% by Volume

㉣ Nitrogen(N_2) : Balance

3. IGS의 구성

1) Scrubber

① Flue Gas를 탈황, 탈진, 냉각시키는 작용을 한다. 즉, Boiler Up-take 밸브를 통하여 들어온 Flue Gas는 Scrubber 하부에 고여 있는 물을 통과하는 동안 탈황, 탈진, 냉각이 되고 상부로 올라가면서 Water Spray에 의해 계속 탈황, 탈진, 냉각이 된 후 최상부의 Demister Pad(제습기)를 거쳐 나오는 동안 제습이 되어 양질의 Inert Gas가 된다.

② IGS P / P 작동 중에는 Scrubber Cooling Pump에 의하여 계속 일정량의 냉각수가 공급되어야 하며 Flow Rate가 규정치(1Bar) 이하로 하강하면 시스템이 Trip 된다.

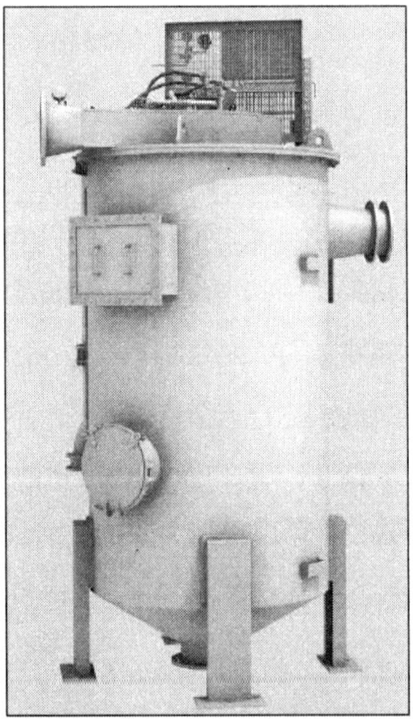

[그림 1-7] Scrubber 외관

③ IGS 작동 시 Scrubber 하부에는 항상 일정량의 해수가 고여 있어야 한다. 이 물은 IGS 작동 중에는 탈황, 탈진, 냉각작용을 하며, 작동하지 않을 때에는 가스의 역류방지를 위한 Water Seal의 역할을 한다. 이 물은 두 개의 Floater에 의해 Low Level과 High Level이 Control되며 High Level 시에는 시스템이 Trip된다.

2) Deck Isolating Valve

Cargo Tank와 Deck Water Seal Unit 사이에 설치된 HYD., Non Return, 수동 밸브로서 항해 중 탱크 내의 가스가 역류되는 것을 방지한다. Non Return V/V는 다른 말로 One Way V/V 또는 Check V/V라고도 한다. IGS와 Cargo Tank를 연결하는 Main Line의 중요한 밸브로 수동 밸브이다. IGS 작동여부에 맞춰서 정확하게 개방 및 폐쇄를 해줘야 한다.

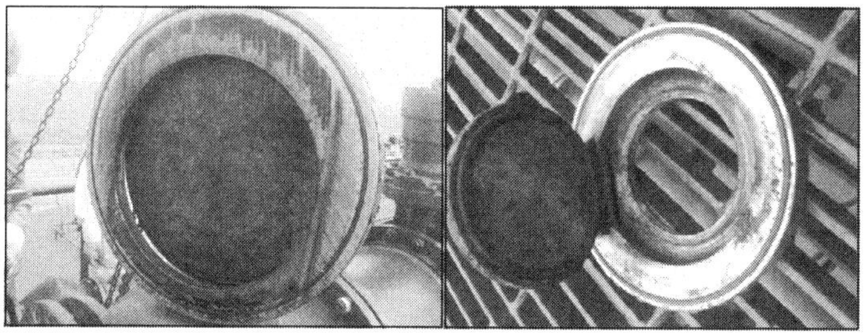

[그림 1-8] Deck Isolating Valve

3) Blower(IG Fan)

① 일종의 송풍기로서 Inert Gas를 Cargo Tank로 보내기 위한 장치이다. SOLAS 81 Reg.62에 의하면 원유선의 경우 적어도 두 대 이상의 Blower를 설치하여야 하며, 두 대의 총 용량은 본선 Cargo Pump 총 용량의 125% 이상이 되어야 한다.

② 각 Blower의 배출 Head는 Deck Water Seal의 물을 밀어 올릴 수 있을 정도이어야 한다.

[그림 1-9] Blower(IG Fan)

4) O_2(Oxygen) Analyzer

① SOLAS 81 Reg.62에 의하면 Cargo Tank에 공급되는 Inert Gas의 산소농도는 5% 이하가 되어야 하며, Cargo Tank 내에서의 산소농도는 8%를 초과해서는 안된다.

② O_2 Analyzer는 Blower에서 배출되는 Gas를 Sampling하여 연속적으로 산소농도를 측정하고, COC의 지시기에 지시하도록 할 뿐만 아니라 산소농도 5%와 8%에서 알람이 울리도록 해주는 장치이다.

[그림 1-10] O_2 Analyzer

5) Boiler Up-Take Valve

Boiler로부터 Flue Gas를 채취하는 밸브로서 항상 고온이며 그을음과 유황성분이 많은 Flue Gas와 접하고 있으므로 장시간 사용하지 않을 경우 고착되는 수가 있다. 따라서 주기적인 작동 Test 및 Local에서 Air Blowing으로 밸브를 정비해야 한다.

6) Deck Seal Unit

IGS 정지 시 Cargo Tank 내의 탄화수소 가스가 역류하여 IG Room과 Boiler에 침투하는 것을 방지하기 위하여 Deck상에 설치한 장치이다. Sealing 방법은 Seal Unit 내에 항상 일정 수위를 유지함으로써 가스가 침투하지 못하도록 한다. 따라서 이 유니트에는 해수가 상시 Supply되어야 한다.

[그림 1-11] Deck Seal

7) IG Branch Valve

양질의 Inert Gas가 만들어져서 IG Main Line을 통해서 흘러 들어와 각 Cargo Tank에 독립적으로 Inert Gas를 주입 또는 차단을 해주는 밸브이다.

[그림 1-12] IG Branch Valve

8) P / V Breaker(Pressure / Vacuum)

IG Main Line에 설치되어 있는 안전장치로서 탱크 독립 Vent에 설정된 정(+)압 1800mmAq / 부(−)압 700mmAq에서 Open되지 않을 경우 이 Breaker가 터져서 탱크를 보호한다. 이 P / V Breaker 내에 물 70%와 부동액 30%로 채워져 있다.

[그림 1-13] P / V Breaker

9) High Velocity

각 탱크별 IG Line에 설치되어 있는 안전장치로서 P / V Breaker와 마찬가지로 탱크를 보호하는 안전장치이다. 탱크 내에 압력이 정(+)압 1400mmAq 이상이 되면 탱크 내의 가스를 방출하고 부(−)압 350mmAq 이하가 되면 대기를 흡입한다.

[그림 1-14] High Velocity

10) Main Vent Post Valve

탱크의 압력을 낮추기 위하여 대기 중으로 방출할 때 Deck상에 가스가 모이지 않도록 하기 위해 Deck상에 높게 설치한 Vent Post Valve이다.

[그림 1-15] Main Vent Post Valve

4. IGS의 작동방법

① IGS 작동 전에 Control Air, Blower Suction 수동 V/V, IG Deck Main 수동 V/V, Deck Sea; Pump의 작동상태 및 V/V Open을 확인한다.

② IG Room에서의 O_2 Analyzer를 작동시킨다.

③ Sea Water System이 작동한다.

④ Blower 1 또는 2를 선택한다.

⑤ Flue Start Button을 누르면 IGS가 작동한다.

⑥ 산소농도가 5% 이하가 되면 Select Consumer Button을 눌러 탱크로 Inert Gas를 보낸다.

5. IGS Stop

① 정지 시에는 Stop 버튼을 눌러 정지시킨다.

② Scrubber Pump는 IGS Stop 후 약 30분 정도 계속 작동한다(Scrubber 내 Cleaning 목적).

③ Scrubber Cleaning이 끝나면 펌프를 Stop한다.

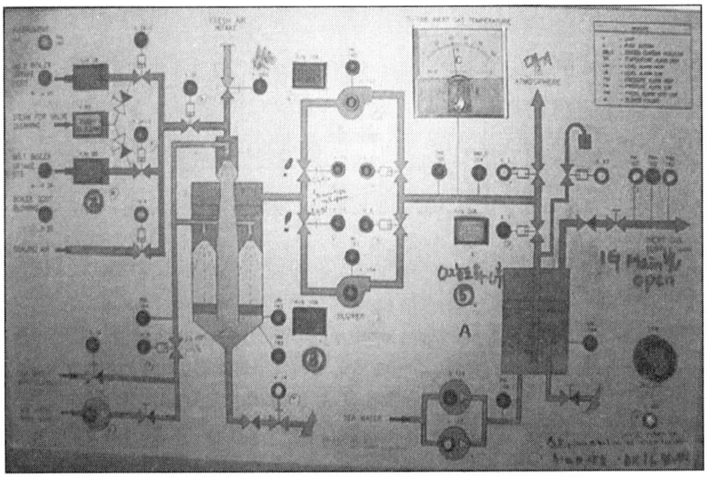

[그림 1-16] Inert Gas System Control Panel

1.2.2 Oil Discharge Monitoring System

1. 개 요

Marpol, Recommendation on International Performance and Test Specifications for Oily Water Separating Equipment and Oil Content Meters 1978의 Documents가 발효된 이후 150G/T 이상의 Oil Tanker에는 ODME가 설치되어야 한다.

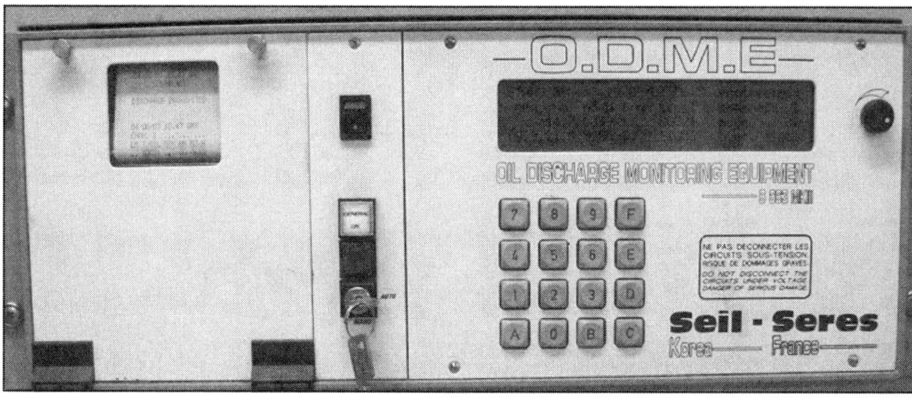

[그림 1-17] Oil Discharge Monitoring Equipment

1) ODME(Oil Discharge Monitoring Equipment) 요구조건

① 탱커가 특별해역에 위치하지 아니할 것

② 탱커가 가까운 육지로부터 50해리 이상 멀리 떨어질 것

③ 탱커가 항해 중일 것

④ 오일 배출의 Instantneous Rate가 30L / NM을 넘지 않을 경우(= RPM × F / R / SPD × 1000)

⑤ 해상에 배출된 오일의 Total Quantity가 다음의 규정을 초과하지 않을 경우

㉠ Existing Tankers : 일부가 Residue 형태인 특정한 Cargo의 Total Quantity를 15,000으로 나눈 값

㉡ New Tankers : 상기와 같은 조건을 30,000으로 나눈 값

⑥ 탱커의 ODME가 작동 중이고 Slop Tank가 있을 경우

2) Deballasting 경우일 때 조건

① 탱커가 Cargo Tank에 Ballasting하는 경우가 있는데 근해 혹은 항구 근처에서 Deballasting을 위해 Cargo Tank로부터 Sea Water를 배출할 경우에는 시스템의 Monitoring Mode를 Clean Ballast로 전환해야 되며, 이때는 단지 15PPM 초과에 대한 규정만 적용된다(15PPM 이하에서만 배출가능).

② Heavy Ballast

Ballast 부족으로 Cargo Tank에 Ballasting을 하여 선박의 안전을 확보하는 것이다.

Cargo의 성분이 해양으로 유출되는 것을 방지하기 위해서 ODME를 작동한다.

3) REG. 15(3)(a) of Annex i of Marpol 73 / 78에 따른 적용사항

① 배출되는 오일의 연속량(L / NM)과 배출된 오일의 Total Q'TY(LTR) 혹은 Oil Content(PPM)와 Rate of Discharge가 시스템에 연속적으로 기록되어져야 한다.
② 시간과 날짜가 함께 기록될 것(최소 3년 이상 보관)
③ 해상으로 유출되는 오일의 배출이 발생할 경우 시스템이 작동할 것
④ 시스템이 고장 시 배출은 정지되어야 하고 이 경우 수동동작에 의한 배출의 방법이 적용되어질 수 있다.

2. 작동절차

① 시스템의 작동준비가 완료된 상태에서 Slop Tank에 모아둔 Oil Mixtures는 Operator에 의해 Slop Pump 등의 Running으로 인해 Slop Tank에서 나와 Sample Probe와 Flowmeter를 거쳐 다시 Slop Tank로 들어간다. 즉, Slop Tank V / V가 Open되어 있으므로 Circulating된다.
Monitoring을 개시하면 Sample Pump가 자동으로 Running하고 Sample Water가 Sample Probe를 통해 유입되고, Oil Content Meter를 거쳐(여기서 PPM 측정) Slop Tank로 보내진다.
Oil Content Meter에 측정된 PPM과 Calculator로 보내진 Ship's Speed 및 Flow Rate 등의 데이터가 컴퓨터에 의해 계산되어 규정치를 넘지 않게 되면 Calculator가 닫힌 상태의 Overboard Dischrge V / V를 Open시키고, Open 상태의 Slop Tank V / V를 Close를 시행 Slop Pump에 의해 Circulating되던 Slop Tank 내의 Oil Maixtures는 해상으로 배출된다.
배출 중 시스템에 의한 어떤 알람이라도 발생하면 Overboard Discharge V / V는 자동으로 Close되고, Slop Tank V / V는 자동으로 Open되어 해양으로의 배출이 금지된다. 시스템 재작동을 위해서는 알람의 상태에 따라 적절히 조치 후 처음과 같은 순서로 작동한다.

② 알람의 종류

㉠ 30L / NM Exceeded

㉡ Total Oil Limit Exceeded

㉢ 15PPM Exceeded(Clean Ballast Mode의 경우)

㉣ Funtion Safety를 위한 Ppm Range

㉤ Discharge Flow Rate Range

㉥ Ship's Speed Range Exceeded

㉦ 각종 System Malfunction Alarms

3. 측정원리

① Seres / France ODME의 PPM 측정원리는 원통형의 유리관을 통과하는 Sample Water에 빛을 통과시켜 오일 입자에 의해 굴절되는 (30도 각도) 빛의 양을 반도체 센서인 Cell이 받아 전기적 신호로 변환, 오일의 PPM을 측정한다.

② Solids(Sample Water에 포함됨)에 의한 빛의 굴절은 90도 각도로 이루어지며 Cell이 빛을 받아 전기적 신호로 변환되며 컴퓨터에 의해 PPM 지시기에 제외된다.

1.2.3 탱커선의 구조적 특성

원유운반선은 대부분 원거리를 운반하는 DWT(Dead Weight Tonnage - 재화중량 톤수)가 수만에서 수십만톤까지 중대형이 많다. VLCC(Very Large Cargo Carrier), ULCC(Ultimate Large Cargo Carrier)와 같은 대형 선박을 기준으로 그 특성을 알아보면 선체는 Single Hull이었으나, 최근들어 좌초나 기타 사고로 오일 누출 등의 사고에 대비하여 Double Hull의 선박이 건조되고 있다.

미국은 이미 입법화하여 2~3년 후에 적용할 예정이며, IMO(International Maritime Organization)에서도 명문화를 준비 중에 있어 탱커는 의무적으로 선체를 이중화하게 되어 있다. 따라서 거대한 유조선을 기존의 Single Type에서 Double화함에 따라 안전성과 경제성을 고려한 선체의 개발과 연구에 관심을 가져야 할 것이다.

우리나라도 SEA PRINCE호 사건 및 태안 기름유출 사고로 인해 Double Hull의 강제화가 더욱 빨리 될 것으로 예상되고 있다.

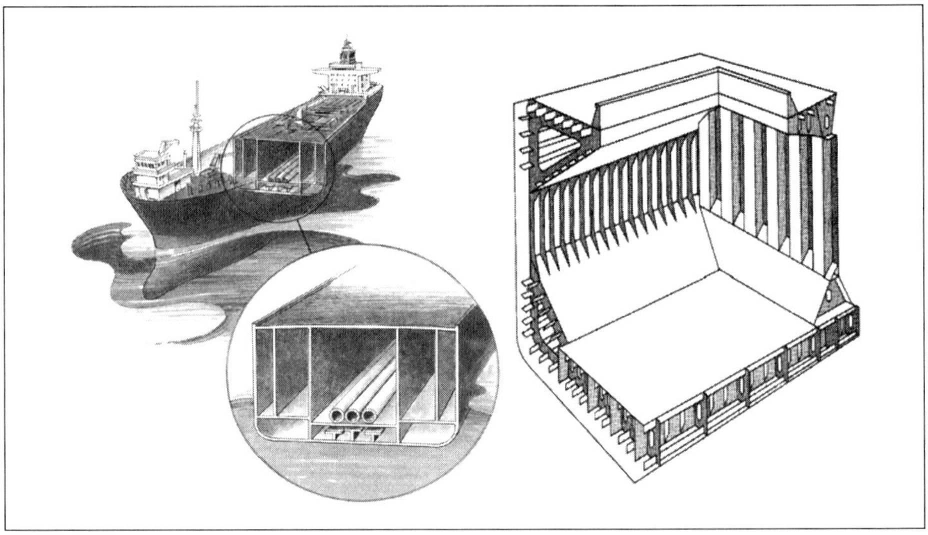

[그림 1-18] 유조선의 Double Bottom

일반구조와 다른 구조를 보면 선미의 Deck가 Sunken Deck와 Upper Deck로 되어 있으며, 화물창의 오일의 선적, 하역과 Ballasting을 위한 펌프실이 있으며, 잔여 오일을 처리할 수 있는 Slop Tank가 있고 Centercargo Tank, Wing Cargo / Water Ballast Tank 또는 Double Skin의 경우는 Center Girder를 중심으로 좌현과 우현에 화물창을 배치한다.

1.3 항해사의 화물 관련 업무

1.3.1 적하작업

1. 선적준비

1) Voyage Instruction 및 Loading Instruction의 파악

Owner, Charterer 또는 Shipper의 Voyage Instruction, Shipping Order에서 다음과 같은 내용을 파악한다.

① Loading / Discharging Port의 Draft
② Cargo Grade 및 Quantity, 온도, API, 선적조건
③ Load-On-Top 관계
④ Segregation / Blend 관계
⑤ Heating 관계
⑥ COW에 관한 사항
⑦ Pumping에 관한 사항(Back Pressure, Rate 등)
⑧ Dead Freight에 관한 사항

2) Loading / Dischrging Port의 항만사성 및 항해에 관한 연구

① Loading / Discharging Port가 Two Port 이상일 때, Air Draft, Bottom Clearance, 해수비중, 강을 거슬러 올라갈 경우 Bridge의 높이 등
② Seasonal Zone
③ 수심이 얕은 곳을 통과할 예정일 경우 UKC(Under Keel Clearance) 및 Shallow Water Effect
④ 해양 기상상태

3) Loading Plan(Stowage Plan) 작성

Loading Plan을 작성한다.

2. Loading Port 입항

1) 입항 전 통지사항

① Arrival 및 Sailing Draft
② Exact Cargo and Bunker Require Quantity
③ Each Cargo Loading Rate and Plan
④ Berthing 및 Hoses Connection에 관한 정보
⑤ Deballasting 관계
⑥ Last Cargo
⑦ Part Cargo

⑧ Residue On Board(ROB)

⑨ Loading Sequence

⑩ Oil Pollution Insurance Certificate

⑪ ETA

2) 입항 전 준비작업

① Berthing에 관계되는 사항

㉠ Manifold에 Reducer 준비

[그림 1-19] Reducer

㉡ SBM(Single Buoy Mooring) 또는 부두 계류에 따른 Mooring Equipment 준비

㉢ Helicopter Hoisting Area 준비

[그림 1-20] Single Buoy Mooring

② COP의 Warming 및 IGS 작동준비

③ Cargo Oil Tank의 Inspection

④ 하역장비의 점검

⑤ Manifold에 호스 연결용 장비 및 소화호스, 소화기, Drip Pan, 톱밥 등 준비

⑥ 사용하지 않는 밸브 폐쇄 또는 맹판 설치

⑦ Safety Check List에 의해 선내 전반에 안전점검

㉠ 갑판상 배수구는 모두 막고 Cementing한다.

㉡ 거주구역의 출입문, 현창을 완전히 닫는다.

㉢ Air Condition은 내부순환으로 하고 외부 공기출입구는 Canvas로 막는다.

㉣ Naked Lights가 없는지 확인한다.

㉤ Foam-gun(Monitor)은 즉시 사용할 수 있게 준비한다.

㉥ 기타 Ship / Shore Safety Check List에 따라 점검한다.

⑧ N / R, Dry Certificate, Slop Certificate 등을 준비하고 Time Sheet도 기재하기 편리하게 준비하여 둔다.

3) Loading 전 준비 및 조치사항

[그림 1-21] Hose Connection

① Loading Master와 협의할 사항

㉠ Cargo Grade, Quantity, API, TEMP, H_2S의 함유정도 등

㉡ Hoses Connection에 관한 사항

㉢ Loading Rate : Max. Rate, Min. Rate

㉣ Emergency Shut Down(ESD)에 걸리는 시간 및 정지요령

㉤ 송유방법

㉥ Pumping 또는 Gravity 여부

㉦ Ballast 배출시간

㉧ 적하순서

㉨ 육상 하역시설에 대한 개요

㉩ 비상시 연락 및 조치방법

㉪ Rate Down에 관한 사항

② Line-up 및 확인

③ Slop량의 Inspection : 이와 함께 Cargo Tank도 Inspection하여 Dry-Certificate를 발급받아 둔다.

3. 적하 개시

① 적하작업 준비가 완료되면 Loading Master의 동의를 얻은 후에 Gate Valve를 연다.

② Loading이 시작되면 선내 방송으로 승조원 총원에게 주지시킨다.

③ 육상측에 First Loading Cargo를 재확인한다.

④ Slow Rate로 적하를 시작한다.

㉠ 초기 약 15분간은 Slow Down(Full Rate의 15%)하여 적재한다.

㉡ 호스 연결부분, Deck Pipe에 누설이 없고 탱크 내에 하물이 잘 들어오는 것이 확인되면 서서히 Full Rate로 올린다.

⑤ 정상 적하작업 시작 직후, 1항사의 선내 전반적인 순찰을 한다.

㉠ 호스 연결상태, Mooring 상태 확인

㉡ Line Up 및 IG Valve를 비롯한 각종 밸브 상태

㉢ 당직상태 및 기타 안전상태

⑥ 정상 하역작업이 시작되면 정상 하역당직으로 들어간다.

4. 적하작업 중 고려할 사항

① Ullage의 정기적인 측정을 한다.

㉠ 매 시간 측정하고, Loading Rate 및 적하작업 완료시간(ETC) 등의 계산

㉡ 적하 중인 탱크 이외의 탱크도 측정

㉢ Manifold 압력변화에 주의

② Mooring Line의 주의 : Loading 및 Tide에 의해 급격한 흘수변화가 있으므로 계류색 및 Fire Wire를 적절히 조절한다.

③ Surge Pressure에 의한 Cargo Line 손상을 방지하기 위해 급격한 밸브 조작은 피한다.

④ 가능한 Even Keel / Up Right 상태를 유지한다.

⑤ 거주구 및 기관실에 석유 가스가 들어오지 않도록 출입문을 철저히 닫고, 내기 순환으로 바꾼다.

⑥ SAAB Radar 및 Air Purge Type Level Gauge에 대한 인식 : SAAB Radar는 현재 1～2cm 정도 오차가 있으므로 과신하지 말고, Ullage 실측을 통해 Error 및 오차의 정도를 확인한다.

⑦ 최종 Ullage 수정 : 실측 시 Cargo의 온도를 측정하여 최종 Topping Off Ullage를 결정한다.

5. 적하작업 요령

① 초기 공선상태에서는 Hogging 상태이므로 가능한 Midship부터 적재한다.

② Full Rate로 소수 탱크만 적재할 경우 Pipe Line 내에 과압에 의한 손상이 생기지 않도록 주의한다.

③ 매 시간 Ullage를 측정하여 적재된 화물량을 계산하고 육상과 비교한다.

④ Ullage 및 온도측정 시 인체에 해로운 가스를 흡입하지 않도록 바람이 부는 방향에서 측정한다.

⑤ Free Surface Effect를 고려한다.

6. Topping Off 방법

① 적하작업 완료 1시간 전쯤 육상의 Final API 및 본선 온도를 측정하여 최종 Topping off Ullage를 수정한다.

② Topping off 시행방법이 있다.

㉠ 전 탱크를 예정 Ullage 1~2m 전까지 동시에 Loading한 후 일단 Topping Rate를 낮추어서 1~2 탱크씩 차례대로 실시하는 방법

㉡ 전 탱크를 Half Loading한 다음 Center Tank Valve를 적당히 조절하여 Rate, Trim을 조절하면서 Wing Tank부터 먼저 Low Rate로 Topping Off하고, Rate를 낮추어서 Center Tank를 Topping Off하는 방법

③ 마지막으로 남은 탱크가 2~3개 정도 되면 육상에 연락하여 Loading Rate를 낮추고 Topping를 계속한다.

④ Last Tank는 통상 Midship 부근의 Center Tank로 하여 Trim 및 Heeling의 변화가 생기지 않도록 한다.

⑤ 육상에 하역종료 예상시간을 수시로 Notice하여 필요시, 즉시 Loading을 중지할 수 있도록 한다.

⑥ 밸브는 Topping Off 전에 미리 Test하여 이상유무를 파악해놓는다.

⑦ 본선측 밸브는 육상측 밸브가 Shut가 된 후에 Shut하여야 한다.

[그림 1-22] COC의 Tank Ullage Gauge

7. 적하종료 직전 및 종료 후 작업

① Loading시 Topping Off 단계에서는 특히 주의하여 작업에 임한다.
② 작업종료 직전에는 모든 작업원이 S / B 상태에 임한다.
③ 작업종료 후 Line 내 Drain은 철저하게 처리한다.
④ 육상의 Surveyor와 함께 Ullage, Temperature, Water 등을 측정하고 Sampling한다.
⑤ 하역 관련 서류의 준비 및 작성을 한다.
⑥ 출항준비를 한다.

1.3.2 양하작업

1. Discharging Port 회항 중 준비사항

1) Berthing에 대한 정보수집

Berthing 방법 및 Port Regulation 등의 정보를 수집하여 사전에 준비한다.

2) Tank Inspection 및 Sounding

Cargo량을 미리 체크하여 이상 유무를 확인하고, Empty Tanks의 Sounding을 주기적으로 실시하여 Leaking 여부를 점검한다.

3) 입항 Draft의 조정

Draft 제한받는 항구나 입항 전에 Ballast를 조정할 필요가 있는 경우에는 입항 전에 사전 준비하여 입항한다(Vlcc의 경우 Laden Voyage에서는 수심의 제한을 받는 심흘수인 선박의 특성을 잘 파악해서 항해 시에는 물론 입항 시에 이점을 항상 고려하여 항해할 필요가 있다).

4) 각종 장비의 정비 및 점검

① COC의 Control Panel Console(Lamp & Alarm)
② Valve Remote Control System
③ Pipe Line 및 Valve

[그림 1-23] COC의 Pressure Gauge

④ IGS

⑤ Cargo Pump, Ballast Pump, Stripping Pump

⑥ Mooring 장비(Winch, Windlass 등)

⑦ Hose Handling Crane 등

5) Discharging Plan 작성

Discharging Plan을 작성한다.

2. 양하 개시 전 안전작업

1) Oil Pollution 방지를 위한 조치

① 갑판상 모든 Scupper, Tank Covers, Ullage Openings를 폐쇄한다.

② Sea Chest Valve, Overboard Valve를 Seal한다.

③ 사용하지 않은 모든 Manifold Flange Hole에 Bolt를 잠근다.

④ Deck상을 포함한 유출가능 장소에 유출유 처리 자재를 비치한다.

⑤ Mooring 상태 및 Loading Arm(호스) 연결상태를 확인한다.

2) 소화장비의 준비

① Fire Hose는 소화전에 연결하여 Cargo Hose를 연결하는 Manifold의 선수, 선미쪽에 각각 준비한다.

② Manifold 부근에 2개 이상의 Portable Foam 소화기 준비, Deck Foam Monitor 사용 준비한다.

③ Fire Wire는 지정된 위치에서 비상 시 쉽게 이용할 수 있도록 준비한다.

[그림 1-24] Foam Monitor와 Fire Wire

3. 양하작업

1) 양하순서 – Discharging Tank의 우선순위

① COW(Crude Oil Washing)를 실시하여야 할 탱크부터 양하한다.

② Wing Tank부터 우선 양하한다.

③ 앞쪽 탱크부터 먼저 양하한다.

2) 양하 개시

① 본선의 인원배치를 완료하고 육상측 연락이 오면 Cargo Pump를 기동한다.

② 선내 방송을 통해 하역 개시를 전 승조원에게 주지시킨다.

③ Delivery 압력이 4~5kg / cm^2가 되면 Pump Delivery Valve를 서서히 개방하여 양하를 시작한다.

④ Deck 및 Pump Room 내의 모든 것이 정상임을 확인하고 육상측과 연락하면서 서서히 Pump RPM을 올린다.

⑤ 펌프를 병렬 운전할 경우에는 Delivery 압력이 같아지도록 회전수를 조절한다.

⑥ 양하가 정상으로 안정이 되면 Pump Room 배치요원을 철수시키고, 정상 당직체제로 들어간다.

⑦ 1항사는 직접 선내를 순찰하여 이상 유무를 확인한다.

4. Stripping

① Cargo의 성상에 따라서 Main Pump에 의하여 Stripping을 끝낼 수 있다.

② Main Pump로 Stripping이 어려울 때는 즉시 Eductor로 전환한다.

[그림 1-25] COC의 Pressure Gauge

5. 양하종료 후 Dry Inspection 시행

양하작업이 끝난 후 Surveyor와 함께 각 탱크별로 검사를 해서 기름을 완전히 양하했는지 검사하는 작업으로 통과 시에는 Clean Dry Certificate를 받는다.

1.3.3 Crude Oil Washing

탱커가 원유를 싣고 양하항을 향해 항행하면 그 항해 중 원유 속에 있는 왁스, 아스팔트 성분, 그리고 모래 등이 침전하여 탱크의 아래 부분과 탱크 내의 수평 구조물 등에 쌓이게 된다.

여러 항차 동안 이 침전물이 계속 쌓이게 되면 양하의 최종 단계에서 실시하는 Stripping이 불량하게 되어 다량의 기름이 화물 탱크에 남게 된다.

또, 침전물 자체가 차지하는 용적 때문에 그만큼 화물 탱크 용적이 감소하게 되고, 화물 탱크 내에 많은 기름이 남아 있으므로 해상오염을 일으킬 확률이 그만큼 많게 된다. 목적은 화물 탱크 내의 침전물을 제거하고 탱크 내의 잔유량을 최소화시키기 위하여 Tank Cleanig을 한다.

1. Tank Cleaning의 분류

1) Water Washing

화물 탱크의 침전물을 제거하는 전통적인 방법으로 해수를 사용하여 Tank Cleaning하는 것이다.

2) Crude Oil Washing

양하하는 원유의 일부를 탱크 세정관과 세정기를 이용하여 고압 JET 상태로 탱크 내에 분사시켜 침전물을 분해 및 용해시켜 적하당시의 상태로 환원시켜 Cargo와 함께 육상으로 양하하는 것을 말한다(Discharging의 경우 작동).

2. 원유세정과 해수세정의 비교

1) 원유세정의 장점

① 오염방지의 효과가 있다.
② 양하의 효과가 크다.
③ 기름과 해수의 혼탁 방지효과가 있다.
④ 화물의 운송용적이 증가된다.
⑤ Tank Caleanig에 필요한 시간과 비용이 절감된다.
⑥ 탱크의 방식효과가 있다.
(실무 : COW를 정기적으로 하지 않으면 더욱 더 찌꺼기가 쌓인다. 실제 탱크 진입 소감을 선장님으로 들었는데 "COW는 본선의 탱크를 유지하는 기능이 더욱 더 크다고 할 수 있다."고 들었다.)
⑦ 항해 중 정비작업할 시간이 늘어난다.

2) 원유세정의 단점

① 양하작업 및 시간이 늘어난다.

② 원유세정용 장비의 추가 비용이 생긴다.

③ 안전과 해상오염의 위험도가 높아진다.

④ 추가 인원에 대한 비용이 생긴다.

(실무 : 양하작업과 동시에 이루어지기 때문에 Manifold 감시, Topping Off, 그리고 COW를 하는 부원, 갑판 부원의 효율적인 배치가 필요하다).

3) 원유세정이 해수세정보다 효과적인 점

① 해수세정은 고압분사에 의한 직접적인 Hitting뿐이지만, 원유세정은 직접 Hitting뿐만 아니라 Splash-Back 효과(반사류에 의한 세정효과)도 있다.

② 원유는 침전물을 용해시키고 침전작용을 멈추게 하는 효과가 있다.

③ 쉽게 사용할 수 있는 세정액이다.

④ 침전물을 잘 운반하고 기름은 부식성이 없다.

⑤ 양하와 동시에 실시하여 젖은 탱크 표면에 세정하므로 효과적이다.

(실무 : Discharging Plan에 따라서 탱크의 작업 중 1항사, 선장의 의사결정에 따라서 Bottom Wash(0°~50°), Top Wash(50°~140°), Full Wash(0°~140°)를 결정한다. 원유세정 전 작업을 위한 준비도 습득하도록 한다.)

3. Dirty Cleaning Water 배출요건

① Baltic Sea, Mediterranean Sea, Black Sea, RED Sea, Aden Wan, Persian Sea & Below LAT. 60 S 해역에서는 배출금지(특별 해역)

② 항행 중일 것

③ 유분의 순간 배출률이 1해리당 30리터 이내일 것

④ 1회의 항해에 배출되는 유분이 총 화물적재 용량의 30000분의 1이하일 것

⑤ 배출은 육지로부터 50해리 이상 떨어진 곳에서 행할 것

⑥ ODME(Oil Discharging Monitoring Equipment)를 작동시켜 배출할 것

4. COW의 절차

1) COW의 발달과정

1960년대 말 대형 탱커에서 Tank Cleaning 작업 중 발생한 연쇄 폭발사고 이후 그 원인을 분석하면서 정전기에 대한 연구와 함께 IGS가 개발되고 원유세정에 대한 연구가 시작되었다.

1973년에서 1976년 사이에는 대형 석유회사와 독자적인 탱커 선주들이 LOT 방식과 같이 경제적인 목적에서 원유세정을 개발하였다. 1977년 12월 IMO에서 네델란드 대표의 중장에 의해 원유세정은 탱커 운항의 한 방식으로 채택되었다.

1978년 2월 미국의 카터 대통령의 제안으로 TSPP에 관한 회의가 런넌에서 개최되었고, MAPOL 73에 대한 수정안으로 채택되었다. 이 수정안에서 4만DWT 이상인 탱커는 SBT를 설치하든가 원유세정을 하여야 한다. 또, 원유세정을 하기 위한 모든 선박은 IGS가 장치되어야 하고 고정 세정기가 설치되어야 한다.

[그림 1-26] COW Machine

2) 원유세정 방식

(1) 1단계 방식

① Non-Programmable Fixed-In-Place Cleaning Machine을 장비한 선박에서 이용되는 방식이다.

② 기름이 Bottom 1M 남아 있을 때 원유세정을 시작하며, 탱크내의 상부, 중부, 하부를 동시에 세정한다.

③ 보통 3PASS(1+1 / 2Cycle)이면 충분하다.

(2) 다단계 방식

① 탱크 내부의 구조물에 부착되어 있는 침전물을 머무르게 하지 않고 기름 속으로 계속 흘러 내리게 하여 기름과 함께 침전물을 양하하기 위하여 양하 중인 탱크를 몇 단계로 나누어 세정하는 방식이다.

Programmable Fixed Tank Cleaning Machine이 가입된 선박에서만 가능하다.

② 유면이 내려감에 따라 탱크 상부에서 Bottom까지 여러 단계로 나눠 실시하는데 보통 3단계로 나눈다(Bottom Wash(0°~50°), Top Wash(50°~140°), Full Wash(0°~140°)).

③ Heating Cargo를 적재한 경우 이 방식을 사용하면 탱크 구조물 내에서 원유가 응고되기도 전에 세정할 수 있으나, 매 단계에서 원유세정이 중단될 경우에는 해당 라인 및 세정기에 들어 있는 원유가 응고되므로 그때마다 배출해야 하므로 번거롭다.

(3) Top Washing

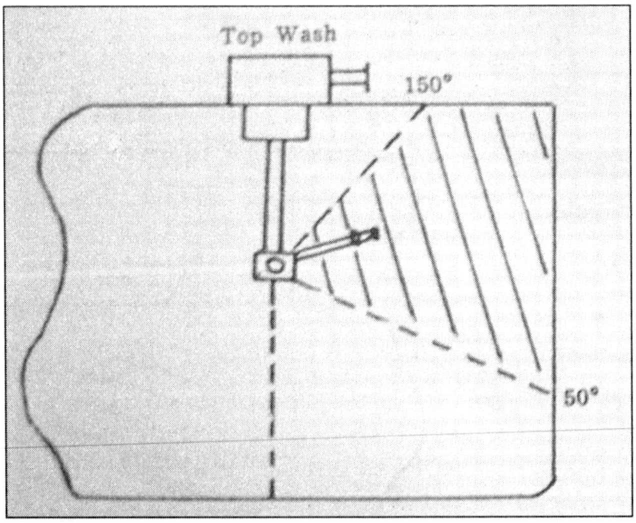

[그림 1-27] Top Wash

① 양하 중인 탱크에서 어느 정도 양하가 진행되어 탱크 상부가 비었을 때 실시한다.

② Center Tank보다는 구조가 복잡한 Wing Tank가 더 유용하다.

③ COP의 용량이 충분하여 8.0~12kg / cm^2의 압력을 유지할 수 있으면 2~3탱크를 동시에 실시한다.

④ 탱크 상태에 따라 다르지만 Wing Tank는 2Cycle, Center는 1Cycle 정도로 한다.

⑤ Oil Contamination에 유의해야 한다. - 즉, 같은 종류의 화물로 실시한다.

⑥ Gaugeing Equipment

(4) Bottom Washing

① 해당 탱크가 거의 비었을 때 실시한다.

② Stripping도 해야 하므로 4~6M의 Trim을 유지한다.

③ 육상측의 허락을 얻으면 다른 종류의 화물로 Bottom Washing을 할 수 있다.

④ Cleaning Machine수는 Stripping 능력에 따라 제한된다.

⑤ Stripp한 기름은 육상으로 보내거나 Slop Tank로 모아 육상으로 보낸다.

⑥ 앞쪽 탱크에서 뒤쪽 탱크로 세정한다.

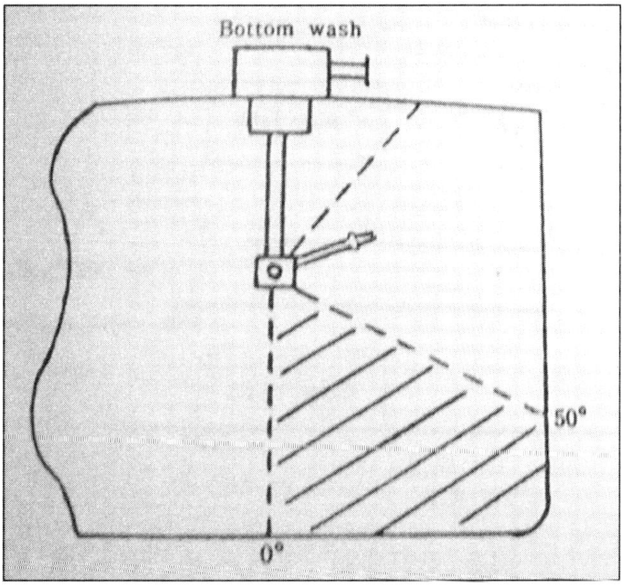

[그림 1-28] Bottom Wash

3) 양하와 원유세정의 순서

① 양하 초기에 IGS 시동과 Cargo Pump의 시동은 동시에 한다.

② Slop Tank를 우선 양하하고 원유세정 후 다시 Refilling한다.

③ 일반적으로 앞 탱크에서 뒤 탱크로, Wing Tank에서 Center Tank순으로 양하한다(양하 시 Trim, Heeling 모두 고려해서 작업을 하기 때문).

④ 다단계 방식에서 어느 탱크든 1/3이 비었을 때 Top Washing을 실시한다.

⑤ Cycle 수(시간도 고려한다)는 원유의 종류와 침전물을 고려하여 탱크 상태를 기초로 하여 결정한다.

⑥ Suction Group별로 탱크가 Empty되면 Bottom Washing을 실시한다. 이때 Draining Capacity에 따라 세정기 수를 결정한다.

⑦ 가능하면 Bottom Washing시 Open Cycle로 한다.

⑧ Close Cycle로 하는 경우 Slop Tank는 4~5 탱크를 세정한 후 새로운 Dry Oil로 바꾼다.

⑨ Bottom Washing 중 Trim은 적어도 4m 이상 by the Stern이어야 한다(Stripping을 원활히 하기 위해서).

⑩ 순환식이나 Closed Cycle을 되도록 줄여서 Solvent 효과를 높인다.

⑪ 하나의 탱크는 양하가 끝날 때까지 충분한 Pump Head를 갖도록 한다.

⑫ 편리한 시간에 선체강도와 흘수를 확보하기 위해 Ballast를 적재한다.

⑬ 원유세정이 끝난 탱크는 탱크 검사 후 Dry Certificate를 발부받아 Ballasting을 실시한다.

(실무 : Ballast / Deballasting 시 기록을 하여야 하며, COW 실시에도 그 기록을 남겨야 한다. 실무에서 양하시간이 부족하거나 Last Port에서 하였던 탱크는 생략을 하기도 한다. 모든 기록은 탱커선이 받아야 할 Major 검사 시 꼭 필요한 상황이다.)

4) 양하 중 Bleeding Off 방법

(1) Closed Cycle

① Washing Oil과 Eductor용 Driving Oil을 특정탱크, 주로 Slop Tank에서 COP에 의해 순환되고, 또 Stripping된 기름도 역시 특정탱크로 Gathering된다.

② 이 방법은 특정탱크의 Ullage 변화가 적으므로 Overflow에 의한 해양오염방지에 효과적이다.
③ 특정탱크의 기름을 계속 사용하면 용해효과가 떨어지므로 때때로 Dry Oil로 바꾸어 두어야 한다. 보통 4~5 탱크를 세척 후 실시한다.

(2) Open Cycle

① Washing Oil과 Eductor Driving Oil을 양하 중인 탱크에서 끌어내어 특정탱크로 배출한다.
② 화물량과 펌프용량이 충분하면 육상으로의 양하는 동일한 펌프로 한다.
③ 특정탱크, Slop Tank의 Ullage 변화가 급격히 증가하기 때문에 특별히 유의해야 한다.

(3) 양지간 항해 중 세정방법

① Closed Cycle이다.
② Deck Delivery V/V는 모두 Shut되어 있어야 한다.
③ Top Washing만을 하거나 각 탱크에 조금씩 남은 기름을 한 탱크에 모으고 Bottom Washing까지 행한다.
④ Bottom Washing시에는 통상 항해 중 보다 더 큰 Trim이 필요하다.

5. 원유세정 시 안전대책

1) 누유사고의 방지

① 누유 Test(Pressure Test) : 입항 전에 원유로 세정 라인 계통을 압력으로 시험한다. 이때는 세정 라인뿐만 아니라 Cargo Line에도 압력을 걸리게 하여 시험한다.
② 세정기의 구동부분으로 누유가 발생하기 쉬운 장치는 다음과 같다.
　㉠ Valve Grand
　㉡ Valve Flange
　㉢ Expansion Joint
③ 압력시험은 원유로 하는 것이 원칙이나 필요 시 해수로도 할 수 있다.
④ 이 실험결과를 체크리스트와 Log Book에 기재한다.

2) 원유세정 개시 시의 주의사항

① 원유세정 개시 시에는 세정 계통 라인 전체의 누유에 대하여 점검한다. 특히, 야간에는 발견이 어려우므로 주의해야 한다.

② Drip Pan, 톱밥, Waste, Oil Catcher, Oil Spill Remover 등을 준비한다. 또, Valve Grand에서 새어나올 기름에 대비하여 공구들을 준비한다.

3) 원유세정 중 검사사항

적어도 1인 이상은 항상 갑판에 있고 다음 사항을 점검한다.

① 모든 V/V의 Grand 부분, Pipe Flange, Expansion Joint

② 세정 라인의 압력

③ 세정기의 정상 작동 여부 검사

④ Slop Tank의 Sounding

⑤ 원유 세정이 끝나면 세정 라인을 Draining

6. 화재, 폭발의 방지

① Inert Gas로 탱크 분위기를 적절히 조절해야 한다.

② 산소농도의 규제 : 원유세정 전의 Cargo Tank 내의 산소농도는 8% 이내이어야 하고 또 원유세정 중에도 8% 이내이어야 한다.

③ 산소농도 측정 시 주의

㉠ 산소농도는 휴대용 산소농도계로 측정한다.

㉡ 측정용 Hole이 있으면 그것을 사용하거나 Ullage Hole 또는 Hand Dipping Hole을 이용한다.

④ Cargo Tank 내의 정압유지

⑤ 원유세정의 중지

㉠ 공급되는 Inert Gas의 산소농도가 8% 이상일 때

㉡ 탱크 내 압력이 정압이 아닐 때

㉢ 기름누설이 심하여 오염위험이 있을 때

㉣ 인원이 불충분할 때

⑥ 수분이 포함되지 않은 세정유를 사용 : 세정유에 해수가 혼입되어 있으면 정전기의

발생이 크게 된다.

⑦ 체크리스트 : 원유세정 작업을 매뉴얼에 따라서 확실히 실시하고 또 누유, 화재, 폭발방지 등에 대한 안전을 확보하기 위해서는 Check List를 활용하여 작업의 각 단계에서 체크를 확실히 하지 않으면 안된다.

7. 세정기

1) 세정압력

① 세정 라인의 압력은 8~12kg / cm^2을 유지해야 한다.

② Jet 분사는 탱크 내의 모든 구역에 도달할 정도의 압력 또는 Splash-Back 효과를 일으키기에 충분한 속도를 가진 압력이어야 한다.

③ 압력이 너무 낮으면 노즐의 회전이 너무 느리고 Jet 분사의 충격력도 너무 약해진다. 반대로 너무 높으면 노즐의 회전이 너무 빨라서 Jet 분사는 끊어지고 분무현상이 생긴다.

2) 세정기의 수

① Bottom Washing의 경우 세정기의 수는 유지해야 할 세정압력과 Stripping 능력에 의하여 결정된다.

② Stripping 용량은 사용하는 전체 세정기 용량의 1.25배가 되어야 하나, 실제 Stripping 용량은 보통 Edector 용량의 80% 정도로 보면 된다.

③ 한 탱크에 설치된 모든 세정기를 동시에 사용하면 좋으나, 그렇지 못하면 Stripping 관계를 고려하여 그 수를 조정한다.

④ Top Washing을 할 때는 압력유지만 가능하다면 두 탱크 이상 동시에 할 수 있다.

3) 세정 결과에 영향을 주는 조건

① 세정기의 수와 위치

② 세정 라인의 압력

③ 노즐의 직경

④ 세정시간

⑤ 세정기의 노즐각
⑥ Bottom Washing 시에 Trim
⑦ Top Washing 시 세정할 때의 Ullage
⑧ Stripping System의 능력

4) 실항사 임무

COW는 양하항에서 이루어지며 적하 후 양하하기 전에 COW가 무엇인지 공부하고, 절차를 습득하는 것이 좋다. 실제 작업 시 공부를 할 수 없기 때문에 습득을 하고 그 절차대로 시행되는지 어떤 변수가 작용할 수 있는지 지켜보며 실항사는 실습목적이기 때문에 COC에서 기록을 하고 꼭 Deck에 나가서 어떻게 작업이 실시되는지 본다.

실항사가 나가서 보고 싶다고 말하지 않는 이상 바쁜 하역이기 때문에 챙겨주지 않을 것이니 밖에 나가서 보고 Machine도 직접 작동해보고 많은 것을 배워보길 바란다.

1.3.4 Deck Pipe Line

[그림 1-29] 실제 Deck상 Line

1. Cargo Line(Red, Yellow, Green)

탱커에 실린 화물이 액체이기 때문에 이러한 액체를 연속적으로 하역하기 위해서는 파이프라인을 사용하는 것이 가장 효율적이며, 이를 위해 화물이송용으로 본선에 설치한 파이프라인을 Cargo Line이라고 한다. 이러한 Cargo Line은 탱크 내부, 펌프룸 및 갑판위에 설치되어 있고 관의 용도나 설치위치에 따라 여러 가지로 나눌 수 있고, 흡입관의 첫부분은 공기의 흡입을 막기 위해 벨 마우스 형태로 되어 있다.

2. Ballast Line(Blue)

공선항해 또는 악천후 속을 항해할 때 선박의 흘수를 조정하거나 탱크 세정 등의 필요에 의해 밸러스트용 또는 세정용의 해수를 본선에 싣거나 배출하기 위한 관장치를 Ballast Line이라고 한다. 밸러스트는 펌프룸의 선저 흡입 밸브로부터 중간 밸브를 거쳐 탱크에 채워진다.

3. 세부적 역활 및 라인 개통

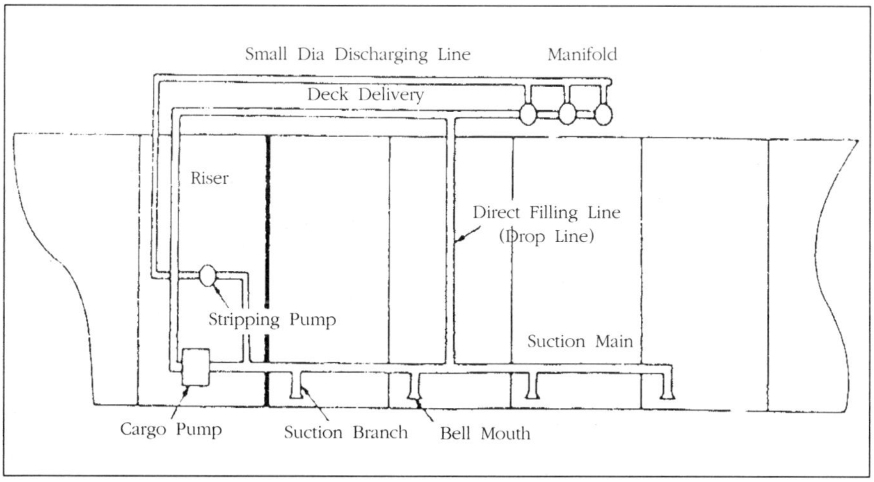

[그림 1-30] 유 탱크의 화물관 명칭

1) Manifold

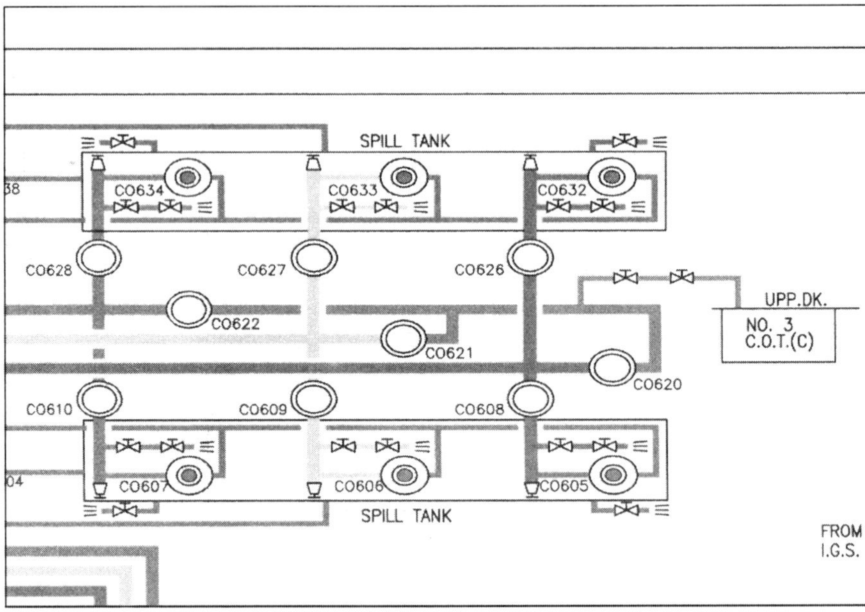

[그림 1-31] Manifold의 단면도

[그림 1-32] 3개의 Manifold Line과 2개의 Vapour Line

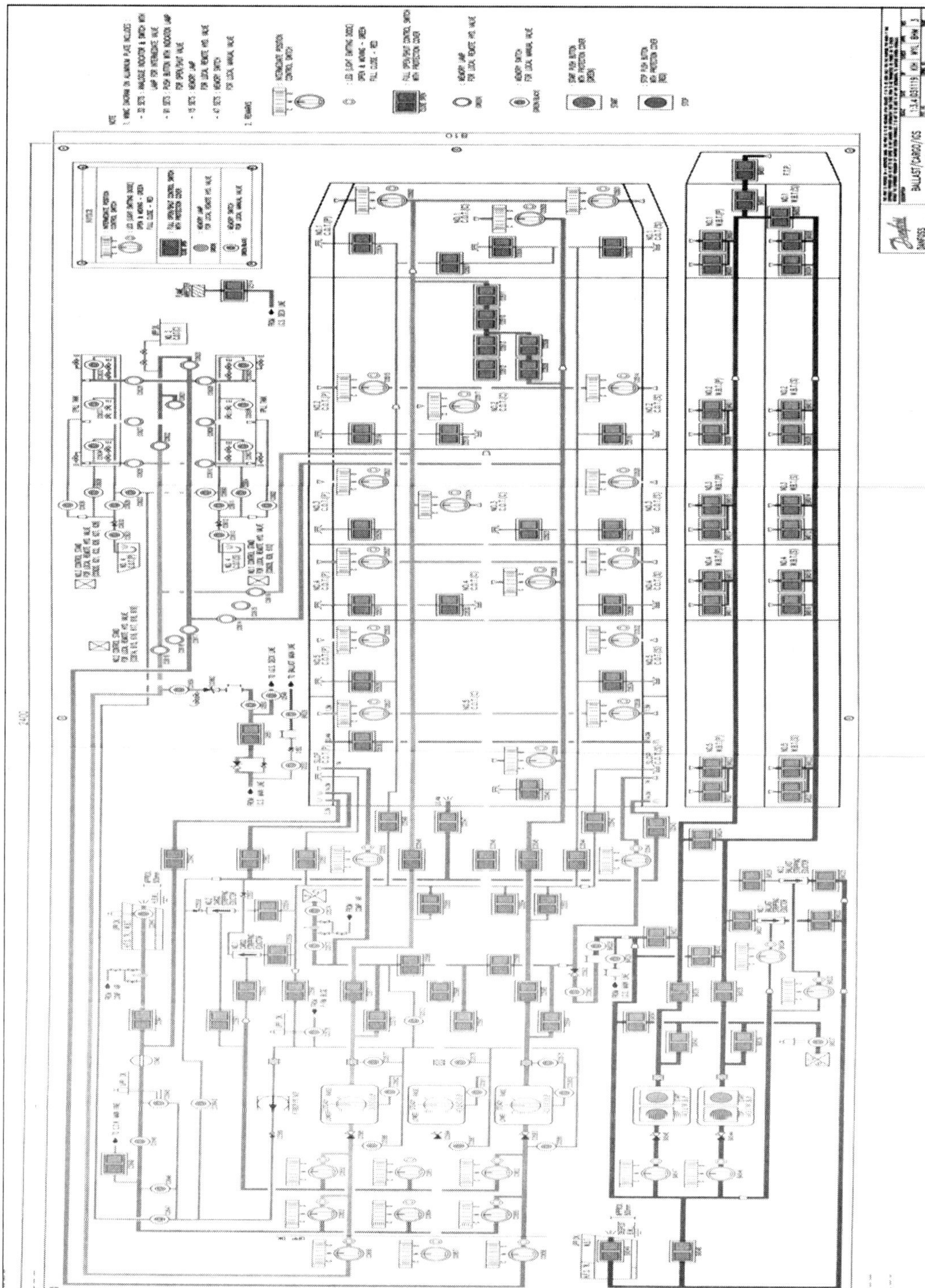

[그림 1-33] 유 탱커의 파이프 라인

적양하의 경우 육상과 선체를 연결되어 액체화물이 안전하게 이송작업을 할 수 있는 것이다. 일명 Arm이라고 하는 육상시설 또는 SBM 경우 라인으로서 연결이 된다. 1항사는 적양하 시 Manifold Line을 연결하는 책임을 가지고 있으며 육상 접안의 경우 Arm의 위치에 맞게 접안하는 것이 매우 중요하다. 그리고 항상 Manifold와 Arm이 분리되어 기름이 누설되는 것을 감시하는 당직요원이 필요하다.

3개의 Manifold가 있지만 모두 사용하지 않을 수도 있다. 육상에서 보내주는 압력에 따라서 Open을 하는 Manifold의 개수가 결정된다. 통상적으로는 3개 중 2개의 Manifold를 사용한다.

(1) 적하 시

선체 탱크에 육상의 펌프로서 Crude Oil을 밀어넣는 방식으로 적하를 하게 된다. COC에서 액체가 들어오는 Rate를 측정하여 결정하고 같은 종류의 화물을 적하계획에 따라서 어느 탱크에 얼마나 동시에 적하할지도 결정한다.

(2) 양하 시

Manifold Connection을 한 후 선체 카고 펌프로서 Crude Oil을 육상으로 양하하는 것이다. 이때 선체의 카고 펌프 압력에 따라서 밸브의 Open의 정도를 결정하게 된다.

2) Drop Line

(1) 적하의 경우

Drop Line은 적하의 경우만 사용하는 라인이다. Manifold에 의해서 들어오는 Crude Oil을 Drop Line의 [그림 1-34]에서 CO14, CO15, CO16의 밸브를 Open하여 액체가 중력의 힘으로 떨어져서 탱크에 적하되는 중요한 부분이다. Crude Oil의 특성상 높은 위치에서 낙하할 경우 정전기가 발생할 가능성이 있다. 그래서 Drop Line은 정전기를 방지할 수 있는 장치가 설치되어 있다.

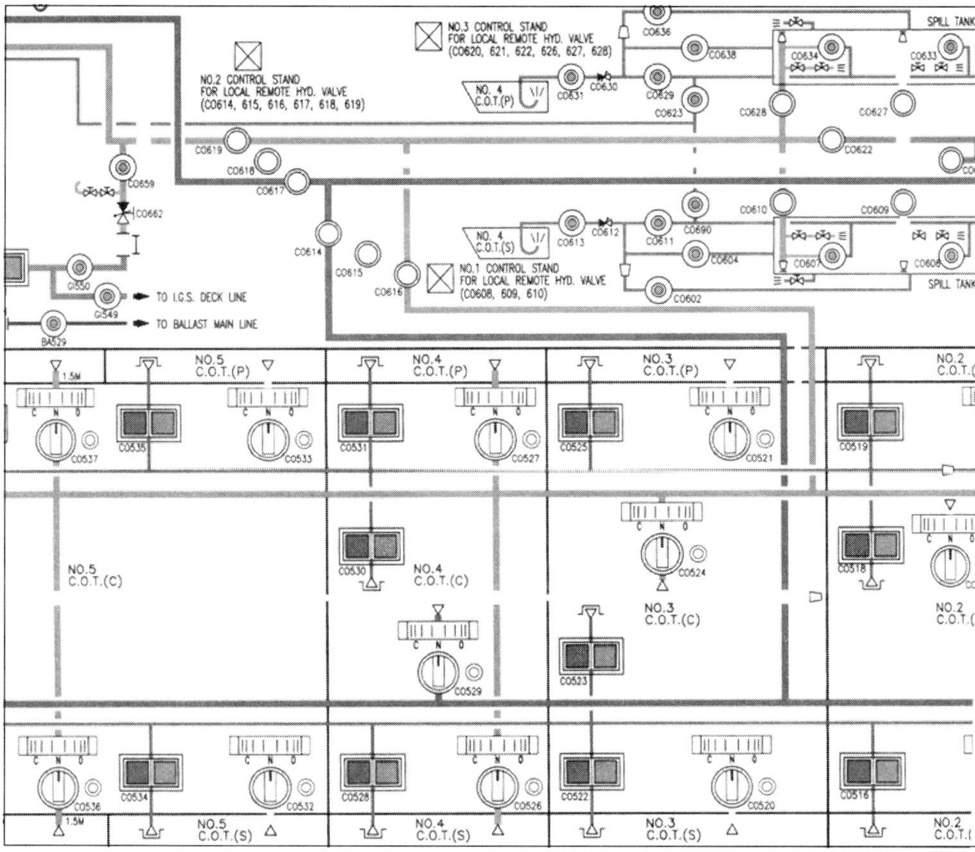

[그림 1-34] Drop Line

[그림 1-35] 실제 Drop Line

3) 연결 밸브

라인에는 3개의 그룹으로 나누어져 있다. Yellow(2C, 3P & S, 5P & S), Green(1P & S, 3C, 4P & S, SLOP P & S), Red(1C, 2P & S, 4C, 5C)로서 나누어지는데 3개의 Group 중 2개의 그룹만 연결할 수도 있고, 3개 모두를 연결할 수도 있다. 그 부분은 적하계획에 따라서 수정해야 한다.

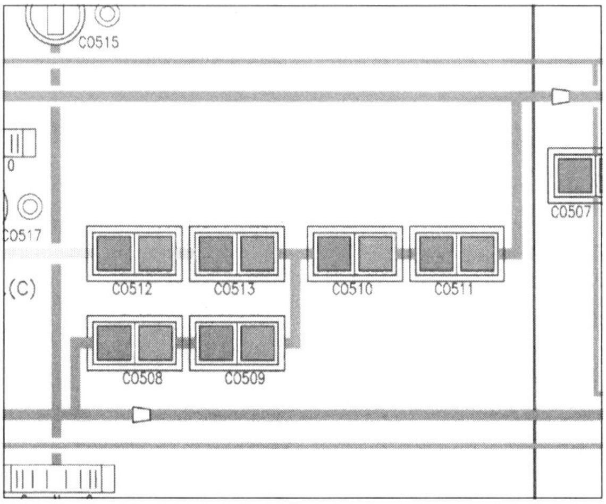

[그림 1-36] Connection

적절한 라인 연결을 통해서 탱크에 Crude Oil을 적재할 수 있다. 자세한 것은 뒤에서 살펴보도록 하자.

[그림 1-37] Main Line & Stripping Line

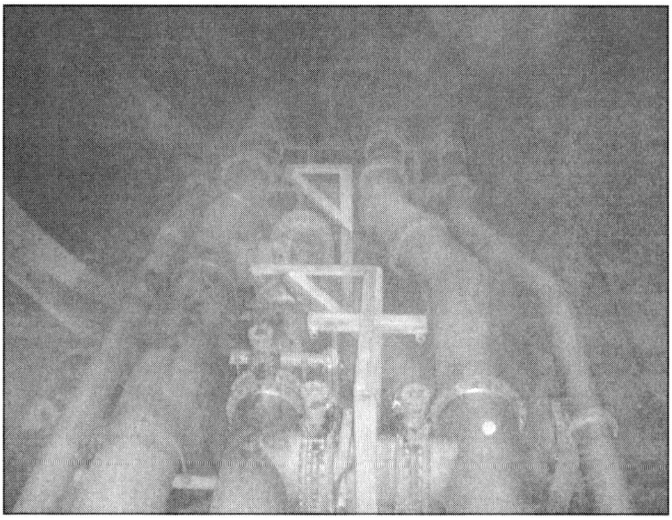

[그림 1-38] 탱크 안의 라인 & 밸브

4) Bell Mouse

실제 Bell Mouse는 액체화물이기 때문에 용이하게 빨아들이기 위해 [그림 1-40], [그림 1-41]과 같이 설치되어 있다. Bell Mouse에는 Cargo용과 Stripping용으로 분류된다. Ballast에도 다음과 같이 2가지로 구성되어 있다.

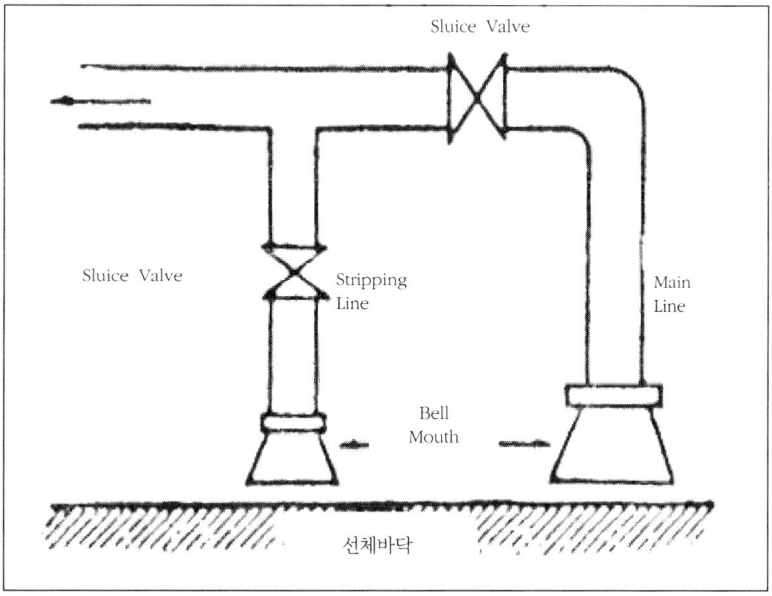

[그림 1-39] Bell Mouse

[그림 1-40] 실제 Bell Mouse

펌프의 특성으로 대용량을 빠른 속도로 흡입할 수 있는 큰 Bell Mouse가 있다. 그러나 고용량을 할 수 있지만 공기의 흡입이 들어가면 작동이 원활하지 않다. 그래서 Main Pump 사용을 최대한 작동한다. 그렇게 하지 못할 경우 Stripping으로 할 경우 하역시간이 오래 걸리게 된다.

탱크에 남은 양은 작은 Stripping용 Bell Mouse로서 흡입을 위한 목적으로 2가지의 Bell Mouse가 있다. 항상 모든 탱크에 2개의 Bell Mouse가 있으며 각 탱크의 선미쪽에 위치하며 Trim을 주어 Suction이 보다 효율적으로 할 수 있게 한다.

5) Riser

Riser는 펌프의 힘에 의해 육상으로 전달되는 부분이다. 원심 펌프에 의해 Deck상으로 상승하여 이동하는 라인이다.

[그림 1-41] 실제 Riser

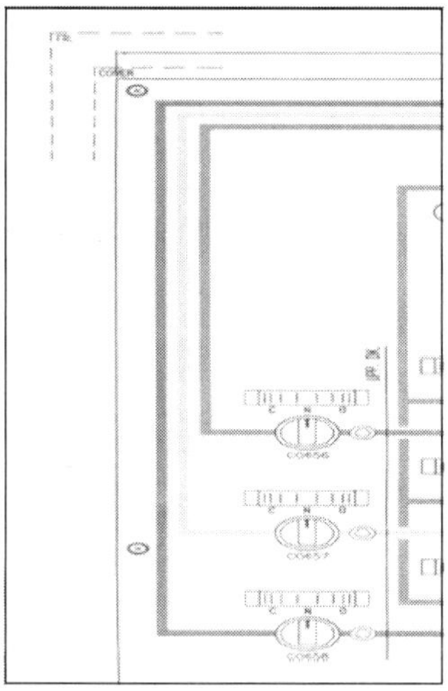

[그림 1-42] Riser

6) Deck Delivery

Riser에 의해 상승된 Crude Oil은 Deliver에 의해서 Manifold로 이동하게 된다. 그룹 1, 2, 3으로 되어 있으며 Cargo Pump를 On한 라인의 경우에만 이동이 발생한다. Deck상에서 쉽게 찾을 수 있으며 액체가 이동하는지 직접 소리가 들리기도 한다.

1.3.5 Tank Sounding

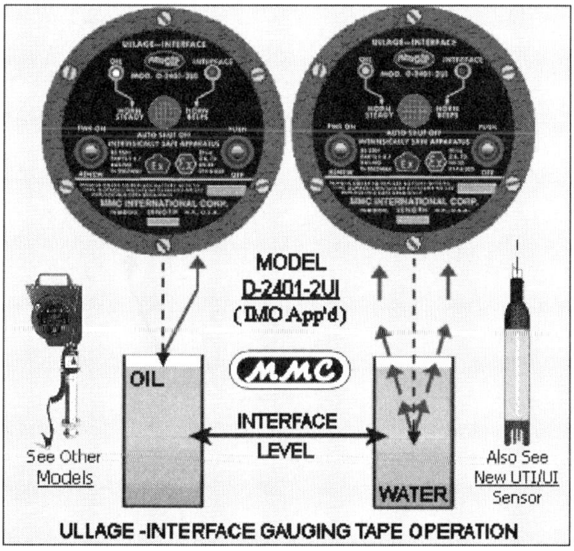

[그림 1-43] Ullage Machine의 일반적 이해도

[그림 1-44] Sounding Hole

1. Sounding

Sounding을 통해서 탱크 내 잔유물의 양을 측정할 수 있다. Sounding의 단위는 cm이며 1cm에 따라서 탱크 내의 잔유물의 양의 차이가 상당해서 정확히 측정하기 위해 육상 측의 Surveyor와 일반적으로 본선의 2항사와 동행하여 Loading 및 Disharging의 전 · 후 모두 Sounding하여 Ullage Report, Dry Certificate를 작성하게 된다.

2. Sounding 방법

1) Loading 전, Discharging 후

Loading 전, Discharging 후 탱크 내 잔유물이 얼마인지 구하기 위해서 Water Finding Paste를 묻혀 물의 높이와 Table을 통해 양을 구해 Crude Oil의 양을 정확히 구하기 위해서 불순물의 양을 측정하기 위한 용도이다. Water Finding Paste를 묻혀 [그림 1-45]와 같이 색이 바뀌는 부분의 높이를 구하는 방법을 이용한다.

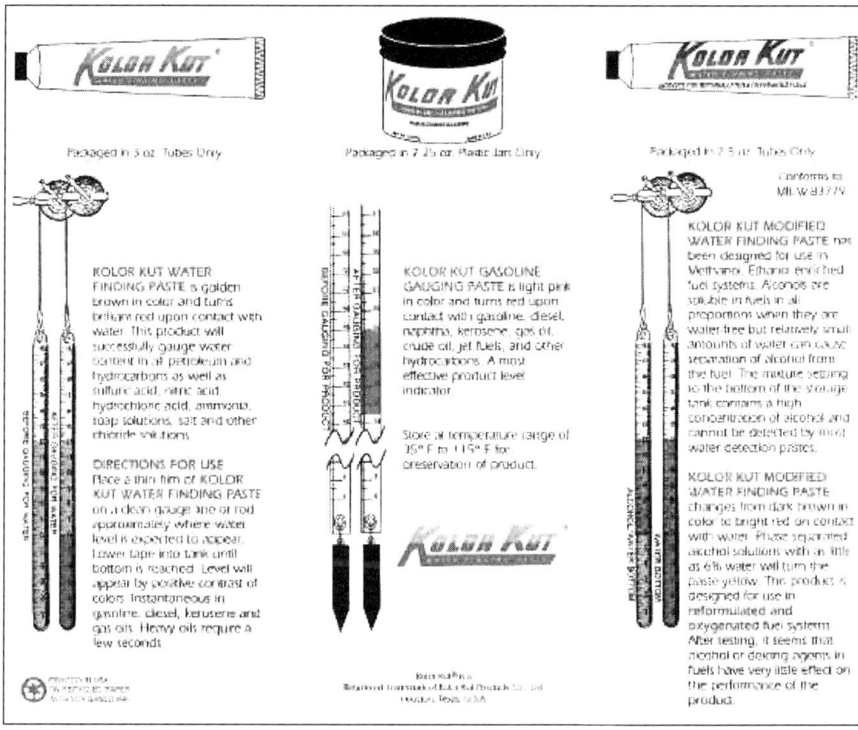

[그림 1-45] Water finding Paste

2) 항해 중 Topping Off 시

MMC 내부에는 [그림 1-47]과 같은 추가 길이를 표시하는 줄자를 중력의 힘으로 떨어뜨려 Crude Oil의 표면에 접촉할 경우 추의 센서에 의해 소리가 발생한다. 그 때 눈금을 확인하여 Ullage를 측정한다.

이와 같은 방법은 Topping Off 시 CCR(Cargo Control Room)의 SSAB Radar와 비교하여 정확한 양을 비교하기 위한 용도와 항해 중 탱크 누설의 여부로 화물의 유출 여부 그리고 탱크 내의 급격한 온도변화로 인하여 탱크내의 압력의 영향을 고려하기 위한 용도로 대표적으로 이용하고 있다.

실항사는 항해 중에 Ullage를 측정하는 부원과 동행하여 Sounding을 많이 한다. Sounding의 방법에는 미숙하지만 사관이 되었을 경우 Order를 내리기 위해 하는 방법은 알고 있어야 한다고 생각한다. 대부분 2항사의 하역업무에 Sounding을 하여 Surveyor와 합의를 하기 때문에 열심히 따라다니며 습득한다. 풍상측에 있어 가스의 흡입을 최소한으로 하여야 한다.

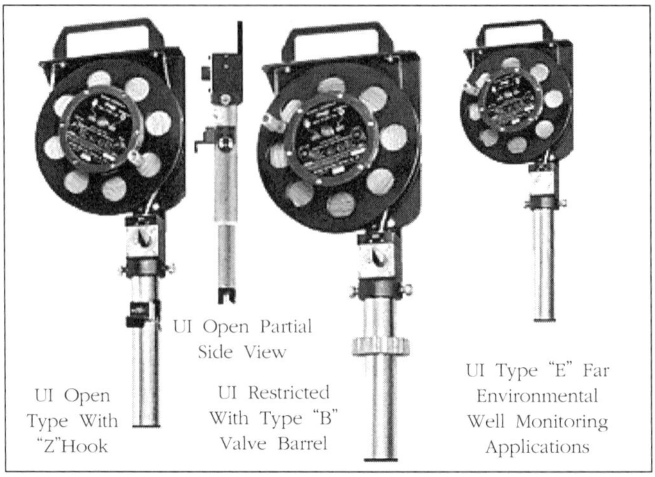

[그림 1-46] MMC Machine

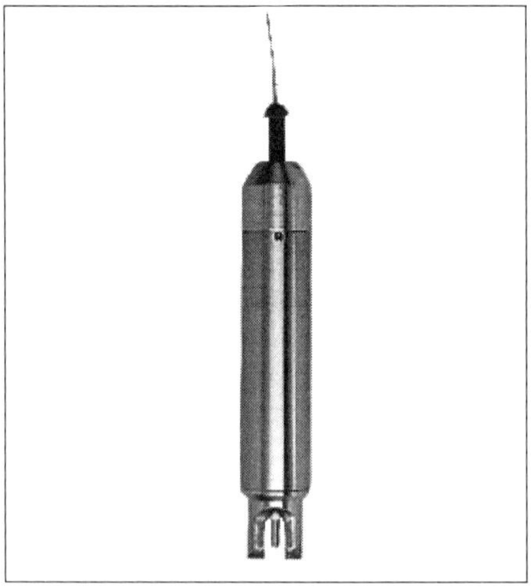

[그림 1-47] MMC 내부 추

1.3.6 화물량 계산방법

① Ullage를 이용하여 Tank Calibration Table를 찾고 각 탱크별 용적을 구한다.

㉠ 용적은 $1m^3$의 부피 단위이므로 Barrel 단위를 만들기 위해서 부피환산을 한다.

Total Observed Volume(TOV) ; Y Bbls = X CUBIC × 6.28981

㉡ 트림이 있다면 트림보정이 필요하다.

② Petroleum Measurement(P-M) Table 5를 이용하여 Observed API를 60°F에 대한 표준 API로 보정해둔다.

③ TOV(Total Observed Volume)을 P-M TABLE 6A(온도와 API를 이용하여 TOV을 GSV(Gross Standard Volume)로 바꾸는 VCF(Volume Correction Factor)를 수록함)의 Factor와 곱하여 60°F에 대한 용적으로 표준화 보정한다.

```
  TOV
 −FW
─────────
GOV × VCF → GSV
           + FW
           ─────
            TCV
           −OBQ
           ─────
            TRV
```

이 용적을 P-M Table 11의 Factor를 곱하여 Long Ton 단위로 환산한다.

앞의 계산과정은 본선의 컴퓨터마다 프로그램화되어 있으므로 실제 업무에 있어서는 Ullage 값과 온도, API를 파라미터로서 입력해주기만 하면 된다.

1.4 화물 관련 문서

탱커선은 입출항과 선적인가 양하인가에 따라 여러 가지 화물 관련 서류를 만든다. 서류의 제작과 발송은 3항사가 담당하며 시기가 다가오기 전에 미리 작성하여 필요할 때 즉시 사용할 수 있도록 한다. 화물 관련 서류는 다음과 같다.

① 입항 전 본선의 양하역 준비가 완료되었음을 알리는 Notice of Readiness

② 화물의 적하 시에 사용되는 Vessel's Loading Facility, Loading Plan, Ullage Report(Before & After Loading), Hourly Ullage / Volume Record

③ 화물의 양하 시에 사용되는 Discharge & COW Plan, Ullage Report(Before & After Discharge), Hourly Ullage / Volume Record, Pumping Record, COW Record

④ 항구측 잘못으로 인한 손해에 보상을 요구하는 Letter of Protest

⑤ 양하역 후에 양하역이 일어난 상황에 대해 정리 및 작성돼 선사에 보내는 Time Sheet

1.4.1 선적 · 양하 공통되는 문서

1. Notice of Readiness

NOR(Notice Of Readiness)은 입항 시 중요한 서류로서 본선이 적하 및 양하 준비가 되었다는 것을 증명한다. 입항시간으로 적용되며, 이 서류는 접안 시 CIQ(입항서류)의 한 부분을 차지한다. 내용으로는 적하화물, 선명, Port, 날짜 등이 포함된다.

〈표 1-2〉 Notice of Readiness

NOTICE OF READINESS

Vessel : ____________________

Port : ____________________

Terminal : #1 SBM

Date : ____________________

To : ____________________

Dear Sirs,

In accordance with the terms and conditions of the Charter Party with ____________________,

dated ______________ I hereby tender you the M.T. ______________ as being ready

in all respects to commence discharging of the following cargoes:

1. Grade and Quantity : ARAB HEAVY C.O. / 699,482 BBLS AT 60F (98,809.82 MT)
2. Grade and Quantity : KUWAIT EXPORT C.O. / 1,081,517 BBLS AT 60F (150,086 MT)
3. Grade and Quantity : N/A
4. Grade and Quantity : N/A

at : ______________ **LT** hours on : **16th August** **2003**.

Ship's Stamp

Signature/Name of Master

2. Time Sheet

〈표 1-3〉 Tanker Time & Unloading Report

CORAL SEA SHIPMANAGEMENT LTD.

TANKER TIME & UNLOADING REPORT

M/T HANBADA　　VOY.NO: ____　　DATE: ______　　PORT: ______
TERMINAL/BERTH: ______　　AGENT: ______

KEY EVENT	DATE / TIME (GMT +9)	REMARK
Arrived	2002.12.24 07:00	Port arrived from : FUJAYRAH U.A.E
Anchored at	-	Elapsed time (Arrival~Finished mooring): Hr Mins
Pilot on board (NAME.CH.S.KIM)	2002.12.25 08:30	Delays :
Anchor aweigh	-	
Commenced mooring	2002.12.25 09:40	
Finished mooring	2002.12.25 09:55	Tugs names : SUNJIN 909 , DAERYONG 309
N/R tendered	2002.12.24 07:00	
N/R Received	2002.12.24 10:48	Number & size : 2 x 16" (PORT SIDE)
Tugs alongside	2002.12.25 08:55	Amount ballast berthing : M/T
Tugs away	2002.12.25 10:00	Elapsed time (Finished mooring ~ Commenced cargo) : H Mins
Hoses connected	2002.12.25 10:25	Delays :
Commenced deballasting	-	Total cargo unloaded at this berth.
Finished deballasting	-	G/BBLS M/T
Tank inspected for unloading	2002.12.25 11:20	Rate unload : G/BBLS
Commenced discharging	2002.12.25 10:50	Stoppages : Hr Mins
Finished dischargng	2002.12.27 11:45	(Show time & reasons) :
Tank gauged after unloading	2002.12.27 12:00	03:05 / 26th - 15:45 / 26th
Hoses disconnected	2002.12.27 12:15	Stopped discharging due to bad weather. (on SK No.2 SBM)
Commenced ballasting	2002.12.25 10:50	
Finished ballasting	2002.12.27 10:00	(03:05/26th : Stopped discharge. 03:40/26th : Hoses off. 03:55/26th : Buoy off.
Commenced bunkering at berth	-	14:55/26th : Buoy on. 15:15/26th : Hoses on. 15:45/26th : Resumed discharge.)
Finished bunkering at berth	-	
Pilot on board (Name:)	2002.12.27	Amount ballasting unberthing : M/T
Tugs alongside	2002.12.27	Tug names :
Tugs away	2002.12.27	Elapsed time(Finished cargo ~ cleared berth) Hr Mins
Commenced unmooring	2002.12.27	Delays :
Cleared berth (Departure)	2002.12.27	
Pilot off	2002.12.27	
Anchored at	N/A	Elapsed time(Cleared berth ~ Departure) : Hr Mins
Bunker barge alongside	N/A	
C/bunkering at anchorage	N/A	
F/bunkering at anchorage	N/A	
Bunker barge away	N/A	Destination :
Anchor aweigh (Departure)	N/A	

SUMMARY

Time in port(Arrived~Departure)	D	H	M		Draft at berth			
Time in berth(F/M~C/B)	D	H	M	Arrival		Departure		
Time(Ballasting)	D	H	M	FWD	17-70	FWD	7-75	
Time(Discharging)	D	H	M	Mid		Mid		
Amt. bunkers at ARR.	HF 1,619.26 MT	MDO 31.20 MT		AFT	18-65	AFT	11-55	
Amt. bunkers taken	HF MT	MDO MT		Mean		Mean		
Amt. bunkers at DEP.	HF 1504.31 MT	MDO 31.20 MT						

Representative of Terminal　　　　Master Of M/T HANBADA

(210mm X 297mm)106

선박의 입출항, 화물선적 및 양하에 관한 사항을 기입한 문서로 선박회사에 보내 회사가 본선의 상황을 파악할 수 있도록 한 문서이다. 각 시간은 선적항 및 양하항에서의 비용과 기타 문제에 대한 증거가 되므로 육상측과 동일한 값이어야 한다(실제로 서로 시간을 확인하기 위해 물어보거나 시간을 협상하기도 한다). 화물작업이 모두 끝날 무렵 3항사가 작성하며 각 시간은 정박일지, Bell Book과 동일해야 한다.

3. Ullage Report

〈표 1-4〉 Ullage Report

ULLAGE REPORT

SHIP NAME :
VOY. NO :
DATE :

PORT :
DRFT F: 20.22 mtrs
DRFT A: 20.22 mtrs

CARGO GRADE	API
FROZAN CRUDE	29.50

L/T FACTOR	M/T FACTOR
0.13722	0.13942

	ULL	'F	TOV(bbls)	OBQ	DIP	F/W	GOV(bbls)	T - 6A	GSV(bbls)	M/T
1C	1.40	92.7	167.210			124	167.086	0.9856	164.680	22,959.680
2C										
3C	11.20	96.4	119.306			0	119.306	0.9838	117.373	16,364.178
4C										
5C	1.63	95.4	173.891			130	173.761	0.9842	171.016	23,842.992
1P										
1S										
2P	1.54	93.6	128.893			68	128.825	0.9851	126.906	17,693.166
2S	1.72	93.7	128.025			68	127.957	0.9851	126.050	17,573.952
3P	2.23	94.8	125.461			103	125.358	0.9844	123.402	17,204.765
3S	2.83	95.7	122.454			138	122.316	0.9842	120.383	16,783.855
4P	1.53	94.3	129.005			69	128.936	0.9847	126.963	17,701.220
4S	1.49	95.0	129.213			69	129.144	0.9844	127.129	17,724.374
5P										
5S										
SP	3.87	94.3	28.005			27	27.978	0.9847	27.550	3,841.012
SS	3.62	94.8	28.456			18	28.438	0.9844	27.994	3,902.975
LINE VOL										
TOTAL			1,279,919.0			814	1,279,105		1,259,447	175,592.169

**BEFORE FREE WATER : 814 BBLS
** RC'VD FREE WATER : BBLS

SHIP'S FIGURE		
TCV	1,260,261	BBLS 60F
TRV	1,260,261	BBLS 60F
LOV	1,259,447	BBLS 60F
G. L/T	172,821.384	L/T
G.M/T	175,592.169	M/T
N. L/T		L/T
N. M/T		M/T

SHORE FIGURE		***DIFFERENCE***
G/BBLS		BBLS60F
N/BBLS		BBLS60F
G. L/T		L/T
G. M/T		M/T
N. L/T		L/T
N. M/T		M/T
	0.0859	% SHIP MORE

REMARK:
1. Used TABLE 6A
2. GOV=TOV- FREE WATER
3. TCV = Total Calculated Volume @60 F (GSV + FREE WATER)
4. TRV = Total Received Volume @60 F (TCV - OBQ)
5. LOV = Loaded Oil Volume @60 F (TRV - FREE WATER)

INSPECTOR　　CHIEF OFFICER　　MASTER

〈표 1-4〉는 원유화물을 선적 후 탱크별로 Ullage를 측정한 것으로 선박에서 계산한 화물량(Ullage를 이용하여 계산)과 육상측에서 제공한 화물량(시간당 펌프로 제공한 양)을 비교하여 최종적으로 검사관, 1항사, 선장의 서명으로 이상이 없음을 서로 확인하는 문서이다. 화물선적이 모두 완료된 후에 Inspector와 선장, 항해사가 함께 Deck에 나가 각 탱크의 Ullage를 확인한 후 Ship's Office에서 최종 계산하고 서명한다.

① 적하 전 화물탱크의 Ullage, 적하 후 화물탱크의 Ullage

② 양하 전 화물탱크의 Ullage, 양하 후 화물탱크의 Ullage

4. Hourly Ullage / Volume Record

〈표 1-5〉 Hourly Ullage / Volume Record

HOURLY ULLAGE / VOLUME RECORD

Ship's Name: Voyage: Date: / / Port : Chief officer : ______

Cargo: / API: TEMP.: Factor to M/T:

TIME																		
TANK	ULG	VOL	ULG	VOL	ULG	VOL	ULG	VOL	ULG	VOL	ULG	VOL	ULG	VOL	ULG	VOL	ULG	VOL
1C																		
2C																		
3C																		
4C																		
5C																		
1P																		
1S																		
2P																		
2S																		
3P																		
3S																		
4P																		
4S																		
5P																		
5S																		
SP																		
SS																		
Total																		
Rate																		
To Go																		
ETC																		
DF/DA																		
TRIM																		
BM/FR																		
SF/FR																		
BALLAST																		
sea surface																		

각 회사마다 Ullage Record 양식은 다르지만 기본적인 사항은 〈표 1-5〉와 같다. Ullage Record는 매시간 화물 탱크의 Ullage와 그에 해당하는 화물량을 기입하는데 해당 시간대의 화물선적 및 양하속도(Rate)는 얼마나 되는지, 시금까지의 선직 및 양하량(Total)과 앞으로 선적 및 양하할 양(To go), 그리고 화물선적 및 양하종료 예상시간(Estimated Time of Complete, ETC)을 기입한다.

육상측 Loading Master나 직원이 본선의 값을 물어보는 경우도 있고 추후 화물량을 총 계산할 때에 사용되므로 정확하게 기입해야 한다. 가장 중요한 점은 매시간 타이밍을 놓치지 않고 1시간 간격으로 적어야 하는 것인데 이 시기를 놓치면 Rate 계산도 틀리지만, 화물량 계산에 있어 육상측과 차이가 생길 수 있으므로 각별히 유의한다.

1.4.2 선적 관련 문서

1. Loading Plan

적부계획서로써 각 탱크별로 어떤 원유화물을 얼마만큼 적부할 것인지 표로 정리해 놓은 문서이다.

〈표 1-6〉 Loading Plan

LOADING PLAN

VESSEL : VOY:
DEPARTURE CONDITION FROM MINA AL FAHAL DATE:

	PRODUCT	API	TEMP	VCF	WCF
AA	RATAWI	24.40	65	0.9979	0.14399
BB	UPPER ZAKUM	34.30	80	0.9906	0.13538
CC	OMAN	32.80	100	0.9815	0.13662
DD					

TANK	OIL	ULLAGE	TOV(BBL)	%	GSV(BBLS)	M/T
1C	AA	4.27	149,912	88	149,601	21,541.0
2C	BB	1.90	183,341	97	181,615	24,587.1
3C	AA	3.00	175,577	93	175,212	25,228.8
4C	AA	3.00	175,556	93	175,191	25,225.7
5C	BB	1.50	174,734	98	173,090	23,432.9
1P	BB	2.00	106,084	96	105,086	14,226.5
1S	BB	2.00	106,163	96	105,164	14,237.1
2P	CC	1.61	128,533	98	126,151	17,234.8
2S	CC	1.61	128,567	98	126,184	17,239.3
3P	BB	3.00	121,605	93	120,461	16,308.0
3S	BB	3.00	121,603	93	120,459	16,307.7
4P	CC	1.62	128,545	98	126,163	17,236.4
4S	CC	1.62	128,551	98	126,169	17,237.2
5P	BB	1.60	80,053	98	79,300	10,735.6
5S	BB	1.60	80,073	98	79,320	10,738.3
SLOP(P)	BB	1.40	32,482	98	32,177	4,356.1
SLOP(S)	BB	1.40	32,482	98	32,176	4,356.0
TOTAL			2,053,862		2,033,518	280,229

	TOV(BBLS)	STEM(BBLS)	TOL(%)	BBLS(60F)	M/T
AA CARGO TOTAL	501,046	500,000	0.0%	500,003	71,995.5
BB CARGO TOTAL	1,038,620	980,000	5.0%	1,028,847	139,285.3
CC CARGO TOTAL	514,196	500,000	0.9%	504,668	68,947.7
DD CARGO TOTAL	0			0	0.0
TOTAL	2,053,862	1,980,000		2,033,518	280,228.5

DRAFT				%	FRAME
	FORE :	20-55M	S.F.	-56	58
	AFT :	20-55M	B.M.	-71	78
	MEAN :	20-55M			
	TRIM :	EVEN KEEL			

Note : Bending Moment
(+) Sign show "Hogging Moment"
(-) Sign show "Sagging Moment"

각 화물의 API 비중, 온도, VCF, WCF가 표시되어 기본적인 화물의 성질을 파악할 수 있으며, 그 아래에는 각 탱크마다 적하할 화물을 배치하고, 화물을 채웠을 때의 Ullage, Volume(TOV, GVS), Percentage, M / T을 기입되어 있어 각 탱크 용적에 해당하는 화물의 양을 확인할 수 있다. 화물을 적부했을 때의 선체 Draft와 모멘트 등, 출항 시 선박의 컨디션도 미리 볼 수 있다.

2. Vessel's Loading Facilities

〈표 1-7〉 Vessel's Loading Facilities

VESSEL'S LOADING FACILITIES

Name of Vessel :

Voyage Number : 025
Port / berth : BASRAH, IRAQ / NO.3 BERTH

To loading master of BASRAH, IRAQ / NO.3 BERTH
Date : 28TH May 2007
Time : 1800 LT

Dear Sir !

This is to inform you that the above mentioned vessel is equipped with the following:

Number of Manifold(s)	:	3 (Three)
Size of Manifold(s)	:	26 inch
Initial Loading Rate	:	20,000 Bbls
Maximum Loading Rate	:	80,000 Bbls
Topping-Off Rate	:	20,000 Bbls

In order to utilize the full loading capacity, you are requested to supply 16 inch x 2 hoses of size equivalent to that of the loading manifold.

Master's signature
Name

Acknowledged Receip by
Signature
Name

이 서류는 Loading에 사용되는 Manifold와 연결되는 Arm의 수, 구경 그리고 Loading 시 본선에서 받을 수 있는 최대 Loading Rate 등이 기입되어 있는데 이러한 사항들을 육상측과 확인 후 서로 서명한다.

이 문서는 Loading 계획을 세우기 위해 필요하며 Loading Rate가 클 경우 적하의 시간이 단축되므로, Rate에 맞추어서 탱크를 얼마나 Open할 것인지 등의 사항과 Topping Off 순서를 결정할 경우에 〈표 1-7〉의 사항을 고려되어야 한다.

3. Letter of Protest(Time Delay of Berthing)

〈표 1-8〉 Letter of Protest(Time Delay of Berthing)

LETTER OF PROTEST
(Time delay of berthing)

Vessel Name : C.VISION

Voyage Number : 025
Port / Berth : Basrah, Iraq / Basrah Oil Terminal Sea Berth No.3

To : Loading Master of Basrah Oil Terminal Sea berth No.3
Date : 29th, May 2007

RE : TIME DELAY OF BERTHING

Dear Sir !

The vessel M/T C.VISION has arrived at Basrah,Iraq and dropped anchor at 1850LT, on 25th, May 2007 and tendered NOR at 0001LT, on 26th, May 2007 and vessel waiting terminal instruction.

At 1120LT, on 28th, May 2007. Anchor aweigh and proceeding to pilot station for pick-up pilot by your instructions and time log are as below;

<Time Log>

25th, May 2007	1850LT	:	Dropped anchor at anchorage
26th, May 2007	0001LT	:	Tendered N.O.R
"	1620LT	:	Cleared MFS
28th, May 2007	1120LT	:	Anchor aweigh and proceeding to berth
	1210LT	:	Pilot on board
	1410LT	:	Sent out first line
	1600LT	:	All made fast / Accepted NOR

In view of the above, I master of M/T C.VISION protest against time delay for berthing and behalf of my Owner/Charterers, I hereby hold you responsible for any consequences arising from and reserve the rights to refer this matter at a later date.

Master | Acknowledged receipt by

Signature : | Signature
Name : | Name

Letter of Protest 중 Time Delay of Berthing 은 본선은 항구측의 지시대로 시행했으나, 항구측의 과실로 인해 Berthing 시간이 늦어진 점에 대해 항의하는 문서이다. 이 문서에는 각 시간이 기입되어 있는 점이 특징이며, 해당 항구의 대표 또는 그 대리자가 서명함으로써 이 문서는 효력이 발생한다. 이 문서는 Berthing 시간이 늦어진 점으로 인해 추후에 문제가 발생할 경우 항구측에서 배상할 것을 요구하고 있다.

4. Letter of Protest(Time Delay of Loading Cargo)

〈표 1-9〉 Letter of Protest(Time Delay of Loading Cargo)

LETTER OF PROTEST
(Time delay of Loading Cargo)

Vessel Name : C.VISION

Voyage Number : 025
Port / Berth : Basrah, Iraq / Basrah Oil Terminal Sea Berth No.3

To : Loading Master of Basrah Oil Terminal Sea berth No.3
Date : 29th, May 2007

RE : TIME DELAY OF LOADING CARGO

Dear Sir !

I, master of M/T C.VISION, hereby note a letter of protest against time delay of cargo loading commencement due to your good terminal's reason.

<Time Log>

28th, May 2007	1600LT	: All made fast / Accepted NOR / Free-Pratique
	1936LT~2020LT	: Inspected all cargo tanks
	2020LT~2039LT	: Calculated OBQ
	2048LT~2058LT	: Connected Cargo Arms (16 inch x 2)
	2305LT	: Com'ced loading cargo

In view of the above, I master of M/T C.VISION protest against time delay for berthing and behalf of my Owner/Charterers, I hereby hold you responsible for any consequences arising from and reserve the rights to refer this matter at a later date.

Master　　　　Acknowledged receipt by:

Signature :

Name :

SH. M. TAHA

〈표 1-9〉 Letter of Protest 중 Time Delay of Loading Cargo는 육상측의 이유로 인해 화물의 선적시간이 연장된 것에 대해 항의하는 문서이다. 화물의 선적시간이 연장이 되면 항비나 인건비 증가 등이 문제가 될 수 있다. 따라서 이 문서를 작성함으로써 육상측 대표자 또는 그 대리자로부터 서명을 받으면 추후 선적시간 연장으로 인한 문제에 대해 본선이 책임이 없음을 증명할 수 있다. 이 문서는 화물에 관련된 각 시간들이 기입되어 있는 점이 특징이다.

5. Letter of Protest(Discrepancy of Cargo Quantity)

〈표 1-10〉 Letter of Protest(Discrepancy of Cargo Quantity)

LETTER OF PROTEST

TO: Whom it may concern

VESSEL :
VOY NO. :
PORT :
BERTH :
DATE :

RE : DISCREPANCY OF CARGO QUANTITY

We hereby file our formal letter of protest for discrepancy of cargo figures between given in the B/L and ship's figures as follows;

CARGO	B/L FIGURE	SHIP'S FIGURE	DIFFERENCE
	1,000,500 Bbls	1,000,451 Bbls	49 Bbls
BASRAH LIGHT C.O	136,668.300 L/Tons	136,661.607 L/Tons	6.693 L/Tons
	138,861.826 M/Tons	138,852.594 M/Tons	9.232 M/Tons

We are signing all cargo documents under protest reserving all rights and actions as deemed necessary to safeguard the interest of our owner and charterers for any loss of claims that may arise in respect of above.

Please kindly acknowledge receipt by returning the copy to this letter duly signed.

Very truly yours,

MASTER OF

TERMINAL REPRESENTATIVE

〈그림 1-10〉 Letter of Protest 중 Discrepancy of Cargo Quantity는 육상측의 과실로 인해 선적한 화물의 계산값이 B / L(선하증권)에 계약된 화물량과 다를 경우에 항구측에 항의하는 Letter of Protest를 문서이다. 이 문서를 작성함으로써 화물량이 다른 점으로 인해 생길 수 있는 문제점에 대해 본선은 책임이 없음을 입증할 수 있다.

1.4.3 양하 관련 문서

1. Cargo Discharge & COW Plan

〈표 1-11〉 Cargo Discharge & COW Plan

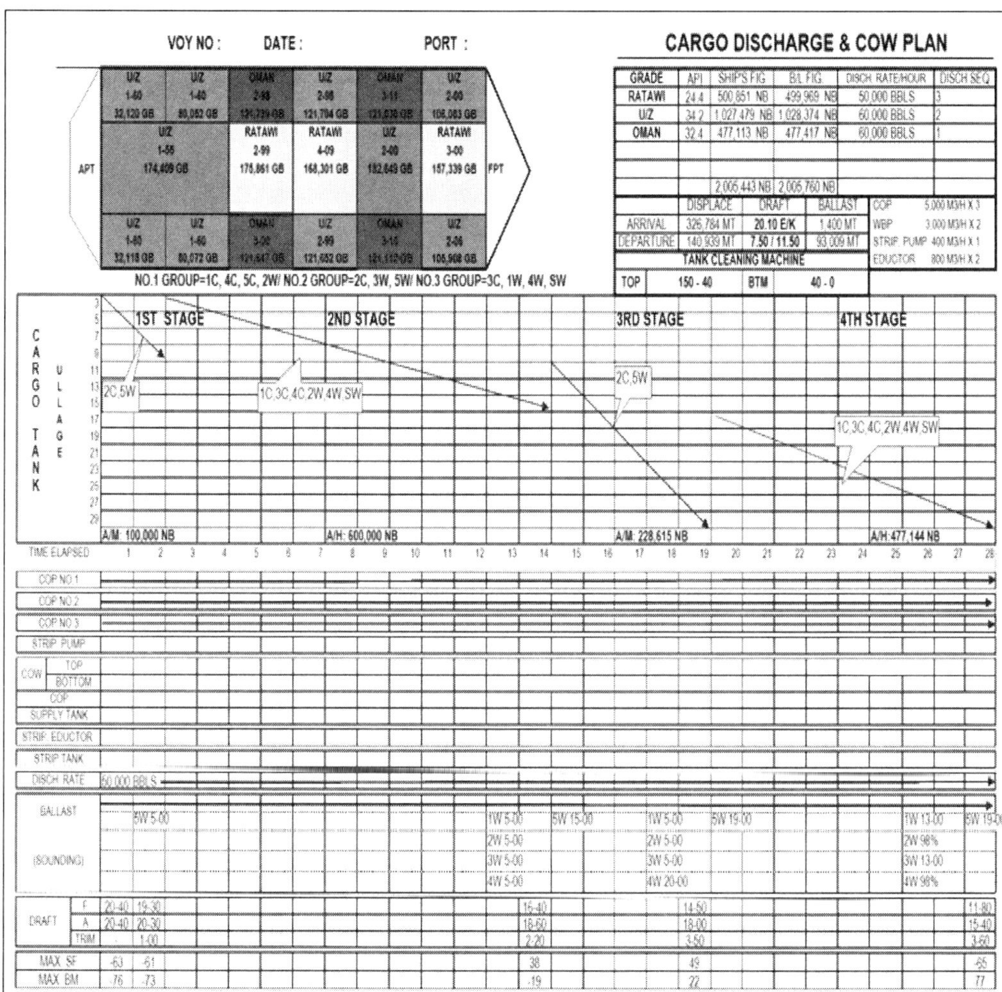

일반적으로 Loading은 육상의 펌프를 사용하기 때문에 본선의 펌프를 사용하지 않으므로 쉽지만, Discharging은 본선의 펌프를 사용하므로 펌프의 RPM을 조정하는 등 본선에서 신경을 써야 하는 부분이 많으므로 상대적으로 Loading에 비해 복잡하다.

Discharging Plan은 Manifold Main Pipe를 어떤 것을 사용할지부터 각 탱크별로 어느 시간에 어떠한 속도로 양하할 것인지를 표시해두어 CCR(Cargo Control Room) 당직자가 각 탱크의 밸브를 조절하여 및 양하할 수 있다.

〈표 1-12〉 Cargo Discharge & COW Plan

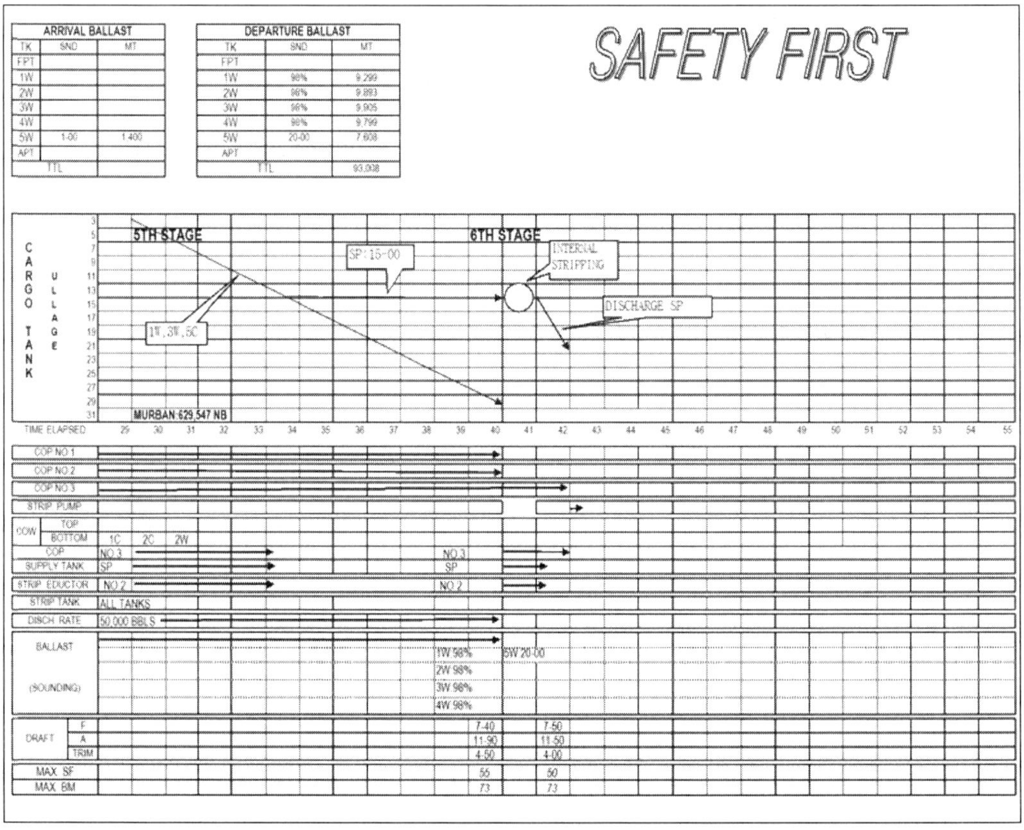

탱크 단면도에서 그 색깔별로 원유화물의 종류가 다르고 통상적으로 Wing Tank, Center Tank의 순으로 Discharging한다. 당직자는 화물선적 및 양하할 때에 선체의 기울기와 선체에 작용하는 모멘트를 고려하여 Ballasting을 적절히 해야 하는데 Discharging Plan에서는 Ballasting 시간과 그 양도 기입해 놓았다.

Discharging시 RPM 조절을 통해 Rate를 올리고 내릴 수 있는데 RPM 조절은 1항사의 임의대로 할 수 있는 것이 아니므로 기관실에 연락해서 펌프를 준비시키는 것이 기관사에 대한 매너이다.

하역이 완료될 시 즈음에 각 탱크별로 어느 정도 높이의 레벨이 떨어지게 되면 Low Alarm 및 Lo-Low Alarm이 발생하는데 화물량이 너무 적어 더 이상 화물을 일반 원심 펌프로 Suction하지 못할 때 Strip Pump를 사용하여 Suction하여 Discharging 가능하다.

COW(Crude Oil Washing)은 하역을 모두 마친 후 하는 것이 일을 복잡하게 하지 않아 좋지만, 일반적으로 정박시간을 줄이면 항비를 절약할 수 있기 때문에 하역 중에 시행한다. 위의 Plan에는 COW 계획도 함께 있어 탱크가 비어지면 COW를 시행 및 감시할 수 있다.

2. Pumping Log

〈표 1-13〉 Pumping Log

PUMPING LOG

M.T HANBADA ________ CHIEF OFFICER ________

VOY.NO. ________ BERTH MASTER ________

Time	No. 1 PUMP				No. 2 PUMP				No. 3 PUMP				Manifold pressure Kg/cm^2	Shore rate	REMARK
	R.P.M.	Pres. Suc.	Pres. Dis.	Bearing Temp	R.P.M.	Pres. Suc.	Pres. Dis.	Bearing Temp	R.P.M.	Pres. Suc.	Pres. Dis.	Bearing Temp			
03rd 1900	940	1.7	9.2		940	1.6	9.2		940	1.8	9.0		6.4		03rd MAR. 2007
2000	980	1.8	10.0		970	1.6	10.0		970	1.9	9.7		7.0		1745 Completed disch "KECO"
2100	980	2.3	10.5		980	2.1	10.5		980	2.3	10.3		7.5		2040 Changed Cargo to "A.S"
2200	840	2.3	9.6		900	2.1	9.7		850	2.3	9.7		7.0		2135 Suspended disch sue to shore tank change
2300	910	1.9	9.2		920	1.6	9.0		920	1.8	8.9		7.0		2150 Resumed disch of "A.S"
2400	920	2.2	9.6		920	2.0	9.7		920	2.1	9.5		7.0		2040 Changed Cargo to "KECO"
04th 0100	1080	2.0	11.5		1080	1.8	11.5		1080	1.9	11.5		8.5		04th MAR, 2007
0200	1080	2.0	11.5		1080	1.8	11.5		1080	1.9	11.5		8.5		0030 ~ 0050 stop'd disch as per shore request
0300	1080	1.8	11.5		1080	1.7	11.5		1080	1.8	11.5		8.5		
0400	1080	1.7	11.5		1080	1.5	11.5		1080	1.6	11.5		8.5		
0500	1080	1.6	11.5		1080	1.4	11.3		1080	1.5	11.5		8.5		
0600	1080	1.5	11.5		1080	1.3	11.3		1080	1.4	11.1		8.5		
0700	1080	1.4	11.5		1080	1.2	11.2		1080	1.4	11.1		8.5		
0800	1080	1.3	11.2		1080	1.1	11.2		1080	1.2	11.1		8.5		0800 Stop'd disch for shifting
(SBM NO.1)															0820 Hoses off
1100	1080	1.2	11.0		1080	1.0	11.1		1080	1.1	11.0		8.5		1015 Hoses on
1200	1090	1.2	11.5		1090	1.0	11.5		1090	1.1	11.5		8.5		1030 Stareted disch of "KECO"
1300	1090	1.1	11.5		1090	0.9	11.5		1090	1.0	11.5		8.5		
1400	1100	1.1	11.5		1100	0.9	11.5		1100	1.0	11.5		8.5		
1500	1100	1.0	11.5		1100	0.8	11.5		1100	0.9	11.5		8.5		
1600	1100	1.0	11.5		1100	0.7	11.5		1100	0.8	11.5		8.5		
1700	1100	0.9	11.5		1100	0.6	11.5		1100	0.7	11.5		8.5		
1800	1100	0.7	11.5		1100	0.5	11.5		1100	0.6	11.2		8.5		1845 Changed cargo to "A.S"

Pumping Log는 본선의 펌프를 사용하여 하역할 때에만 기입한다. 화물선적 시에는 육상측 펌프를 사용하므로 본선은 기입하지 않는다.

각 펌프의 RPM(Revolution Per Minute)과 흡입(Suction)과 배출(Discharging) 압력(여기서 Suc.은 펌프에 흡입되는 압력, Dis.는 펌프에서 나와 배출되는 압력)을 기입, 가장 중요한 Manifold 압력을 기입한다. 펌프의 RPM을 올리면 Manifold 압력이 증가하며 하역속도가 빨라지고, RPM을 낮추면 압력이 낮아지며 하역속도가 느려진다. 또 각 시간에 대한 기사(Remark)를 기입하면 왜 펌프를 사용할 때에 압력변화가 있었는지 확인할 수 있다.

3. COW Record

〈표 1-14〉 COW Record

COW RECORD

OFFICER IN CHARGE : C/O
USED CARGO : FOROZAN C.O.

M/T HANBADA
PLACE : ULSAN
DATE : 26TH OCT 05'
VOY.NO. : 11

DATE	TIME	TANK NO.	SOUNDING AT START	TANK		WASHING MACHINE				TRIM	USED PUMP	MAX.B.M.	MAX.S.F.	REMARK
				O2 %	PRESS	PRESS	ANGLE	NUMBER OF GUN USED	CYCLE					
2005-10-25	1820~1930LT	1P	0	4.1	790	8.0	140-0-140	3	1	3.75M	NO.2 COP	52%	49%	
	1820~1930LT	1S	0	4.1	790	8.0	140-0-140	3	1	3.75M	NO.2 COP	52%	49%	
	1930~2020LT	4C	5cm	4.6	797	8.0	140-0-140	5	1	3.80M	NO.2 COP	44%	43%	
	2020~2115LT	5S	0	4.9	798	8.0	140-0-140	2	1	3.80M	NO.2 COP	41%	42%	
	0920~1010LT	3C	2cm	4.5	794	8.0	140-0-140	5	1	3.70M	NO.2 COP	39%	37%	

Representative of Terminal　　　　Master Of M/T HANBADA

COW(Crude Oil Washing) Record는 하역 중 각 탱크별로 원유세정을 어떻게 하였는지 나타내는 기록이다. 각 탱크별로 세정시간과 처음 시작할 때 탱크 내 잔유의 깊이를 표시하고 산소의 농도와 압력을 기입함으로써 화재의 위험이 없었음을 증명한다.

탱크 세정은 Washing Gun을 사용하여 하는데 이 Gun의 압력과 탱크 세정을 할 때에 그 각도가 중요하므로 이 사항 또한 기입한다. COW 작업은 환경상의 문제로 인해 육상측의 허가 아래 가능하며 Discharge & COW Plan에 따라 적절히 시행한다.

4. Tank Heating Coil 현황

M/T HANBADA

TANK HEATING COIL 현황

REMARKS

* HEATING COILS IS FITTED IN SLOP (P &S) TANKS ONLY.

SLOP(P)	ALL IN GOOD ORDER
SLOP(S)	ALL IN GOOD ORDER

[그림 1-48] Tank Heating Coil 현황

화물의 종류에 따라 그 성질도 다르다. 각 원유상품에는 점성이 있는데 점성이 너무 심한 화물의 경우 항해운송 중 너무 단단히 굳거나 끈적거리므로 하역이 안될 수 있다. 따라서 항해운송 중에 적절히 원유화물을 가열하여 부드럽게 해주는데 Tank Heating Coil은 그 가열할 수 있는 코일의 배치를 나타내고 있다.

Tank Heating Coil에서의 선박은 Slop Port Tank와 Slop Starboard Tank에 Heating Coil이 설치되어 있다.

1.5 화물 관련 주요 사고사례

1.5.1 시프린스호 기름유출 사고

1. 사고 발생원인

시프린스호 기름유출 사고는 1995년 7월 23일 오후 14시 10분경 전남 여천군 남면 소리도 동쪽 8km 지점에서 발생하였다. 호유해운 소속 싸이프러스 국적원유선인 시프린스호는 A급 태풍 페이(Faye)의 내습 예보에 따라 안전을 위해 하역을 중단하고, 부두에서 피항차 원유잔량 83,000톤을 적재한 채 피항하였으나, 이 선박은 피항도중 7월 23일, 14시경 강풍과 높은 파도에 떠밀려 오동도 남남서쪽 25마일에 위치한 작도에 충돌하였다.

작도에 충돌할 때 충격에 의해 기관실이 파손되었고 이때 흘러나온 연료유가 폭발하면서 엔진, 선교 등이 심각하게 손상을 입어서 모든 기능이 정지되고 교신마저 끊어졌다. 이 배는 또 다시 강한 풍랑에 떠밀려 작도에서 5마일 정도 서쪽에 위치한 소리도에 좌초하였다. 조류를 따라 서쪽으로 표류, 7월 23일 17 : 00경 소리도 서쪽 1.5km 해상 대바위에 좌초하여 기관실 화재가 발생하였으며, 선미는 침몰되고 선수는 위로 솟아 있는 상태가 되었다.

2. 방제 및 피해상황

사고선박인 시프린스호는 이중 선체구조가 아닌 단일 선체구조여서 좌초사고 시 유류를 저장한 탱크가 쉽게 파손되고 이에 따라 유류가 대량으로 유출되는 대형 사고로 진행될 가능성이 높았다.

시프린스호의 경우 작도에서 좌초하여 표류하기 시작한 후부터 16시간이 지난 후까지도 선박의 위치를 파악하지 못했으며 결국 적절한 구난조치를 취하지 못하였다. 이 사고로 벙커시유 약 900톤과 원유 4,100여톤 총 5,035톤이 바다표면을 뒤덮었고 여수앞바다는 물론이고 거제도, 부산 , 울산까지 약 200km의 해안선을 오염시켰다.

1995년 정기국회에서 유출된 기름량이 700톤이냐 5,035톤이냐 혼선이 있었는데 해양경찰청에서는 5천여톤이라고 보고한 반면 수산청은 700여톤이라고 보고한데서 비롯되었다. 이후 단순한 행정상의 실수라는 것이 밝혀졌지만, 사고의 중대성에 비추어 행정관리가 철저하지 못한 것을 반증하는 하나의 예라고 볼 수 있다.

당시 방제작업에는 민관군 등에서 많은 인력과 선박, 장비 등이 참여하였는데, 이를 체계적으로 지휘하고, 통제할 수 있는 지휘체계에 문제점이 대두되었다. 당시 방제현장에 대한 총괄지휘는 해양경찰청이 맡고 있었으나, 이에 대한 법적 근거가 없어 방제작업에 참여하였던 각 기관은 소속기관에 별도로 보고체계를 구축하여 총괄적인 방제진행과 계획수립에 많은 혼선을 초래하였다.

시프린스호 유류오염사고 방제작업과정에서 710여톤의 유처리제가 살포되었다. 일반적으로는 유처리제의 효능을 극대화하기 위해 유처리제를 분무시킬 수 있는 살포기를 이용하여 제한된 지역에서 규정된 방법으로 살포하여야 하나, 당시에는 유처리제 살포기가 충분하지 않아 소방 호스나 심지어 바가지 등으로 뿌리기도 하였다. 이러한 점은 나중에 유처리제의 과다 사용 논란으로 비화되었는데, 당시 관련 전문가의 자문없이 유처리제를 마구 사용한 것은 문제이다.

유처리제는 해수와 기름 유막간 표면장력을 감소시켜 미세한 방울로 만들어 미생물 분해작용이나 자연적인 분해과정을 용이하게 하여 빨리 기름성분을 바다에서 제거하는 역할을 한다. 따라서 유처리제는 유출된 기름을 미립자로 분산 확산시킴으로써 수중생물에게까지 기름의 영향이 퍼질 수 있다는 점이 위험하다. 따라서 어장, 양식장 수심이 낮은 해역 패쇄해역 수자원보호구역에서는 유처리제의 사용을 제한하여야 한다.

시프린스호 사고 1년 후인 96년 여수수산대 양한춘(어병학)교수가 조사한 바에 의하면 기름유화제가 가라앉은 바다 밑은 수산생물은 서식환경이 악화되면서 어패류와 해조류의 어획량은 40%에서 최고 70% 가량 줄었으며, 개펄에 서식하는 낙지와 문어 등 연체동물과 패류는 일부지역에서 멸종상태이며 대부분의 물고기들은 타지역으로 서식지를 옮긴 것으로 확인되었다고 전한다.

3. 사고처리 및 교훈

2002년 현재까지 집계된 어민피해액은 154억에 이른다. 전체 피해액 중 75%가 여수해역에서 발생하였는데 특히 가두리 양식어업에서 많은 피해가 발생하였다. 시프린스호와 같은 대형 유류오염사고는 어민들에게 직접적인 수산물 피해를 유발할 뿐만 아니라 광범위한 해양환경을 오염시킨다. 유출유로 인한 오염피해를 줄이기 위해 효율적인 방제활동과 복원사업을 수행하여야 하며 지속적으로 환경상태를 파악하기 위한 모니터링을 할 필요가 있다.

1989년에 발생한 엑슨발데즈호 유류유출사고의 경우 1992년 6월 공식적으로 해안방제 작업이 종료하였음에도 불구하고 1억 8천만불의 예산을 이용하여 환경복원과 감시사업을 지속적으로 수행하고 있다.

시프린스호 오염사고가 발생하자 시민환경단들은 연대활동을 통해 환경사회단체인 해양오염대책위를 구성하여 감시활동과 사고 관련 회사와 정부가 보다 적극적이고 효율적인 대책을 수립하고 시행하는데 앞장섰다. 그리하여 의원입법으로 1998년 2월 해양오염사고가 발생하였을 때 전문기관을 통해 해양오염영향조사의 실시를 규정하는 해양오염방지법을 개정하는데 일조하였다.

1995년 발생한 시프린스호 유류오염사고는 우리나라에서 해양오염의 심각성과 이에 대한 대비의 필요성을 인식하는 계기가 되었다. 1995년 해양오염방지법을 개정하여 해양경찰청을 중심으로 한 방제작업 지휘체계를 일원화하였고, 아울러 해양방지 5개년 계획 등 국가차원에서 해양오염에 대한 종합적인 정책을 수립하여 시행하게 되었다.

[그림 1-49] 시프린스호 사고현장

[그림 1-50] 시프린스호 사건현장

해양오염방제를 위한 국제적인 협력을 위한 국제협약에도 가입하게 되었다. 또한 한국해양오염방제조합의 설립, 방제 관련 조직, 인력, 장비 등 방제작업을 위한 기본 인프라를 구축하고 방제기술을 개발하는 계기가 되었다.

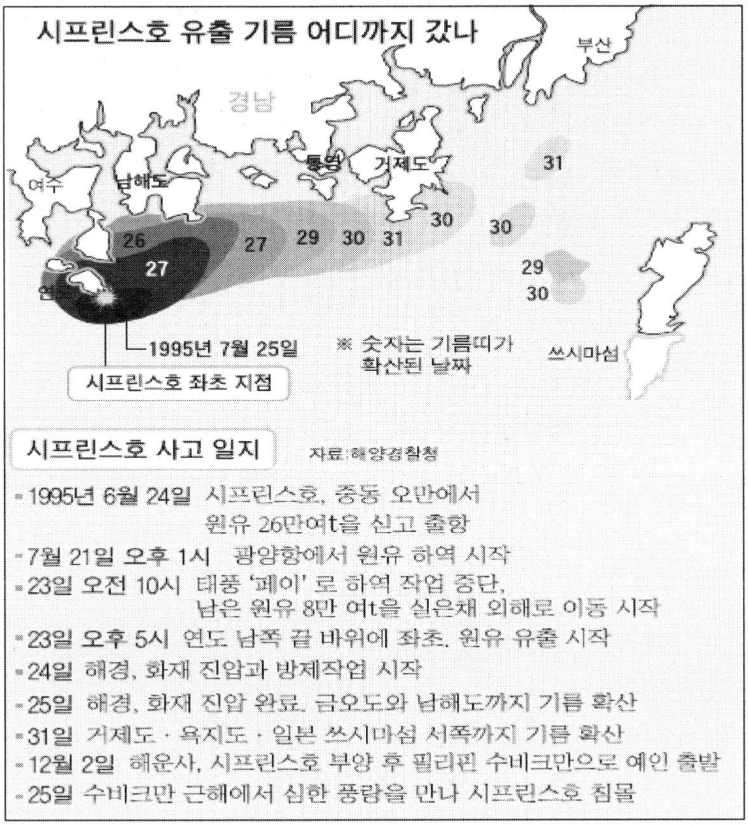

[그림 1-51] 시프린스호 사고일지

1.5.2 EXXON VALDEZ호 사건

1. 사고개요

TANKER, EXXON VALDEZ호(이하 "본선")는 미국 ALASKA주 VALDEZ항 원유 TERMINAL에서 원유 1,264,155BBLS(142,912 M/T)을 선적하고 1989년 3월 23일 2130LT CALIFORNIA의 LONG BEACH를 향하여 출항하였으나, 당시 해상상태는 양호하였고 시계도 10MILES정도였음.

선교에서는 선장, 3/O, 조타수가 근무 중이었으며 도선사가 승선하여 조선에 임하였고, VALDEZ항에서 약 20MILES 정도를 항해한 후 VALDEZ 협수로 진입 전 비교적 넓은 해역에서 2330LT경 도선사는 하선하였고 곧이어 선장도 조선을 3/O에게 인계하고 선교를 떠났음.

본선은 VALDEZ 협수로 통항 분리대의 서쪽 출입 항로를 따라 남하하던 중, 본선 우현쪽에서 유빙을 발견, 이것을 피하기 위해 항로를 좌측으로 이로하겠다고 해안경비대에 요청하여 동쪽 입항 항로로 진입하는 것을 허락받고 변침한 후, 원인을 확실히 밝히지 못했으나 3월 23일 2351LT경 동쪽 입항 항로를 넘어 0.25 MILES쯤 더 동쪽으로 벗어난 지점에서 수면하 50FEET의 암초에 부딪힌 후(추측컨대, 3항사의 본선위치 FIX시 오차가 있지 않았나 싶음), Bligh Ree섬 방향으로 2MILES쯤 더 전진하였고, 3월 24일 0004LT경 3/O가 Bligh Reef섬 그림자를 발견하고 우측으로 변침을 시도하였으나 변침되지 않고 계속 전진하여 수심 30~40FEET인 Bligh Reef 암초에 좌초되었음.

동 사고로 13개의 화물창 중 8개의 화물창에 파공이 발생, 원유 약 257,000BBLS(29,054 M/T)이 해상으로 유출되어 약 USD 20억의 Cleaning 비용이 발생했던 사고임.

2. 사고발생원인

① Duty Officer인 3/O는 정박 중 과로한 노동으로 인한 피로가 축적되어 적절한 조선을 태만히 했음

② 선장이 알코올 장애로 인하여 적정한 항해당직을 태만히 했음

[그림 1-52] 사고의 EXXON VALDEZ호

③ EXXON사는 동 선박에 적임의 선장을 배승시키지 못했으며(선장은 승선 전 알코올 중독을 치료받았음), 항해당직자에게 충분한 휴식을 부여할 수 있는 인원을 배승시키지 않았음

④ 항해관제센터는 불충분한 기계설비, 인원배치 불충분, 훈련부족, 관리체제의 불시에 대한 충분한 항행 관제를 시행치 못했음

⑤ Pilot Station을 Rocky Point로 이동시켜 Pilot의 업무범위가 불충분했음

[그림 1-53] EXXON VALDEZ호 사건현장

1.5.3 호남 사파이어호 충돌사고

1. 사고개요

호남 사파이어호(파나마 국적,총톤수 142,488톤)는 원유수송선으로 중동의 오만, 아랍에미레이트, 사우디아라비아 등지에서 원유 253,897톤을 선적하고, 1995년 10월 26일 20시 24분경 사우디아라비아 라스타누라항을 떠나 20일간의 항해를 마친 후, 11월 17일 14시경 여수해만 대도부근에서 도선사 및 수습도선사를 승선시키고 LG - Caltex 정유 원유부두로 향하였다.

같은 날 15시 35분경 여천시 낙포동 삼일항 소재 LG정유 원유부두 약 1마일 해점에 도착한 본선에 예인선 6척을 우현에 배치시켜 접안준비를 완료하고, 15시 50분경 6척의 예인선으로부터 조력을 받으면서 부두에 접안 시도 중 선미부분이 선수부분 보다 부두에 먼저 접근하자 예인선으로 선수부분을 부두쪽으로 밀도록 하였다.

16시경 선수부분이 너무 과도하게 밀리게 되었고, 본선이 부두에 30~40m 근접할 때까지 강한 전진타력의 힘을 소멸시키지 못하여 선수부분이 부두에 먼저 접근하게 되자, 전진타력을 소멸시킬 목적으로 우현 선수측에서 예인선 2척으로 선수부분을 당기도록 하였으나, 예인선이 호남 사파이어호 가까이 위치하여 예인력을 발휘하지 못하고, 본선은 타력으로 계속 밀려 16시 10분경 원유 제2부두 제8번 돌핀에 부착된 방현재 전반부와 접촉되면서 방현재를 지지하는 체인 고정용 U-볼트 및 돌핀 교각 모서리와 사파이어호의 좌현 2번 원유탱크가 접촉으로 인해 파공이 발생, 적재된 원유가 유출된 사고이다.

2. 방제조치와 교훈

1) 방제조치

여수지역에는 지난 시프린스호 사고 이후, 방제작업 경험이 풍부한 업체가 많아 방제작업 준비가 잘 되어 있었고, 작업 팀웍이 잘 이루어져 방제작업이 순조롭게 진행되었으며, 타 지역에서 동원된 방제선 및 유회수기도 도착되는 즉시 방제선단에 편성되어 방제작업에 임하였다.

11월 18일 부산해양경찰서 소속 트롤스키머 선단의 사고해역 투입을 시작으로 목포·통영·제주·태안해양경찰서에서 지원된 경비함정 및 방제정 13척과 유회수기 5대가 사고해역에 추가 투입되었고, 관계기관 및 호유해운측에서도 인원 184명과 방제선박 31척, 오일펜스 1,760m를 동원하여 해상유출유 회수작업 및 가막만 등 민감해역에 기름유입 방지를 위한 오일펜스를 설치하였다.

일시에 동원된 50여척의 방제선단을 오염지역에 정확히 배치하기 위하여 해양경찰청 해양오염관리부장이 헬기에 편승, 여수 오동도와 신항 사이의 해상에 부유하고 있는 유출유 이동상황을 확인하여 방제작업 중인 선단의 위치를 조정 지시·통제함으로써 방제작업의 효과를 높일 수 있었다.

또한, 새로 도입된 유처리제 살포장치가 장착된 해양경찰소속 헬기를 이용하여 유처리제를 살포하는 항공방제작업을 실시하였다.

19일에는 인천해양경찰서 기동방 제단을 비롯한 동해 · 군산 · 울산 · 포항 · 속초해양경찰서에서도 지원세력이 추가로 도착됨으로써 해양경찰에서 동원된 방제세력은 함정 35척, 방제정 8척 및 유회수기 18대로 늘어남에 따라 방제선단을 재편성하여 사고해역에 투입, 유출유 회수 및 분산작업에 박차를 가하여 11월 22일까지 해상방제를 완료할 수 있었다.

남해군, 여천시, 여수시, 여천군 등 해안가로 밀린 많은 양의 유출유는 방제업체에서 해양경찰로부터 지원된 디스크스키머 및 스크류스키머를 사용하여 기계적 회수작업과, 어선에서 흡착재를 이용 흡착 수거하는 방법을 병행 실시하는 한편, 해안자갈, 암벽, 모래사장에 부착된 기름은 주민과 군인을 동원, 개닦기 작업과 손삽, 쪽대 등을 이용하여 수거작업을 실시하였다.

해안방제작업 중 동절기 한파로 결빙되거나 고착된 해안부착유를 제거하기 위하여 전국 각지에서 고압세척기를 동원하여 암벽 세척작업을 실시하였고, 기름이 부착된 자갈, 모래는 특별히 제작된 가마솥에 유처리제 및 해수와 혼합하여 가열 분리한 후 자갈, 모래를 다시 깨끗한 해수로 세척하여 원상 복귀하는 방식을 사용했다. 이러한 부착유 세척방법은 작업능률면에서 수작업보다 효과적이고 경제적인 방법으로써 각광받기도 하였다.

2) 교 훈

(1) 조류가 빠른 해역에서의 오일펜스 기능저하

사고 발생시간은 만조 후 정조시간으로 사고선박으로부터 유출된 초기의 기름은 대부분 포집되었으나, 정조시간을 지나 간조가 시작되면서 낙조류가 사고해역에 빠르게 흐름에 따라 포위되어 있던 기름은 대부분 오일펜스를 빠져나가 여수해만으로 확산되었다. 조류가 빠른 해역에서는 포위전장보다 유회수기를 연계한 예인전장 또는 유도전장법 등을 사용해야 할 것이다.

(2) 대형사고 대비 국가방제 능력부족

시프린스호 사고 이후 유일호, 호남 사파이어호 등 대형 오염사고가 연이어 발생되고 있으나, 국가방제능력 부족으로 유출된 기름이 광범위하게 확산, 피해가 확대되고 있어 국가방제능력 확충이 시급한 국정과제로 대두되었다.

[그림 1-54] 조류를 따라 확산되는 유출유

[그림 1-55] 유회수기 이용 회수작업

1.5.4 유조선 화물사고에 따른 영향력

1. 선체구조의 변화

이중 선체구조가 아닌 단일 선체구조는 좌초사고 시 유류를 저장한 탱크가 쉽게 파손되고 이에 따라 유류가 대량으로 유출되는 대형사고로 진행될 가능성이 높았다. 이에 따라 EXXON VALDEZ 사고 이후로 미국은 자국 내역을 항해하는 선박에 대해서 이중 선체구조를 강제화시켰으며, 세계적으로는 단계적으로 단일 선체에서 이중 선체구조로 변경하는 법안을 통과시켰다. 국내에서 또한 시프린스호 사건 이후로 세계적으로 이중 선체구조를 더욱 빠르게 진행하는 결과를 가져왔다. 오는 2010년 이중 선체구조의 강제화에 따라 국내 조선산업의 급속한 발전과 수주량 획득 역시 이러한 유조선의 해양오염사고에 의해 이뤄진 것이다.

2. 기름에 의한 해양오염

해양을 오염시키는 물질 중에서 가장 심각한 것은 유기물, 질소나 인 같은 미생물의 영양물질과 기름이다. 해양에 미생물의 영양물질들이 과다하게 유입되면 적조현상을 일으켜 수산자원에 큰 피해를 주게 된다. 아울러 해양을 오염시키는 가장 큰 오염원은 유조선을 청소할 때 나오는 기름으로 연간 100만 톤이나 된다. 유류는 바다표면에 수백 미크로미터의 얇은 유막층을 형성하여 넓게 확산되므로 오염의 심각성은 크다고 볼 수 있다.

유조선 사고로 인한 원유유출은 바다로 흘러드는 전체 유출량에 비춰본다면 일부에 불과하나 많은 양이 한 번에 유출되므로 피해가 크다. 유출된 기름은 수면위에 얇은 막을 형성하여 바다 속의 생물이 태양광선이나 공기 중의 산소를 접하지 못하게 한다.

따라서 수중의 산소를 다 소모하게 되면 생물은 모두 사망하게 된다. 기름제거작업을 한다 해도 기름의 반 이상이 바닷물과 섞여 원유보다 10배나 무거운 커다랗고 끈적끈적한 덩어리 상태로 가라앉아 마치 해저를 아스팔트 포장도로처럼 만들어 버린다.

[그림 1-56] 기름에 의한 해안오염

[그림 1-57] 유조선 해상오염방지훈련

1.6 탱커선의 주요 항로

탱커선의 주요 항로는 일반적으로 중동지역에서 원유를 Loading해서 이 원유를 세계 필요한 각 나라에 Discharging하는 것이 일반적이다. 주요 항로를 크게 3가지로 나누어서 알아보도록 하겠다.

1.6.1 중동～아시아 항로

우리나라 선사의 유조선의 일반적인 항로로 1항차의 소요기간이 일반적으로 40~45일이다. 대표적인 중동의 산유국으로는 이란, 이라크, U.A.E, 사우디아라비아 등이 있고, 우리나라의 대표적인 Discharging Port로는 울산, 여수, 대산, 온산 등이 있다.

최근 들어 우리나라 선사의 유조선들이 Charter되어 우리나라뿐만 아니라 일본, 중국 등에도 많이 입항하고 있는 추세이다.

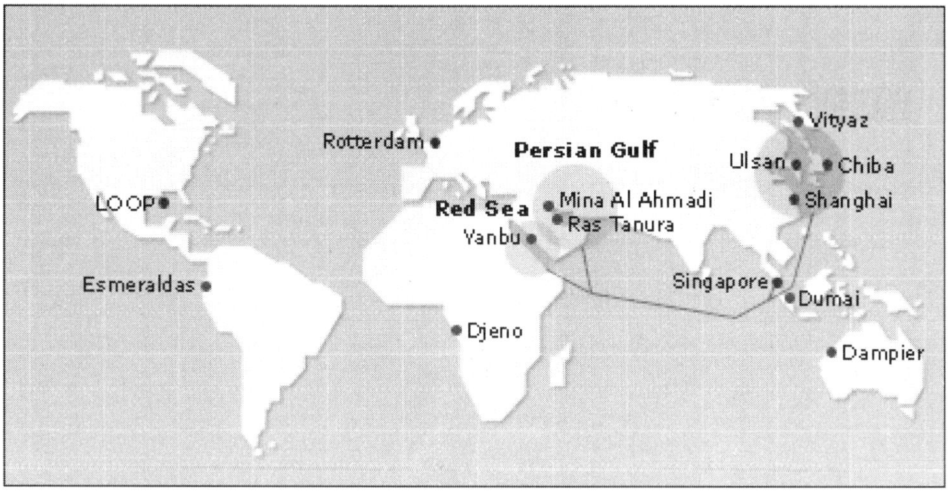

[그림 1-58] 중동~아시아 항로

1.6.2 중동～미국, 유럽 항로

중동에서 원유를 Loading하고 미국, 유럽에 Discharging하는 항로로 특히 미국에 입항할 경우 엄격한 규제가 따르고 있어서 입항 전 많은 준비를 필요로 한다. 미국에 입항하는 원유선의 경우, 법적으로 Double Hull Ship(이중 선체구조선)을 강제화하여 Single Hull Ship(단일 선체구조선)은 입항 자체가 금지되고 있다.

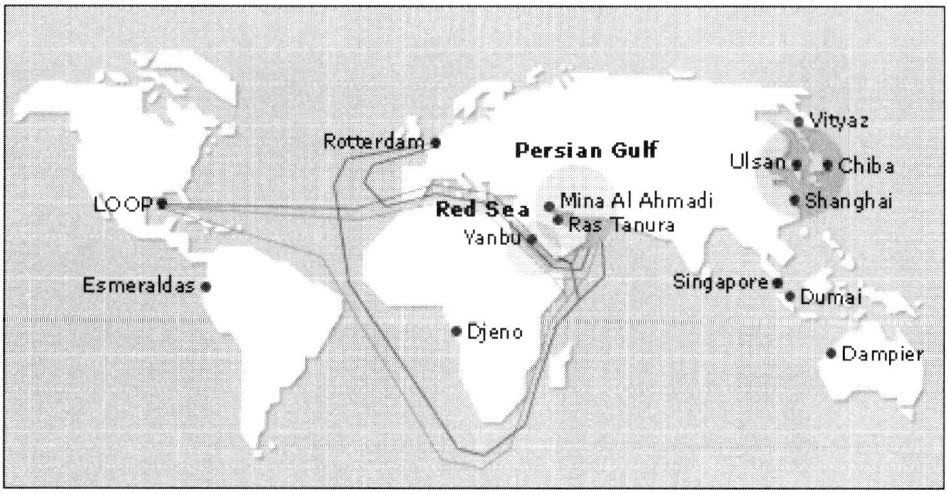

[그림 1-59] 중동~미국, 유럽 항로

1.6.3 기타 주요 항로

일반적으로 산유국이라고 하면 중동지역만을 떠올리기 쉬운데 그 밖에도 많은 나라가 산유국이다. 대표적인 국가로는 아프리카, 인도네시아, 호주, 멕시코, 미국 등이 있다. 최근 들어 중동지역의 석유 자원의 고갈과 많은 석유 소비량으로 인해서 중동이 아닌 기타 다른 국가에서 원유를 Loading해서 이를 다른 국가로 Discharging해주는 항로가 많이 늘어나고 있다.

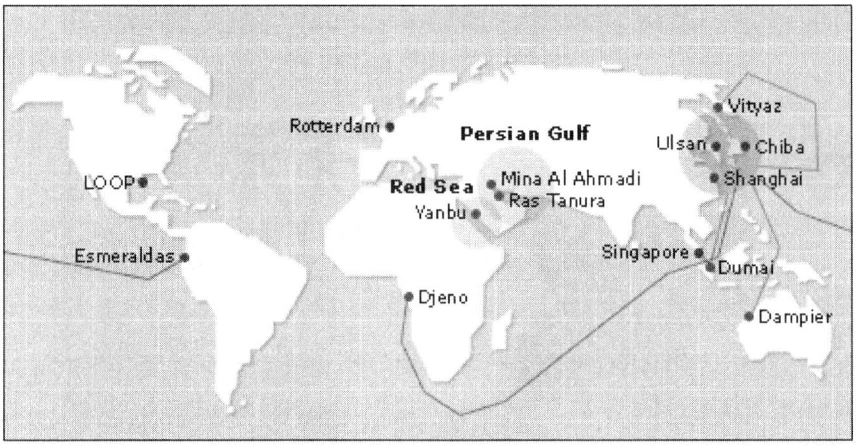

[그림 1-60] 기타 주요 항로

제2장

LNG 운반선

2.1 LNG의 개요 및 특성

메탄을 주성분으로 하는 천연가스를 대기압 상태에서 약 −160℃까지 냉각시키면 이 가스는 액화하여 그 용적이 원래의 약 600분의 1인 액체가 되는데, 우리는 이것을 액화천연가스, 즉 LNG(Liquefied Natural Gas)라고 한다.

LNG는 천연가스와 같이 여러 종류의 탄화수소 분자로 구성되어 있으나 주성분은 메탄(CH_4)이다. 그 외 에탄(C_2H_6)과 프로판(C_3H_8) 등과 질소(N_2), 물(H_2O), 황화수소(H_2S), 이산화탄소(CO_2) 등이 들어 있으며, 이들은 LNG의 액화공정 가운데 다수가 제거된다.

2.1.1 LNG의 특성

1. 물리 / 화학적 특성

① 무색, 무취의 액체이다.

② 증발잠열이 매우 크다.

③ 휘발성이 높으며 점도는 낮다.

④ 유전력이 높고, 고도의 전기적 부도체이다.

⑤ 부식성, 유독성은 없다.

2. LNG의 저장 / 수송상 특성

① 약 −160℃ 내외의 초저온 액체이다. 따라서 저장설비나 파이프 설비들은 초저온에 견딜 수 있는 저온 재료를 사용해야 하며, 온도차에 의한 신축과 열응력을 고려한 유효한 방열구조를 가져야 한다. 또한 취급자는 저온장애에 의한 사전지식과 주의가 요구된다.

② 액화에 의해 상온에서의 가스에 비해 부피는 600분의 1로 줄어든다. 이 특성은 LNG의 저장 및 수송에 매우 유리한 부분이며, 또한 LNG 수송 중 가장 중요한 압력제어와 매우 밀접한 부분이다.

③ 비(등)점 상태에 있는 액체이며 LNG는 기체 ↔ 액체 간의 상변화가 약간의 온도,

압력변화에 의해서 쉽게 일어난다. 즉, 비점이란 액체가 처음으로 증기를 발생하려 하는 또는 비등하기 시작하는 상태의 온도라고 할 수 있다.

④ 밀도는 물의 반 정도이다(산지에 따라 다르며, 대략 0.425부터 0.555부근이다).

⑤ 가연성이나 그 Vapor의 연소범위는 좁다. 공기 중에 5~14%의 용적이 존재하면 폭발성 혼합기체를 형성한다. 화재의 3요소로는 가연성 물질, 산소 및 불꽃으로, 이 중 어느 한 가지라도 충족되지 않으면 발생하지 않는다. 따라서 화재가 발생하기 위해서는 적당한 양의 공기가 있어야 한다. 어느 가연성 물질의 연소범위라는 것은 밀폐공간 내에 그 가연성 물질의 농도가 어느 정도 있어야 폭발이 일어날 수 있는 범위의 농도를 %로 나타낸 것이다.

2.1.2 LNG 운반선의 개요

LNG 운반선(LNG Carrier)이란 기체상태로 존재하는 메탄(CH_4)이 주성분인 천연가스를 불필요하거나 유해한 혼합물을 제거한 후 이를 액화시킨 액화천연가스를 상(狀)변화를 시키지 않은 상태로 생산지에서 소비지로 수송하기 위하여 특별한 구조를 갖춘 선박을 말한다. 우리가 일반적으로 사용하는 천연가스는 기체상태로 이용하는데, LNG는 기체상태로는 부피가 너무 커 대량운송이 불가능하므로 가스의 부피를 줄이기 위해 천연가스를 액화시킬 필요가 있다(천연가스는 액화시킬 경우 부피가 600분의 1로 줄어든다). 결국 천연가스를 액화시켜 대량운송하기 위해 개발된 선박이 LNG 운반선이며, 이는 핵심적인 운송수단인 셈이다.

그러나 초기에는 천연가스의 액화온도인 −161.5℃에 견딜 수 있는 초저온 재료의 개발이 늦어져 LNG 운반선의 건조가 지연되었다. 초저온재료의 개발과 수많은 시행착오 끝에 현재는 216,000m³ 규모의 초대형 LNG 운반선을 설계할 만큼 건조기술이 비약적으로 발전되었다. 우리나라는 Hyundai Utopia를 시발점으로 현재 총 18척의 LNG 운반선이 4개 해운운영신사에 의해 운항되고 있으며, 앞으로도 계속 초대형 LNG 운반선이 발주 준비 중이다.

2.1.3 LNG 운반선의 종류

LNG 운반선의 분류는 LNG를 운송/저장하는데 사용하는 탱크의 분류에 따라서 나뉘어진다. 저온 화물을 관리하는 탱크 방식에는 독립구형, 독립방형, Membrane형, Semi-Membrane형, 일체형 등 여러 가지 종류의 탱크 방식이 있으나, 현재 LNG 운반선 건조 시 채택하고 있는 방식인 독립구형방식(일명 Moss형)과 Membrane형으로 LNG 운반선은 나뉘어진다.

1. Moss형 LNG 운반선의 구조 및 장·단점

Moss 방식은 Norway Moss Rosenberg 조선소가 Norway 선급협회(DNV)의 협력을 기반으로 독자 개발한 것으로, 1973년 제1호선 Venator호(2,900m^3)에 이어 Norman Lady호(87,600m^3)가 건조된 이래 점차 대형화되어 최근에는 135,000m^3 형이 하나의 표준선형으로 되어 있다.

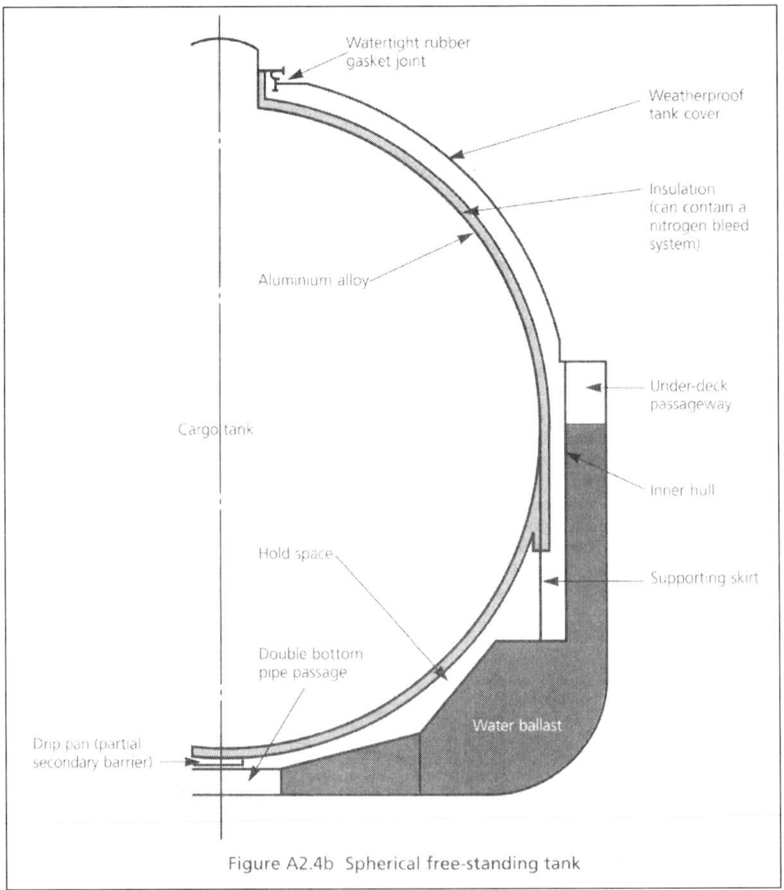

Figure A2.4b Spherical free-standing tank

[그림 2-1] Moss형의 탱크 구조

1) 구 조

탱크 재료는 보통 알루미늄(Al)으로 제조되며, 탱크와 LNG의 중량을 원통형 지지재(Skirt)로 선저부의 대좌구조에 지지시키는 구조이다. 알루미늄으로 탱크를 제조하면 가벼운 탱크를 만들 수 있으나, 열팽창계수가 다른 재료에 비하여 크므로 초저온의 KNG를 적재하면 탱크가 수축한다. 그러나 이러한 열신축에 의한 변형은 Skirt에 의해 흡수되어지는 구조로 되어 있다.

2) 장 점

① 탱크 자체에 방열재가 전혀 없는 구체이므로 강도해석을 정확하게 할 수 있다.
② 정확한 강도해석에 근거하여 이차방벽을 경감시킬 수 있다.
③ Sloshing(배의 동요로 인해 탱크내의 유체가 탱크 안벽을 때려 손상을 입히는 현상)의 영향은 Membrane만큼 심하지 않으며 펌프의 고장의 경우 압력양하가 가능하다.

3) 단 점

① 구형을 선창에 수용시키기 위하여 Void Space가 늘어나 결과적으로 구체의 반이상 갑판상에 돌출한다.
② 풍압면적이 커지고 조선시계가 나쁘며 갑판상이 평활하지 않아 작업성이 떨어진다.

2. Membrane형 LNG 운반선의 구조 및 장·단점

1) 구 조

Membrane Tank는 Membrane에 LNG를 격납하도록 설계된 탱크를 말하며, 화물에 직접 접촉하는 일차방벽과 일차방벽 밖에 또 하나의 완벽한 Membrane인 이차방벽이 있다.

2) 종 류

① GT Type Membrane Tank
　㉠ GT사에 의하여 상품명 Invar로 불리는 오스테나이트 Fe-Ni 합금강이 이 시스템의 재료로 선정되었다. 팔각형의 단면을 가지며, 외부선각 및 Inner Hull에

의해 이중으로 둘러싸여 있다. 이차방벽은 일차방벽과 거의 동일한 구조로 되어 있으며, 일차방벽과 이차방벽의 두께는 230mm의 Primary Insulation Box가, 이차방벽은 Inner Hull 사이는 300mm 두께의 Secondary Insulation Box가 설치된다.

ⓛ 탱크 단면은 양 하단에 Bilge Hopper부가 있고, 탱크 깊이의 2/3위치부터 양현에서 45도 경사진 형상이다. 이곳으로부터 상방은 통상의 단열상자보다 강도가 3배로 보강된 단열상자가 설치된다. 탱크 크기는 특별한 제한을 받지 아니하며 가장 선수부의 NO.1 탱크는 측벽이 중심선쪽으로 경사지게 설계된다.

② MARK III Type Membrane Tank

㉠ 탱크 단면 형상은 GT type과 같다. Membrane을 포함한 Insulation의 총 두께는 대체로 가장 얇은 250mm가 사용되며, 이 경우 Primary Insulation은 80mm, Secondary Insulation은 170mm이다.

ⓛ NO.1탱크는 GT Type처럼 경사지게 설계할 수도 있고, 횡단면적을 적게 하여 평행하게 설계할 수도 있는데 이 경우 Membrane Tank를 지지하는 Inner Hull 구조가 불연속이 되므로 선체설계 시 주의하여야 한다.

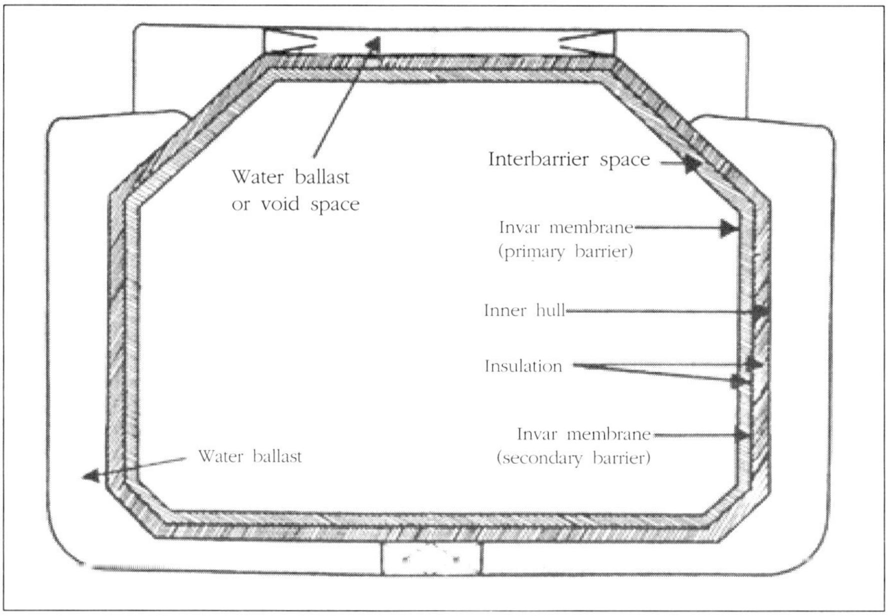

[그림 2-2] GT Type Membrane Tank

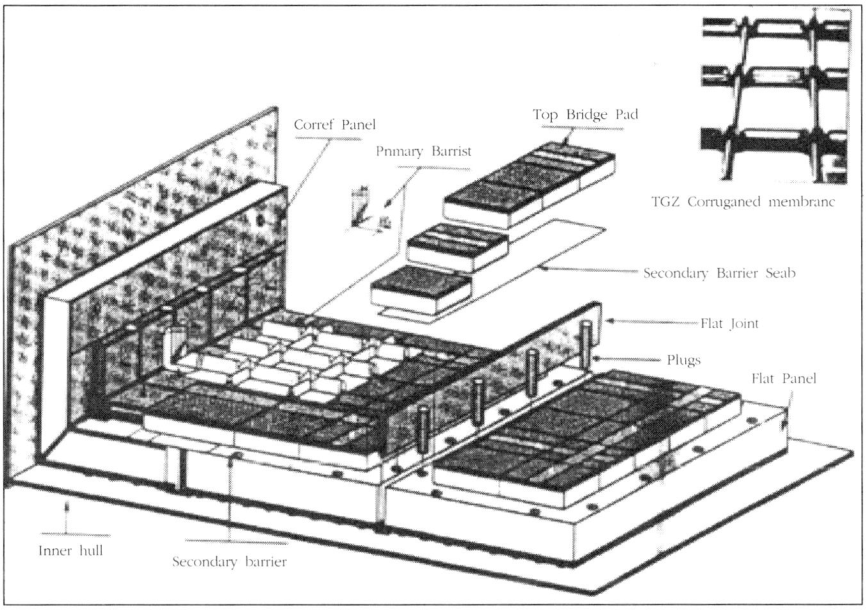

[그림 2-3] MARK Ⅲ Type Membrane Tank

3) 장 점

① 항해 중 Tank Cooldown할 필요가 없어 시간 단축이 가능하다.

② 상대적으로 시간과 LNG 소모량이 적다.

③ 총톤수가 적어 운항비가 절감된다.

4) 단 점

① 운항 중 Cargo Tank를 검사할 방법이 어렵고 건조 중 비파괴검사가 힘들다.

② 정밀한 응력계산이 힘들고 손상발생 시 광범위하게 될 가능성이 있다.

2.1.4 LNG 운반선 선형별 특성 비교

〈표 2-1〉 LNG 운반선 선형별 특성 비교

구 분	Moss형 LNG 운반선	Membrane형 LNG 운반선
Cargo Tank 지지방법	• 선체와 독립된 알루미늄 구형 탱크가 Skirt에 의해 지지됨 • 구형은 기하학적으로 가장 안전한 내응력 구조임	• Membrane이 Cargo Tank이며 이것이 보냉제를 통해 선체에 지지됨 • 탱크가 각형으로 응력 집중부위가 많음
Cargo Tank의 검사	구형 탱크로 운항 중 항시 검사가 가능하며 또한 건조 중에도 비파괴검사 등이 가능함	운항 중 검사할 방법이 까다로우며, 건조 중 비파괴 검사가 어려움
이차방벽	구형 탱크는 상대적으로 안전하여 이차방벽 설치를 면제함	이차방벽 설치가 필요함
선체로부터 독립성	Cargo Tank는 선체와 독립되어 있기에 선체결함에 의한 영향은 크게 받지 않음	Cargo Tank가 보냉제로 지지된 구조로 선체결함에 직접적인 영향을 받음
화물적재 제한 여부	구형 탱크는 화물의 움직임에 의한 선체응력, 즉 Sloshing에 영향이 거의 없어 Partial Loading이 가능함	탱크가 보냉제에 의하여 지지를 받아 Partial Loading이 불가함
시야	선체갑판상부에 Dome이 돌출되어 있어 선교의 높이가 Membrane형에 비해 높음	• 선교의 높이가 상대적으로 Moss형 보다 낮아도 됨 • 적은 풍압면적으로 조종성능이 Moss형 보다 우수함
선가 및 운항문제	• 건조선가가 상대적으로 고가임 • 항해 중에 Cargo Tank의 온도를 유지하기 위해 지속적으로 Cooldown이 필요함	• 건조선가가 상대적으로 저렴함 • 항해 중 Tank Cooldown을 할 필요가 없음 • 총톤수가 적어 운항비가 절감됨

2.1.5 LNG 운반선의 항로

1. 현재 운항되고 있는 항로

① 한국에 LNG Terminal이 있는 곳은 인천, 평택, 통영이다.

② 현재 한국에서 LNG를 가져오는 곳은 말레이시아, 인도네시아, 오만, 카타르가 있다. 오만과 카타르의 경우에는 Unloading을 한 후에 선적항에서 Loading을 마치고 나서 다시 Unloading을 하는 데 약 30일 정도가 소요된다. 말레이시아나 인도네시아의 경우에는 대략 15일이 소요된다.

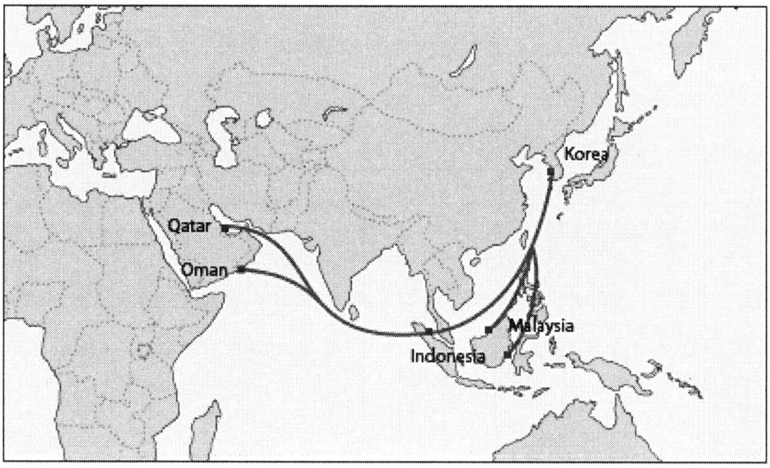

[그림 2-4] 현재 운항 중인 한국국적의 LNG선 항로

2. 앞으로 운항될 항로

KOGAS측과 몇몇 선사들이 러시아와 예멘으로 가는 항로를 만들 예정이다.

2.2 LNG 운반선의 구조

2.2.1 Cargo Tank와 Hold의 보호구조

LNG는 LNG Carrier 내의 탱크에 의해 운송되며, Hold란 탱크 외형에 여러 날씨의 영향을 최소화 하도록 구조된 방벽과 실제 탱크 사이의 공간을 말한다. 선형, 화물 탱크, 설계조건의 분류에 대해서 LNG를 수송하는 선박은 규칙의 최저요건으로 타입 II(화물의 유출에 대하여 고도의 예방조치가 요구되는 화물을 운송할 수 있도록 설계되어 있는 선박), 중력식 탱크(탱크 상부의 설계 증기압이 0.7kg / cm^2 이하의 탱크)의 적용이 요구된다. 따라서 IGC code에는 LNG 운반선의 선체구조와 배치에 있어서 다음과 같이 요구하고 있다.

① 길이가 150m를 넘는 LNG 운반선은 배의 길이방향의 여하한 개소의 손상에도 견딜 것
② 화물 탱크는 모든 개소에 있어서 외판에서 760mm 이상 내측에 배치될 것
③ 화물구역은 기관, 보일러구역, 거주구역, 업무구역, 선교 등에서 격리될 것
④ 화물온도가 −55℃보다 낮을 경우 선측 탱크를 구성하는 종통격벽을 설치할 것

따라서, 이 장에서는 Moss형과 Membrane형의 LNG 운반선 각각의 Cargo Tank를 보호하는 Tank Protection System에 대해 알아본다.

2.2.2 Tank Protection System

1. Moss형의 Tank Construction

① Moss 방식의 안전성 확보와 이차방벽의 경감은 Leak Before Failure 개념과 Small Leak Protection System이라는 설계상의 개념에 근본을 둔다. 즉, "만일 탱크에 크랙이 발생하여도 크랙은 비교적 작을 때에 감지되며, 그 크랙 부분이 양하할 때까지 취성파괴를 일으켜서 큰 크랙으로 진전하는 일이 없다는 것이 이론적으로 설명되면 안전하다." 라는 사고방식에 근본을 둔다.
② 설계 하중의 추정 : LNG 적재 시 탱크 각 부의 정응력을 계산하며, 항시 선체운동에 의한 변동응력을 가미한다. 변동응력은 배의 일생(20년으로 추정)에 우연히 만나는 최대기대치(일반적으로 발견확률 10~8 수준)를 추적하여 이와 같은 상태로 해상을 최저 15일간 안전히 항해할 수 있다는 전제조건에 의하여 추정하게 된다.
③ 응력 및 피로해석 : 상기에서 설정한 설계하중에 의해 여러 해석법에 따라 탱크 표면의 모의응력, 적도근방의 굽힘응력, 선체 각 부의 응력 등을 수치계산하여 허용응력과 좌굴강도를 만족하는 부재 치수가 결정된다. 또한 이러한 응력들을 계속 받았을 시를 고려하여 피로도를 측정하여 크랙의 발생률을 확인한다.
④ Gas 검지 시스템 : Small Leak Protection System의 구성요소 중 가장 중요한 것으로 이 가스 검지기는 LEL 30%에서 경보하고 피로 크랙 부분의 관통 후 약 2주 이내에 크랙을 검지할 수 있도록 설정되어 있다.
⑤ 이차방벽 : Membrane과 같은 완전한 이차방벽은 요구되지 않는다. 하지만 Moss형

의 LNG 운반선는 이중저 상부에 Drip Pan과 Eductor에 의한 누설 LNG 배출장치가 갖추어져 있으며, Drip Pan에 통하는 Drain Pipe는 Rupture Disc라는 바이메탈식의 막에 의하여 감싸져 있어 새어 나온 LNG가 Disc에 도달하면 Rupture Disc가 개방되어 Drip Pan에 모여지는 구조로 되어 있다.

2. Membrain형의 Tank Construction

① Membrain이란 얇은 막이란 뜻으로 IGC code에서는 10mm를 초과할 수 없도록 규정되어 있다.

② 초저온의 액체를 보냉, 저장하기 위하여 화물방벽으로는 열신축이 거의 없는 36% 니켈강인 인바(Inbar)강으로 제작된 0.5~0.7mm 두께의 Membrain을 사용하며, 보냉재로는 합판으로 조립된 박스에 화산재(Perlite)를 채워서 만든다.

③ 일차, 이차방벽이 거의 같은 액밀성 및 강도를 갖고 있어, 일차방벽이 누설되더라도 일정 상당기간동안(IGC code상에는 15일간으로 규정) 이차방벽만으로도 화물을 안전하게 지탱할 수 있다.

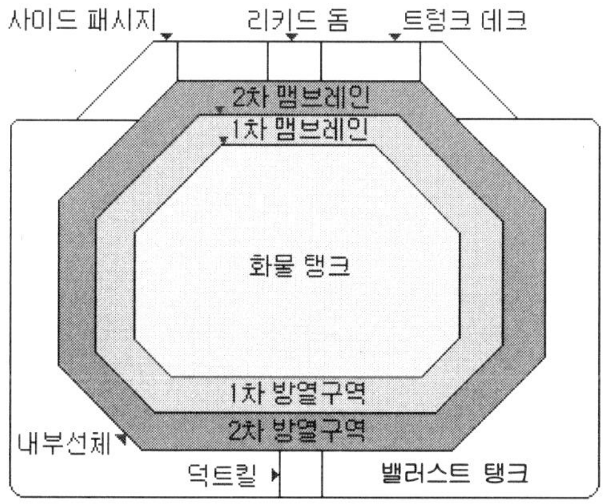

[그림 2-5] Membrain형의 탱크 구조

④ 각 구역의 상세 설명

㉠ 1차(Primary) Membrain : 액누출을 방지한다.

㉡ 2차(Secondary) Membrain : 1차 Membrain 손상 시, 액누출방지 및 보냉재 내에서 대류현상을 줄인다.

㉢ 1차 방열구역(Primary Insulation Space) : 화물과 선체(Inner hull) 사이의 열전

달을 최소화하며 화물의 하중을 지지한다(두께는 230mm).

㉣ 2차 방열구역(Secondary Insulation Space) : 화물과 선체 사이의 열전달을 최소화하며 화물의 하중을 지지한다(두께는 300mm).

㉤ 1차, 2차 방열구역인 질소(N_2)로 가압되어 유지되며, 1차 방열구역의 압력은 일차방벽이 화물 탱크 내부로 압출되는 것을 방지하기 위하여 항상 화물탱크보다 높게 유지해서는 안된다.

⑤ 방열구역

㉠ 만약의 경우 화물이 누설하더라도 폭발성 가스의 형성을 방지하기 위하여 지정되어 있다.

㉡ 누설된 LNG를 쉽게 검출하기 위해서 지정되어 있다.

㉢ Membrain의 부식을 방지하기 위하여 건조한 N_2로 충전시키며, 계속적인 온도변화에 따른 압력변화를 일정 압력으로 유지하기 위해 N_2를 자동 공급 및 배출하기 위한 시스템이 구축되어 있다.

3. Tank Protection System

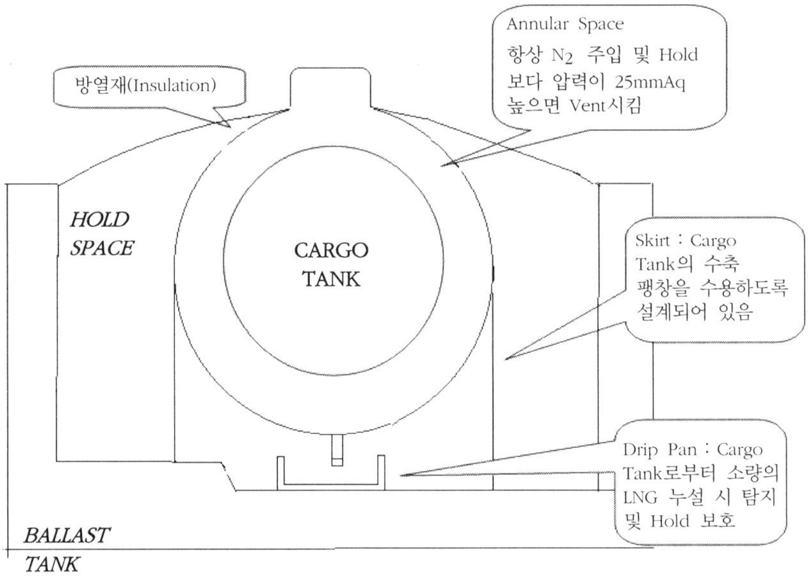

[그림 2-6] Tank Protection System

기본적인 Tank Protection System의 경우 압력 Control이 가장 우선시 된다. 온도의 경우는 재료공학의 발달로 초저온의 LNG를 보관하는 재료들은 충분히 보강되었기 때문이다. 압력의 경우, 액체상태인 LNG가 기체로 기화하는 즉시 부피가 600배가 증가하기 때문에 상당한 주의를 기울여서 탱크 내부의 압력을 신경써야 한다. 일반적으로 탱크 내부압력 > Hold 내부압력 > 대기압순으로 압력조절을 한다.

1) Cargo Tank Protection System

① 25kPa G : Relief V / V Open : Vent Mast와 연결되어 있는 Relief V / V가 Open되면서 탱크 내부의 압력을 Venting함으로써 해소시킨다.

② 23kPa G : Vapour Header Relief V / V Open : Vapour Header Line에 있는 Relief V / V를 Open함으로써 탱크 내부의 압력을 해소시킨다.

③ 22kPa G : H. Press Alarm : 탱크 내 High Press Alarm을 발생시킨다.

④ 20kPa G～4 kPa G : Normal Zone

⑤ 3kPa G : FO Back Up Request Chame : 보일러 연료로 사용되는 BOG(Boil Off Gas : 자연 증발해서 생기는 천연가스)를 다시 탱크 내부로 By-pass시키는 Signal을 준다.

⑥ 2kPa G : Low Press Alarm : 탱크 내부 Low Press Alarm을 발생시킨다.

⑦ 1kPa G : ESD Trip : ESD(Emergency Shut Down : 모든 하역기기 가동을 멈추는 Signal)를 발동시킨다.

2) Hold Press Control

① Hold의 압력제어 같은 경우는 대기압과의 차이를 가장 신경을 많이 쓴다. 그 이유는 대기압보다 Hold가 압력이 낮을 경우에는 (만일 탱크 외부에 Leak가 존재할 경우) 외부의 공기가 Hold로 유입되어 바로 폭발성 가스를 만들기 때문이다.

② 2kPa G : L. Press Alarm : Low Press Alarm을 발동시킨다.

③ 5kPa G : Dry Air Request : Hold 내에 Charging시킬 Dry Air를 요청하는 알람을 발생시킨다.

④ 8kPa G : Safety Relief V / V Open : Safety Relief V / V를 Open시켜 외부의 공기를 유입시킨다.

2.2.3 LNG 운반선의 Pipe Line

LNG 운반선에서 사용하는 카고 파이프의 재질은 화물의 성질상 초저온에 견딜 수 있는 금속이 요구되고 있으며, 이러한 초저온에 견딜 수 있는 금속인 알루미늄(Al)이나 스테인리스 스틸(Stainless Steel) 등이 파이프의 재료로 사용되고 있다.

현재 운항 중인 모든 국적 LNG 운반선이 사용하는 재질은 오스테나이트 계통의 스테인리스 스틸(SUS304L, 306L)을 사용하고 있다. 또, 이러한 저온용 파이프들은 플랜지(Flange), 밸브(Valve), 익스팬션 벨로우즈(Expension Bellows) 등 작동 부위를 제외한 파이프 외부에 외부로부터의 열침입을 방지하기 위하여 방열재가 시공되어 있다.

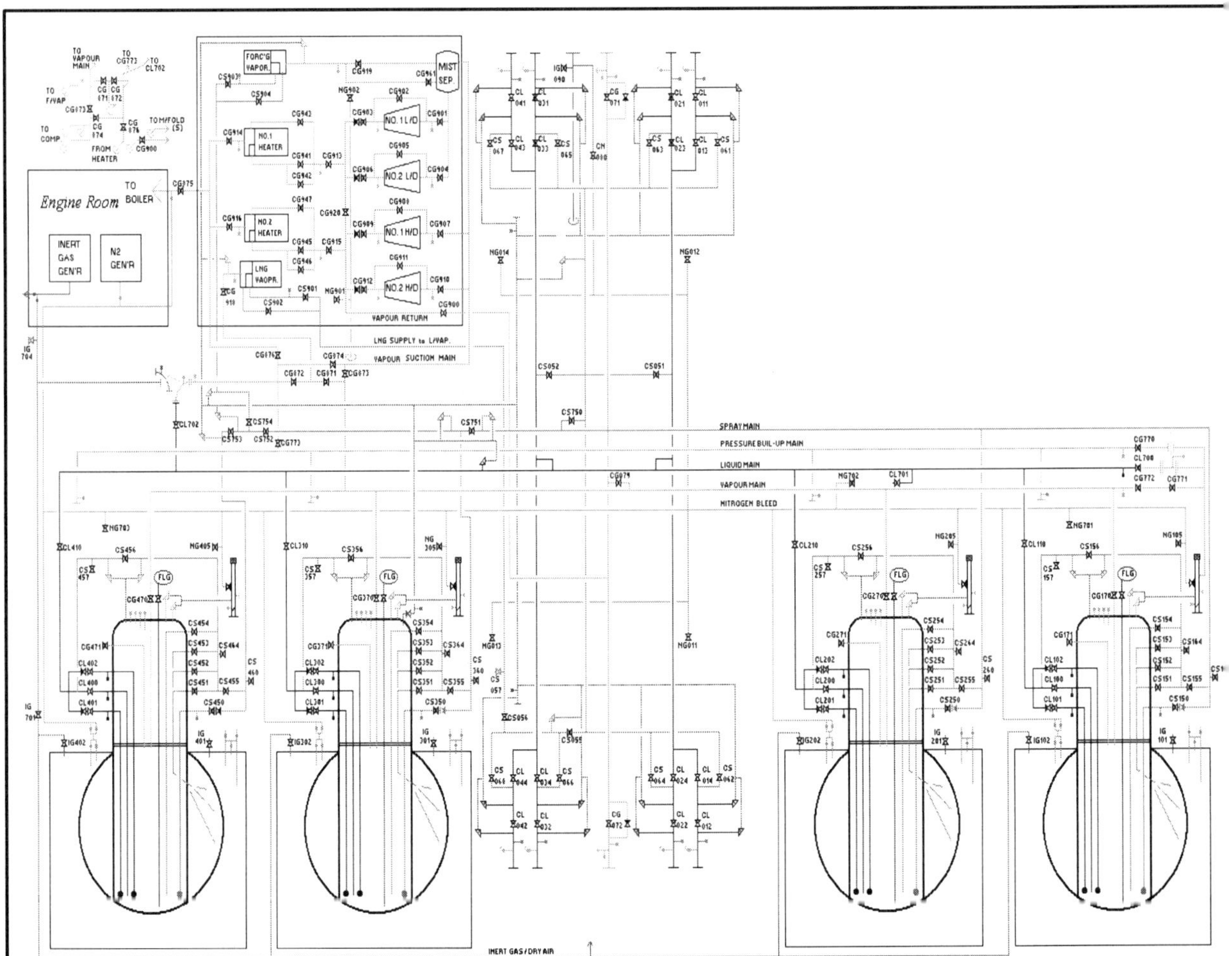

[그림 2-7] LNG 운반선의 Cargo Pipe Line

카고 파이프라인은 크게 액(LNG)이 흐르는 Liquid Line과 기체(Vapour)가 흐르는 Vapour Line으로 나누어진다.

1. Liquid Line

1) 개 요

① LNG 하역(Loading / Unloading) 및 Cargo Tank Cooldown, Line Cooldown 작업 시 사용되는 라인으로 특수한 작업의 경우를 제외하고는 액체상태인 LNG가 흐른다.

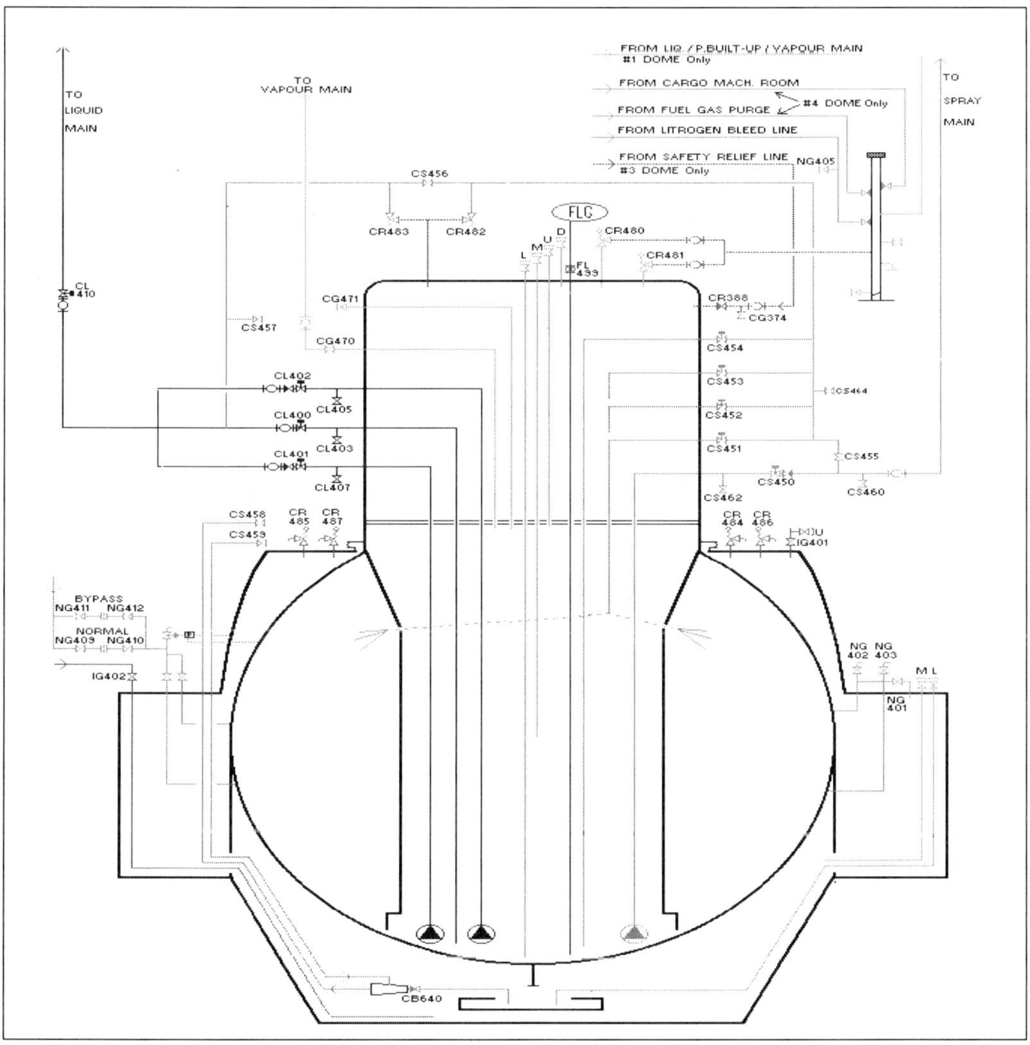

[그림 2-8] Tank 내부의 Cargo Pipe Line(Moss Type)

② LNG 운반선에서 가장 중요한 라인으로 누설이나 기타 여러 가지 문제로 이의 사용이 불가능할 경우 극단적으로 적하 · 양하를 할 수 없으므로, 철저한 관리가 요구된다.

③ 파이프의 중간 부근에는 액봉을 방지하기 위하여 Safety Relief Valve가 설치되어 있는데, 이는 여러 가지 이유로 Liquid Line의 압력이 15kg / cm^2까지 상승하면 밸브와 라인을 보호하고, 또한 가스누출 등을 방지하기 위하여 자동으로 열려 Relief Line을 통해 3번 Cargo Tank로 압력이 해소되도록 구성되어 있다.

2) 구 성

① Liquid Header Line(450∼650ϕ)

㉠ Cargo Tank와 Dome 상부를 지나는 라인으로 한쪽은 각 탱크의 삼지관(Filling & Discharging Line과 Liquid Header가 만나는 지점)과 연결되어 있고, 다른 한쪽은 Liquid Cross-over와 연결이 되어 있다.

㉡ Vapour Header와 밸브로 차단되어 있어 특수한 작업의 경우 등 필요시 Valve Open만으로 두 라인을 연결하여 사용할 수 있다.

② Liquid Cross-over(400∼650ϕ)

㉠ No.2와 No.3 Cargo Tank의 중간지점, 즉 양현 Manifold에 위치하고 있으며 Liquid Header와의 연결부에서부터 현 매니폴드 연결부까지의 라인이다.

㉡ Loading / Unloading Arm과 Shore Connection Line도 포함한다.

㉢ 2개조로 구성되어 있다.

③ LNG Filling Line(400ϕ)

㉠ 돔 상부에 있는 삼지관에서부터 탱크 내부까지의 라인이다.

㉡ LNG Loading 시 LNG가 Filling Line을 통해 Cargo Tank Bottom으로 들어온다.

㉢ 각 탱크별로 1개씩 설치되어 있다.

④ LNG Discharging Line(300ϕ)

㉠ 돔 상부에 잇는 삼지관에서부터 탱크 하부의 Cargo Pump까지의 라인이다.

㉡ LNG Discharging 시 LNG가 지나가는 라인이다.

㉢ 각 탱크별로 2개씩 설치되어 있다.

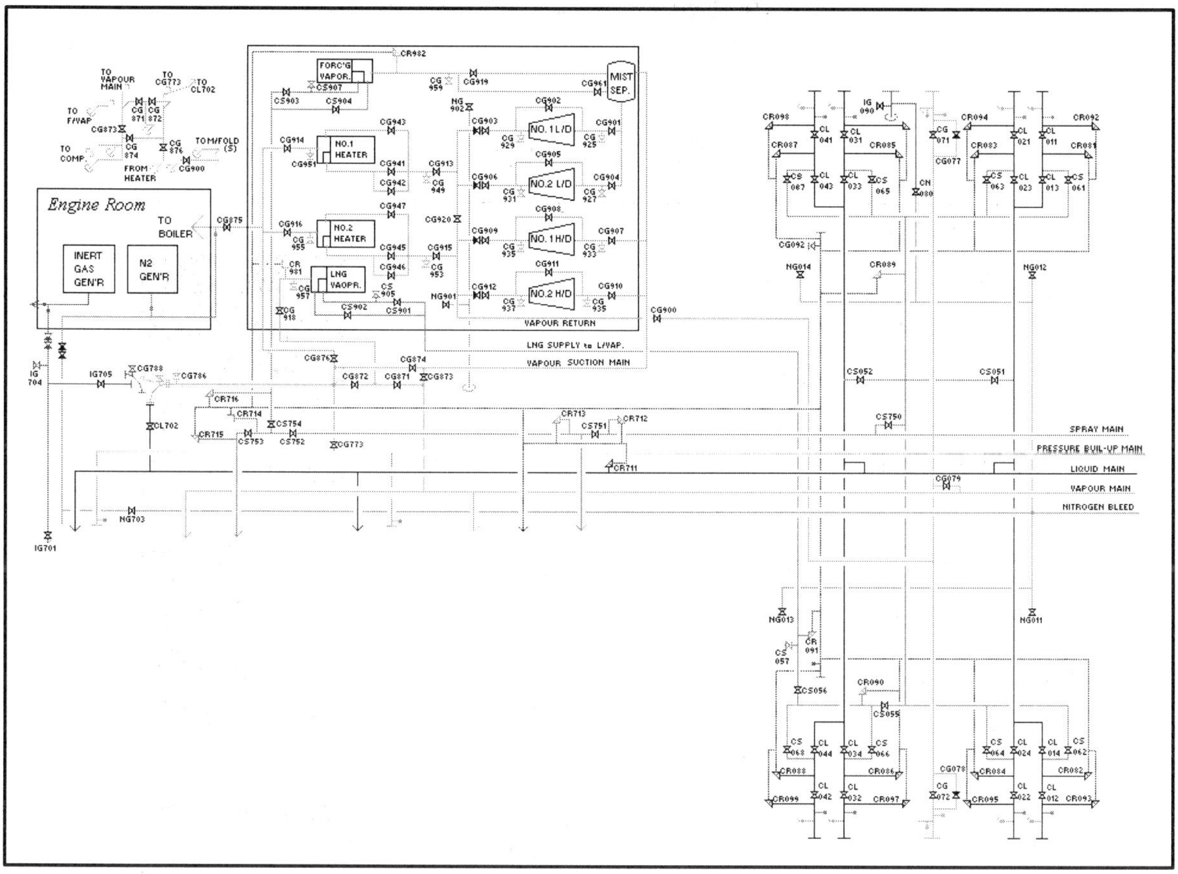

[그림 2-9] Tank를 제외한 부분의 Cargo Pipe Line

2. Spray Line

① 용도 : 공선항해 중 정기적으로 실시하는 Cargo Tank Cooldown(Moss형만 해당)작업, LNG 적하 · 양하전에 실시하는 Line Cooldown 작업 및 육상 Loading & Unloading Arm Cooldown 작업, Dry Dock 및 장기대기 후에 적하항에서 실시하는 Initial Cooldown 등 여러 작업에 사용하는 라인이다.

② Cargo Line 가운데 가장 사용빈도가 많은 라인이다.

③ 용도에 따라 Spray Header(45～80ϕ), Spray Branch(40～50ϕ), Spray Cross-Over(80ϕ) 등으로 분류된다.

④ Spray Line 역시 라인 중간부위에 액봉을 방지하기 위한 Safety Relief Valve가 설치되어 있다.

〈표 2-2〉 LNG 운반선에서 사용하는 각종 파이프의 Color

APPENDIX II

PIPE COLOR

PIPE LINE	COLOR	색	
LIQUID	BLUE	파랑색	
SPRAY	BLUE	파랑색	
FORCING VAP SUPPLY	BLUE	파랑색	
LNG VAP SUPPLY	BLUE	파랑색	
LNG EDUCATOR	BLUE / RED	파랑색 / 빨강색	
VAPOR	YELLOW	노랑색	
FUEL GAS	YELLOW / BROWN	노랑 / 적갈색	
PRESS BUILD-UP	YELLOW	노랑 / 빨강색	
PRESS RELIEF	YELLOW / BLUE	노랑 / 파랑색	
NITROGEN	BROWN	적갈색	
I.G. / DRY AIR	GRAY	회색	
BALLAST / SEA WTR	GREEN	녹색	
HYDRAULIC	YELLOW	노랑색	
F.O	BROWN	적갈색	
D.O	BROWN / WHITE	적갈 / 흰색	
CO_2	RED	빨강색	
DRY POWDER	RED / YELLOW	빨강 / 노랑색	
FIRE	RED	빨강색	
WATER SPRAY	RED / GREEN	빨강 / 녹색	
CABLE	WHITE	흰색	
AIR	GRAY	회색	
FRESH WATER	LIGHT BLUE	하늘색	
BILGE	BLACK	검정색	
DRAIN	LIGHT GREEN	연녹색	

3. Vapour Line

Vapour Line은 다음과 같이 구성되어 있다.

① Vapour Header & Cross-Over Line : Cargo Tank 내부에 들어 있는 Vapour(증기 혹은 기체상태의 천연가스)를 육상으로 보내고 받는 라인이다.

② Vapour Suction & Return Line : Tank에서 Compressor Room으로 Vapour를 보내는 라인이다.

③ Gas Burning Line : Compressor Room에서 기관실의 보일러로 BOG를 보내는 라인이다.

4. Other Line

① Pressue Built-up Line : 압력 양하(Compressed Discharging : 탱크 내부의 펌프의 이상으로 인해 사용할 수 없을 경우에 사용하는 하역방법, 비상양하라고도 한다) 및 Cargo Tank Warm-up 작업 시 사용한다.

② Vent Line : 특수 작업 시 발생하는 천연가스를 Vent Mast를 통해서 대기로 방출시킬 때 사용하는 라인이다.

③ N_2 Bleeding Line : 질소가스를 탱크 내부로 주입시키거나 Line Purge(라인 내의 폭발성 천연가스의 배출) 시 사용한다.

④ Signal Line : 각종 Gauge용으로 사용한다.

2.2.4 Valve System

1. 요 건

① 밸브 질량이 작을 것. 질량이 작을수록 열침입이 적으며 LNG로의 전열도 적어져 초저온으로서의 냉각은 빨라진다.

② 열전도성이 낮아야 한다.

③ 밸브가 열렸을 때 과도히 흐름을 제한하지 않을 것. 압력저하가 조장되어 액의 일부가 증발, 기액이 혼합하여 흐른다.

④ 온도전달이 늦도록 Long Stem, Extention Bonnet가 설치되어야 한다. 저온이 변봉 Seal에 전해지는 것을 줄인다.

⑤ 재질은 저온연성이 좋은 스테인리스강이 사용된다.

⑥ 밸브가 닫혔을 때 초저온에서의 타이트한 Seal을 만들기 위해 Seat와 Disc의 닿는 면이 충분히 처리되어야 한다.

2. 구 조

1) 몸 체

몸체(Body)의 구조는 외부온도로부터 최저 사용온도까지의 모든 온도변화에 의한 팽창, 수축에 충분히 견뎌야 한다.

2) 뚜 껑

그랜드 패킹의 온도보호 역할을 위해 익스텐션 뚜껑(Bonnet)이 사용된다.

3) 변 체

변체(Disc)의 형상은 유체의 어떠한 온도조건에 있어서도 Seal을 확실히 하는 것이 중요하며 Close시 Disc가 Seat에 끼는 것을 막기 위해 Stem 상부에 스톱퍼를 설치하여 끼어드는 양을 조절할 수 있도록 되어 있다.

4) 변 봉

그랜드 패킹의 온도보호와 확실한 Seal을 위해 Long Stem(변봉)이 사용되며 재질은 오스테나이트계 스테인리스강이 일반적으로 사용된다.

5) 패 킹

그랜드 부분에서 저온유체 누설은 공기 중의 수분을 응축 동결시켜 다른 부위를 파손시킬 수 있으므로 패킹(Packing) 선택 및 보수에 주의를 요한다.

3. 종 류

1) Globe Valve

① 통상은 소형 밸브 이외에는 사용되지 않는다. 이것은 이 밸브가 구조적으로 유체의

흐름방향이 직선이 아니기 때문에 국부적인 유체 장해물이 되어 압력강하를 일으키고, 또 부식이나 Cavitation에 결부된 액체와 증기의 두 상태의 흐름을 만들 위험이 있기 때문이다.

② 이 밸브가 정확히 설치되어 있으면 반개 상태와 같은 유량조정 중에 유체의 속도에 의해 영향을 받는 것은 다른 밸브보다도 적다.

③ 유량조정 밸브 사용에 적합하다. Body의 외경, 두께가 다른 같은 용량의 밸브에 비해 크기 때문에 초저온 유체로의 열유입 비율은 크게 되며, 또 Cooldown양도 많아진다.

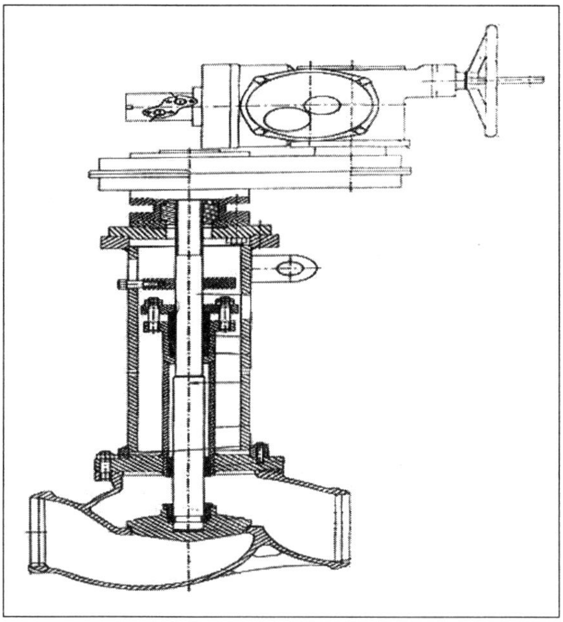

[그림 2-10] Globe Valve Diagram

2) Ball Valve

① Control Lever의 90°회전으로 완전히 개폐가 되기 때문에 조작이 용이하고 자동화도 하기 쉽다.

② 전개 시는 Pipe경과 같이 되기 때문에 액체는 전량 흐르게 되어 거의 압력손실이 없다.

③ 전개상태에서는 다른 소형 밸브보다도 유량비율은 크다.

④ Globe V/V에서 보이는 것과 같이 Pocket나 유체방향의 변화가 없기 때문에 액화가스의 기화를 최소한으로 할 수 있다.

⑤ Body의 두께를 작게, 외경을 Compact로 가능하기 때문에 전열용량이 적고, 열의 흡수 및 Cooldown량을 최소로 할 수 있다.

⑥ Seat 재질에 Tefron계의 고분자 재료를 사용하는 것에 의해 Seal을 완전하게 할 수 있다.

⑦ 밸브가 점하는 Space는 작고, 배관계의 전체를 작게 할 수 있기 때문에 경제적이다.

⑧ 저온에 있어서 밸브의 개폐 Torque는 크다.

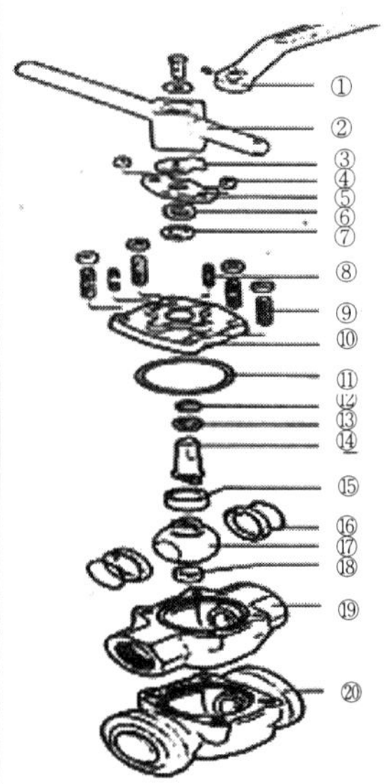

Description	
1	Body
2	Lower trunnion Bearing
3	Ball
4	Seats
5	Upper trunnion Rearing
6	5 Stem
7	Stem bearing
8	Ball Sleeve
9	Bonnet Gasket
10	Bonnet
11 12 13	Studs
14	Stem Packing
15	Follower Packing
16	Flange Packing
17	Nuts
18	Stop
19	Bar Handle
20	Lever

[그림 2-11] Ball Valve Diagram

3) Gate Valve

① 전개상태에서는 액체 혹은 증기의 흐름에 대한 저항은 대단히 적다.

② 반개상태에서는 밸브의 배부에 과류 진동이 생기기 쉽다.

③ Seat는 다른 밸브에 비해 전개 시에는 흐름에 닿는 부분은 적기 때문에 마모되기 어렵다. 그러나 반개의 상태에서는 Seat와 Disc는 흐름에 닿기 때문에 마모한다.

④ Valve Disc 및 Seat면이 Tapper로 되어 있기 때문에 잠그는 힘을 강하게 하면 밸브

의 기밀성을 좋게 할 수 있다.

⑤ Globe Valve나 Gate Valve에서는 밸브를 잠근상태에 있어 누설이 생겼다하면 통상 금속 혹은 Kel-F(Tefron계)와 같이 연약한 재질로 되어 있는 Seat에 Valve Disc를 더 조이면 멈추는 것도 가능한 경우가 있다.

⑥ 초저온 상태에서 Gate Valve를 과도하게 조여 밸브를 잠그면, 만약 이 밸브가 잠긴 상태로 따뜻해진 경우 밸브를 여는 것이 곤란하게 되거나 Seat의 손상을 일으키거나 하는 것에 주의해야 된다.

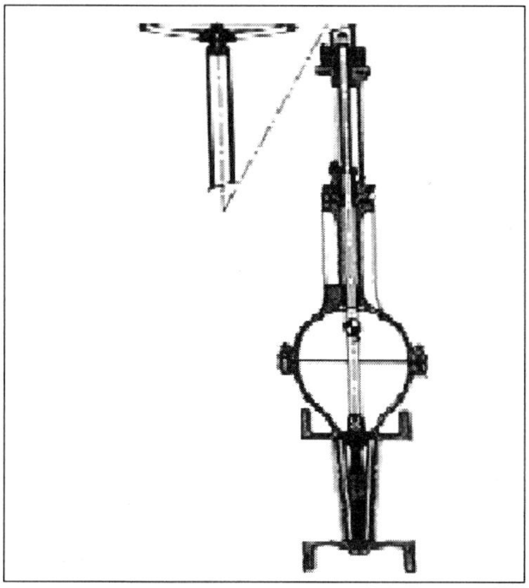

[그림 2-12] Gate Valve

4) Butterfly Valve

① 다른 밸브에 비해 밸브의 질량이 작다. 따라서 초저온 시스템에 있어 Cooldown을 빨리 할 수 있다.

② 90°회전으로 밸브의 개폐를 할 수 있다. 따라서 개폐조작을 빠르고 Smooth하게 할 수 있다. 또 회전축의 Seal의 마모가 적어 장기간 양호한 Seal을 가지게 하여 수명은 늘어난다.

③ 점유면적, 중량이 적어 열손실이 적고 보냉이 간단한 구조이다.

④ 개폐 Mode에 대한 응답시간이 빠르다.

⑤ 전개상태에서의 유체저항은 작다. 그러나 Gate Valve와 같이 반개상태에서의 과류

진동문제가 있다.

⑥ Butterfly Valve는 빠른 조작이 필요한 대구경의 밸브에 알맞고, LNG선의 주요한 밸브에 널리 사용되고 있다.

⑦ 조절 밸브로서 사용할 경우에는 0에서 60도 사이에 사용하는 것이 일반적이다. 이 밸브의 장점은 대구경일 때 다른 밸브에 비하여 가격이 저렴하고 설치하기가 좋고 유량조절이 가능하다.

5) Safety Relief Valve

① 안전장치가 필요한 곳에 설치하는 밸브이다.

② 라인에 설정해 둔 Setting Pressure를 초과하게 되면 안전변이 열려 라인에 형성되어 있는 압력을 해소하게 된다.

③ Liquid Header 및 Spray Header와 Tank 상부 등에는 액봉방지 및 과다한 압력생성을 피하기 위해 이 밸브가 설치되어 있다.

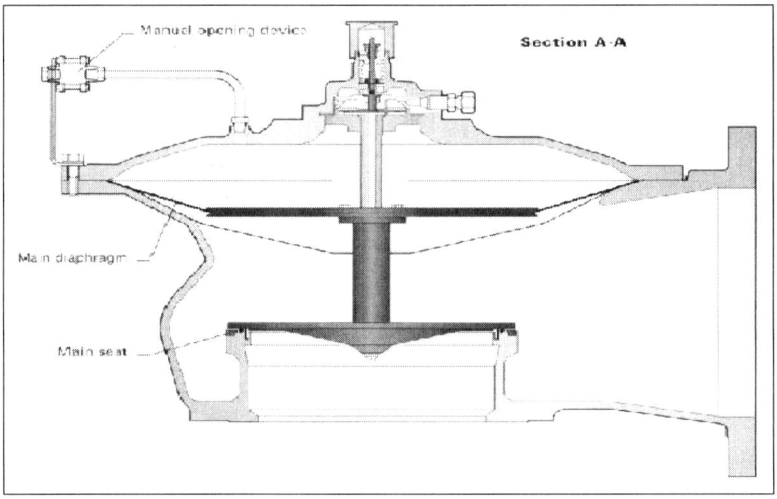

[그림 2-13] Safety Relief Valve의 구조(1)

6) Non－Return Valve

① 흐름이 일정한 방향으로만 형성될 수 있도록 고안된 밸브이다.

② 역류장치에 따라 Hinge와 Ball 등을 사용한다.

③ Check Valve라고도 한다.

8	Levier Hinge Lever
7	Axe & articulation Hinge pin
6	Obturateur / Portage Disc / Disc face
5	Siege / Portage Seat / Seating face
4	Boulonnerle Bolling
3a	Joint de bouchon Plug gasket
3	Joint corps / couverele Bonnet gasket
2	Couverele Cover
1	Corps Body

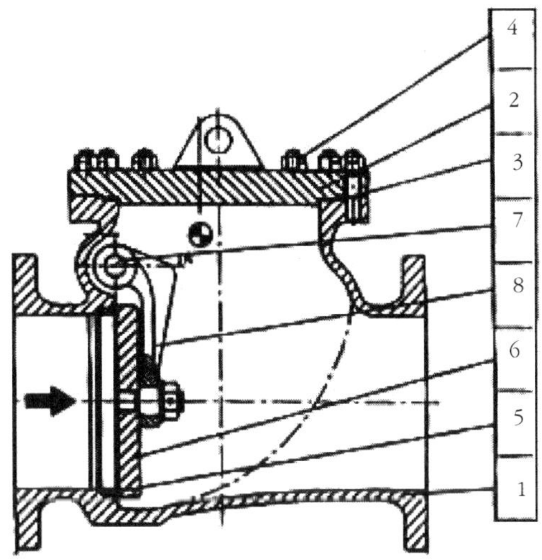

[그림 2-14] Non-Return Valve(Life 형식)

7	Poller Cuida
6	Obturateur / Portage Disc / Disc face
5	Siege / Portage Seat / Seating face
4	Boulonnerle Bolling
3	Joint corps / couvercle Body / Bonnet gasket
2	Couverele Cover
1	Carps Body

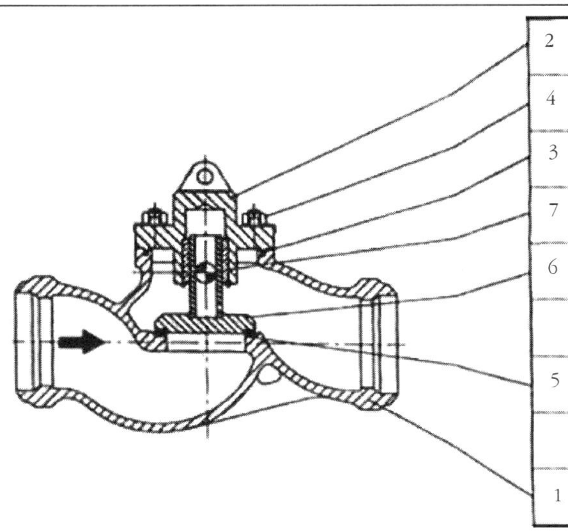

[그림 2-15] Non-Return Valve(Swing 형식)

7) 기타 특수 Valve

① 3-way Valve : 유체의 흐름을 3방향으로 유지할 수 있도록 만든 밸브이다.

② Needle Valve이다.

2.3 LNG Carrier's Machinery

현재 LNG 운반선에서 설치되어 사용되고 있는 Cargo Machinery의 종류를 간단히 알아보면 Pump, Compressor, Heater, Vapourizer, IGG(Inert Gas Generator) 등이 있으며, 여기에서는 이들 설비의 사용목적과 특성을 살펴보도록 한다.

2.3.1 Cargo Pump

1. 개 요

① 각 Cargo Tank에 2대의 Cargo Pump가 설치되어 있다.

② 전기구동 원심력 펌프이다.

③ LNG는 전기적으로 부도체이기 때문에 펌프의 냉각매체로 이용되며 펌프의 전기구성품은 위험성 없이 LNG와 접촉할 수 있다.

④ 펌프의 Bearing은 LNG로 윤활되므로 Cargo Pump의 운전 시 Dry Condition에서 잠깐 동안이라도 운전하지 않는 것이 좋다.

⑤ 펌프의 각 부는 Stainless Steel과 Aluminume 합금으로 제작되어 극저온에서 사용하기에 적합하다.

2. 펌프의 구조

① Pump Suction은 탱크 바닥에서 75mm정도 위에 설치되고 촘촘한 Stainless Steel망으로 이물질유입을 방지한다.

② LNG의 흐름을 유도하고 낮은 흡입압력에서 흡입이 용이하도록 Inducer가 설치되어 있다.

③ Shaft에 부착된 Impellr의 회전에 의하여 유체가 토출된다. Impeller 내부에는 바람개비 모양의 날개가 있어 Suction할 수 있게 되어 있다. Impeller는 점성 액체도 충분히 토출할 수 있는 구조로 되어 있으며 진동이 발생하지 않도록 Balancing되어 있어야 한다.

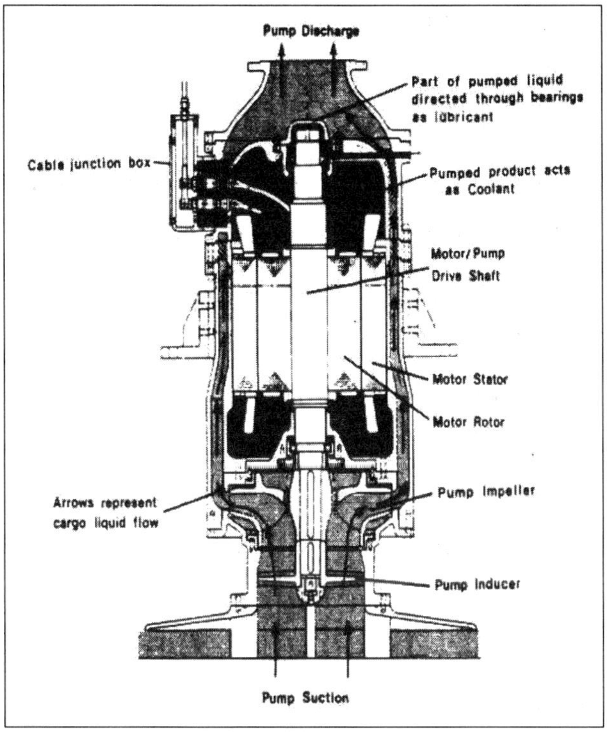

[그림 2-16] Cargo Pump의 구성

④ Impeller와 Casing에는 Wearing Ring이 장비되어 있다. Impeller Ring은 Impeller에 Set Screw되어 있고, Casing Ring은 Casing Wall의 홈에 고정되어 있다.

3. 조작방법

① CACC의 IAS로 작동시킨다.

② IAS에 문제가 발생한 경우 CSBD(Cargo Switch Board)에서도 시동한다.

③ Cargo Pump는 다음과 같은 문제가 발생하였을 경우에 자동으로 정지한다.

㉠ ESDS 작동

㉡ Tank Protection System 작동

㉢ Motor의 저전류

㉣ Motor의 Over-current

④ Cargo pump는 CACC, CSBD RM(Cargo Switch Board Room) 및 각 Tank Dome에서 수동으로 정지시킬 수 있다.

2.3.2 Spray Pump

1. 개 요

① 각 Cargo Tank에 1대의 Spray Pump가 설치되어 있다.

② 펌프는 전기구동 원심력 펌프이다.

③ LNG는 전기적으로 부도체이기 때문에 펌프의 냉각매체로 이용되며 펌프의 전기구성품은 위험성 없이 LNG와 접촉할 수 있다.

④ 펌프의 각 부는 Stainless Steel과 Aluminume 합금으로 제작되어 극저온에서 사용하기에 적합하다.

⑤ Cargo Tank 냉각 및 Pipe Line 냉각, 화물 액을 연료로 쓸 경우 기화기로 LNG를 보낼 때 Docking 항차 시 Tank Stripping 등에 사용한다.

2. 조 작

① Cargo Pump와 거의 동일하게 작동된다.

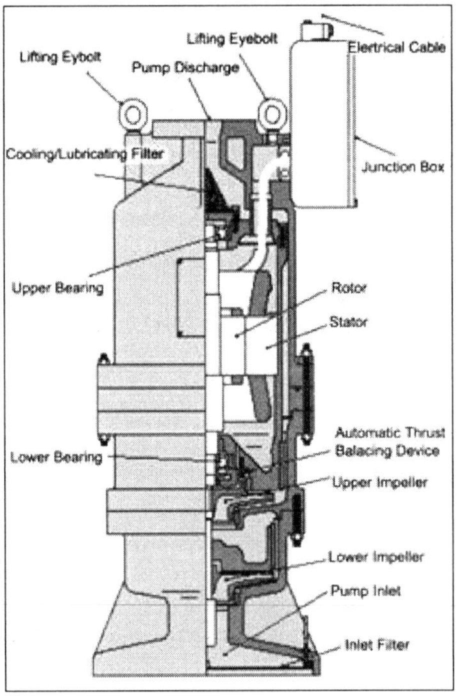

[그림 2-17] Cargo Pump

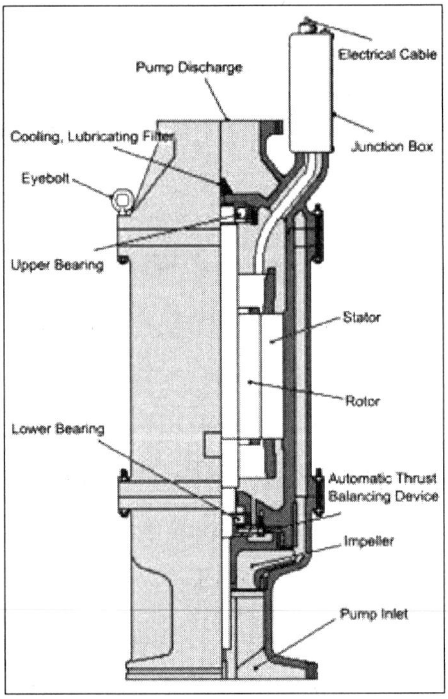

[그림 2-18] Spray Pump

② Spray Pump의 운전은 통상 Ballast Voyage 또는 Stripping 시 잔액이 적은 경우에 운전할 경우가 많으므로 Start시 최소 Start Level을 확인하여야 하며, 운전 중 잔액 감소에 의한 Dry 운전이 되지 않도록 주의를 요한다.

2.3.3 H / D Compressor

1. 개 요

LNG Vapor나 그의 다양한 혼합체, Cooldown시의 Inert Gas나 공기 등의 Gaseous Fluids를 다루기 위한 H / D(High Duty) Compressor는 Deck상의 Compressor Room안에 설치되어 있으며, Cargo Operating과 Tank Treatment에 쓰인다.

주로 적하작업 시 및 화물 탱크 Cooldown 작업 시 화물 탱크 내 발생한 LNG Vapor를 육상으로 반송시키는데 사용된다. 또는 카고 탱크 Warm-up 또는 공기주입 시 가스를 탱크로 보내기 위해 사용된다.

[그림 2-19] High Duty Comperssor

2. 기계적 설비

Gas Tight Bulkhead에 의해 Compressor Room과 격리되어 Motor Room에 설치된 Electric Motor에 의해 구동된다. Shaft는 Gas Tight Sealing되어 Bulkhead를 관통한다.

Motor Room의 정속 모터에 의해 구동되며 원심형 Blower이다. Compressor의 용량은 Inlet Guide Vane의 개도에 따라 변한다(Full Shut : +80°, Full Open : −30°). 이 장치가 작동하기 위해서는 다른 부가적 장치가 필요하다.

로터의 속도를 조절하고 모터와 연결하기 위해 샤프트에 연결된 각종 기어와 베어링이 필요하며 이들 장치의 원활한 윤활을 위하여 LO가 필요하다. LO의 온도조절을 위해 LO Cooler과 Heater 장치가 있다. 또한 가스의 Flow 조절을 위한 IGV가 있으며 이 IGV는 Air에 의하여 개도가 조절되어 Instrument Air 장치가 있다. 가스의 Seal을 위한 Seal Gas System이 있으며, 급격한 Flow에 의한 Surge 방지를 위한 시스템으로 이루어져 있다.

1) Seal Gas System

Seal Gas System은 압축된 LNG Vapour를 따라 Lubricating Oil(LO)가 필요하다. 반대로 차가운 가스가 Gear Box와 LO System으로 흘러 들어가는 것을 막는 역활을 한다. Seal Gas는 N_2 Generator로 만들어진 N_2로 쓴다.

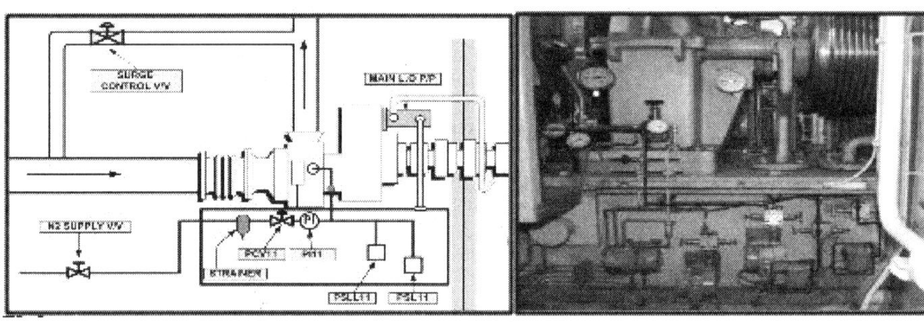

[그림 2-20] Seal Gas System

2) LO System

이 System의 LO는 공기를 배출한 400Liter의 LO Sump에 저장된다. 열조절 스위치에 의해 제어되는 통합 Steam 투입식 전열기는 일정한 온도를 유지하고, Compressor가 정지되었을 때 응축되는 것을 방지하기 위해 Sump에 고정되어 있다.

LO는 2개의 LO Pump 중 하나와 Separate Suction Strainer Screen을 거쳐서 Sump로부터 공급된다. 펌프에서 토출되는 LO는 공통 LO 공급 라인의 Check Valve를 통하여 Gearbox, Bearing과 Bulkhead Seal에 공급된다. 주 구동펌프는 고속 Shaft Gear에 의해 운전된다. 구동되던 펌프에 이상이 생겼을 때 Stand-by되어 있던 보조펌프가 작동한다.

3) Surge Control System

Surge Control System은 Compressor의 Flow Rate가 설계 최소치 아래로 떨어지는 것을 방지한다. 설계 최소치 아래에서는 Gas Flow Rate는 일정하지 않으므로 Compressor는 자칫 Surge를 일으키기 쉬운 상태가 되며, Shaft 진동에 의해 Compressor에 고장을 야기시킬 것이다.

[그림 2-21] Inlet Guide Vanes

4) Inlet Guide Vanes

Gas의 flow을 갖기 위해 Compressor의 흡입 끝단에 Inlet Guide Vane을 설치해야 한다. Vane은 Flow Controller에서 제어신호를 받아 Pneumatic Actuator에 의해 조정된다. Vane의 회전은 −30°(100%)∼+80°(0%)까지 가능하며 현장과 CACC에서 확인할 수 있다.

2.3.4 L / D Compressor

1. 개 요

L / D(Low Duty) Compressor는 Deck상의 Compressor Room안에 설치되어 있으며, Cargo Operating에 쓰인다. 카고 탱크의 열침입에 의해서 생성되는 BOG 또는 Cargo Tank Cooldown 시 스프레이에 의해 생성되는 BOG 등 여러 가지 원인에 의해서 발생되는 BOG를 처리하기 위하여 사용된다. BOG는 기관실로 보내어 보일러에서 연료로 사용된다.

2. 기계적 설비

Gas Tight Bulkhead에 의해 Compressor Room과 격리되어 Motor Room에 설치된 Electric Motor에 의해 구동된다. Shaft는 Gas Tight Sealing되어 Bulkhead를 관통한다.

Motor Room의 변속 모터에 의해 구동되는 원심형 Blower이며, Compressor의 용량은 모터의 스피드 및 Inlet Guide Vane의 개도에 따라 변한다(Full Shut : +80°, Full Open : −30°). 이하 구조는 H / D Compressor와 같으므로 생략한다.

2.3.5 Boil Off Warm-up Heater

1. 개 요

일반적인 항해 시 L / D Compressor를 거쳐 Boil-off Gas를 Main Boiler로 보내기 전 30ΩC까지 Heating시킨다. 특별한 경우(Cargo Tank Warm-up 시) 두 개의 Heater를 병렬 운전하여 H / D Compressor를 거쳐 LNG Vapour를 흡입, 가압하여 약 80℃ 정도로 가열하고 Cargo Tank로 압송하여 Gas Freeing 전 탱크를 Warm-up하는데 쓰인다.

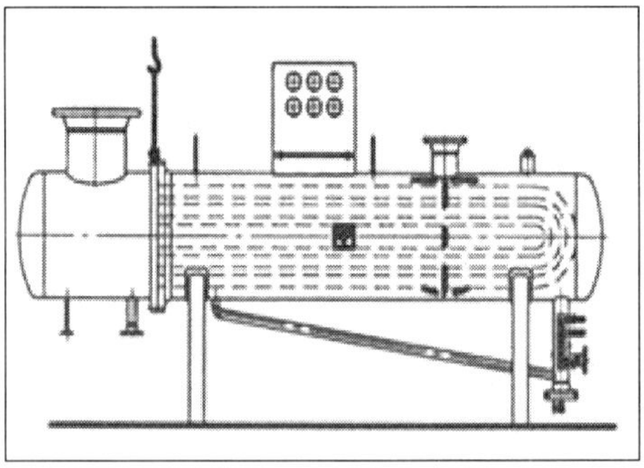

[그림 2-22] Warm-up Heater

2. Operating

Warm-up Heater의 열원은 Steam이다. Steam Flow를 서서히 증가시켜 Air를 Vent시킨다. 사용 시에는 적정온도까지 상승 후에 Bolting 및 Packed Joint를 다시 확인한다.

Steam Supply 시에 Spec.에 명시되어 있는 온도와 Press.를 초과하지 않도록 주의한다. Steam이 정상적으로 공급될 때 냉각 Sys.을 Hand Control하여 서서히 Open한다. 이때는 냉각 Sys. Line 내의 Cooldown을 위하여 시간을 충분히 갖는다. System이 정상 작동할 경우 Flow Control Sys을 Auto Mode로 전환한다.

모든 조작은 서서히 점차적으로 이루어져야 하며, 차가운 유체가 Heat Exchanger 내부로 갑자기 유입되는 것을 방지하여야 한다.

2.3.6 N_2 Generator

공기 중에는 산소 21%와 질소 78%, 기타 분자로 구성되어졌는데 공기 중의 질소를 분리해내는 장치이다.

Engine Room 1st Deck에 설치된 2대의 N_2 Generator는 Insulation Spaces의 압력유지, H / D, L / D Compressor의 Seal Gas 공급, Vent Mast의 소화, Fuel Gas System의 Purge 및 Cargo Piping의 여러 분야에 걸쳐 사용된다.

[그림 2-23] N_2 Generator(앞)와 Buffer Tank(뒤)

2대의 High Capacity Unit(140nm^3 / H Each)는 Cooldown, Loading 작업 시의 Insulation Spaces의 지속적인 압력유지 및 기타 필요요소에 280m^3 / h의 질소를 공급한다.

압축된 공기는 Fiber Membranes을 거쳐 산소와 질소로 분리되며 산소는 대기로 방출되며, 질소는 30m^{3}의 Buffer Tank에 저장된다. 질소는 30m^{3}의 Buffer Tank에 저장되며 Buffer Tank의 High And Low Service Set Pressure에 따라 Generator의 기동과 정지를 조절한다.

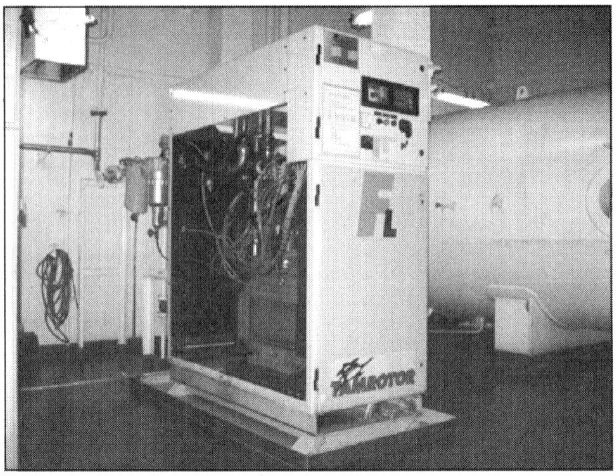

[그림 2-24] Feed Air Compressor(앞)와 Buffer Tank(뒤)

2.3.7 IGG System

1. 개 요

Dry Air와 불활성 가스를 생산하는 장치로서 Gas Filling 전 Cargo Tank를 Drying하고 Inerting시킬 때 사용하며, Tank Drying 시 Cargo Tank로 Warm-up Air를 공급한다. Inert Gas는 폭발에 대하여 불활성한 가스로서 탱크 내의 산소농도를 폭발한계 이내로 억제하는데 사용된다.

2. Air Production mode

2개의 Roots Type Air Blower에서 가압된 공기를 Cooling Unit를 통하여 12℃로 냉각시킨 후 Dryer Unit를 통하여 Dew Point −45℃로 제습한 공기를 Cargo Tank로 Inerting하여 Cargo Tank를 Drying 및 Airing하는 작업을 말한다.

3. IG Mode

IG Mode를 Inert Gas의 흐름에 따라 간략하게 설명하면 2개의 'Roots' Type Blower에서 가압된 공기가 Inert Gas Generator에서 Light Diesel Oil를 연소시키므로 인하여 N_2 및 CO_2, CO, SO_2, NO_2 등으로 이루어진 불활성 가스로 만들어지며 이때의 산소농도는 3.0~0.3% 정도로 유지되어야 한다.

이 농도 이상이나 이하의 가스는 60초의 지연시간이 지나면 Delivery Valve(ig001)는 Close되고 Purge Valve(ig002)가 Open되어 Funnel로 Vent된다. 허용농도 이내의 가스는 IGG Unit 내부의 Cooling / Washing Tower를 통하며 해수에 의하여 씻겨 저 CO, SO_2, NO_2 및 고형분 등이 제거되고 가스의 온도는 거의 해수온도까지 내려간다.

이 가스는 냉각부의 출구에 있는 Demister에 의해 수분이 제거되어 Cooling Unit로 들어가 Cooling 및 수분이 제거된다. 이때의 가스 출구온도는 12℃ 이하로 유지되어야 하며 Thermo Start에 의해 조절이 가능하다.

2.3.8 Vapourizer

1. 개 요

엘엔지 베이퍼라이저(LNG Vapourizer)는 열교환기의 일종으로 Vapourizer는 말 그대로 액화천연가스(LNG)를 기화시키는 장치를 말하며, LNG 선박에서 사용하는 열교환 재료는 본선의 스팀(증기)을 사용한다. 일반적으로 액체가 기체로 상변화되기 위해서는 많은 기화에너지(열)가 필요한데 LNG가 스팀에 있는 에너지를 흡수하고 자신은 기화하는 것이다.

일반상선의 기관실에 설치된 콘덴서(Condenser)는 Vapourizer와는 반대의 열교환기로서 스팀을 해수와 열교환하여 물로 만드는 장치이다. 베이퍼라이저는 우리나라의 액화천연가스 인수기지에도 있으며, 인수기지는 많은 양을 기화시켜야 하기 때문에 기화기가 대형이며 열교환 매체를 바닷물로 사용하여 기화시키고 있다.

2. 구 조

국적엘엔지운반선에서 사용하고 있는 기화기는 수평 쉘엔드 튜브식(Horizontal Shell and "U" Tube Type)으로 U자관 내부에는 LNG가 지나가고, 외부통에 스팀이 흐르게 하여 열교환이 이루어지게 하는 구조로 되어 있다. LNG선에 설치된 기화기는 LNG만 기화시킬 수 있는 것이 아니고 LN_2(액화질소)도 기화시킬 수 있는 장치이다.

3. 용 도

신조 인수하여 최초 하역 시, 입거수리 후 또는 장기 대기 후 LNG Loading 작업 전에 실시하는 Gassing-up 작업 시 사용하는데 육상 로딩암(Loading Arm)과 선박의 Manifold

에 있는 본선 육상 연결라인(Shore Connection Line)을 통하여 육상으로부터 LNG를 수급하여 이를 −150도 내외의 베이퍼로 기화시켜 본선 Compressor를 이용하여 Cargo Tank로 보내진다.

2.3.9 Integrated Automatic System

1. 개 요

직접 자동시스템으로 불리는 것으로 하역 및 기기 운용체계를 집적, 하나의 체계로 모아 CACC에서 거의 모든 조작을 할 수 있는 시스템이다. 이 종합시스템은 하나의 시스템이 문제가 발생하여도 다른 시스템으로 이를 대체할 수 있고 문제가 발생한 체계가 정상인 다른 시스템에 영향을 미치지 않는 특징을 가지고 있다.

화물의 성질, 선박의 중요성으로 인해 고도의 안전 및 안정성이 요구되는 선박으로써 이의 운용체계는 어느 것보다도 신뢰성이 요구된다.

① Cargo & Machinery System으로 완전 분리된 2개의 시스템으로 구성되어 있다.

② 각 시스템은 CACC에서 4개의 EOS(Enhanced Operation Station : 실제 모든 화면상에서 Control을 하는 곳)를 통해 감시 및 조종이 가능하고, EOS는 4개의 VDU(화면을 Monitoring 해주는 곳)로 이루어져 있다. 위쪽에 2개의 VDU는 Monitoring만 가능하고, 아래쪽에 2개의 VDU는 Control도 가능하다.

③ IAS(Integrated Automatic System)의 기본적인 원리는 모든 Machinery가 정상 작동범위를 이탈하게 될 경우 그것을 자동적으로 감시하며 경보를 울리는 것이다.

④ 전원공급은 110V이며, 선내의 모든 전원이 일시 중단되어도 UPS(Unintruppted Power System)를 설치하여 IAS를 작동시킨다.

2. 구성 및 조작법

① 그룹 또는 스키메틱키를 누르고, 해당하는 화면의 번호를 누르면 된다.

② 화면의 Title이 나타난다.

③ 시간이 두 가지가 나온다. 왼편의 파란색으로 나타나는 시간은 선박에서 사용하는 Local Time을 나타내고, 오른편에 노란색으로 나타내는 날짜와 시간은 한국의 날과 시간을 나타낸다.

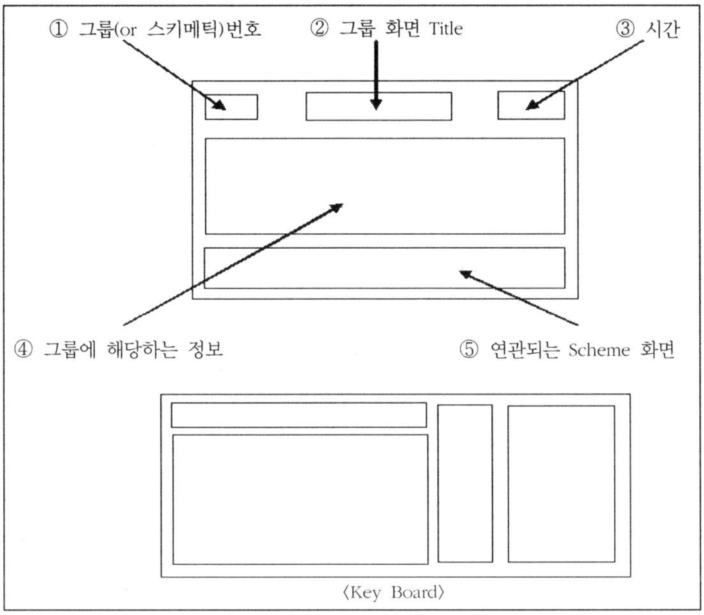

[그림 2-25] IAS 기본 시스템 구성

④ 선택한 그룹이나 스키메틱 번호에 해당하는 정보를 보여준다.

⑤ 그룹을 선택하였을 시 연관되는 스키메틱 화면을 알려준다.

3. IAS의 기능

1) System Monitoring

IAS가 정상적으로 작동되고 있는지 여부를 감시하는 자기진단 및 감시기능이다.

2) System Control Manipulating and Operation

Control Panel에서 여러 가지 조작을 동시에 할 수 있는 기능으로, 예를 들면 한쪽에서는 펌프를 기동하면서 다른 한쪽에서는 Compressor를 기동할 수 있는 기능이다.

3) Alarm Handling, Summary, Acceptance

작동 중 혹은 감시 중에 발생되는 여러 가지 알람 등을 알려주고 정리되며 인지할 수 있는 기능을 말한다.

4) Data Logging And Trending

미리 지정되어 있어서 출력해야 하는 모든 데이터를 기록하고 지속적으로 나타내 주는 기능으로 이를테면 Pump Press 값은 지속적으로 기록되게 하고 변동값을 추적할 수 있는 기능이다.

5) Data Interfaces to Other System(CTS, SPM ETC...)

여러 가지 다른 시스템들과 데이터를 주고받을 수 있는 기능이다.

6) Control of the Extension Alarm System

IAS에서 발생되는 알람을 CACC뿐만 아니라 모든 Extension Alarm Monitor로 전송시켜 주는 기능이 있다.

7) Operation Planning and Control

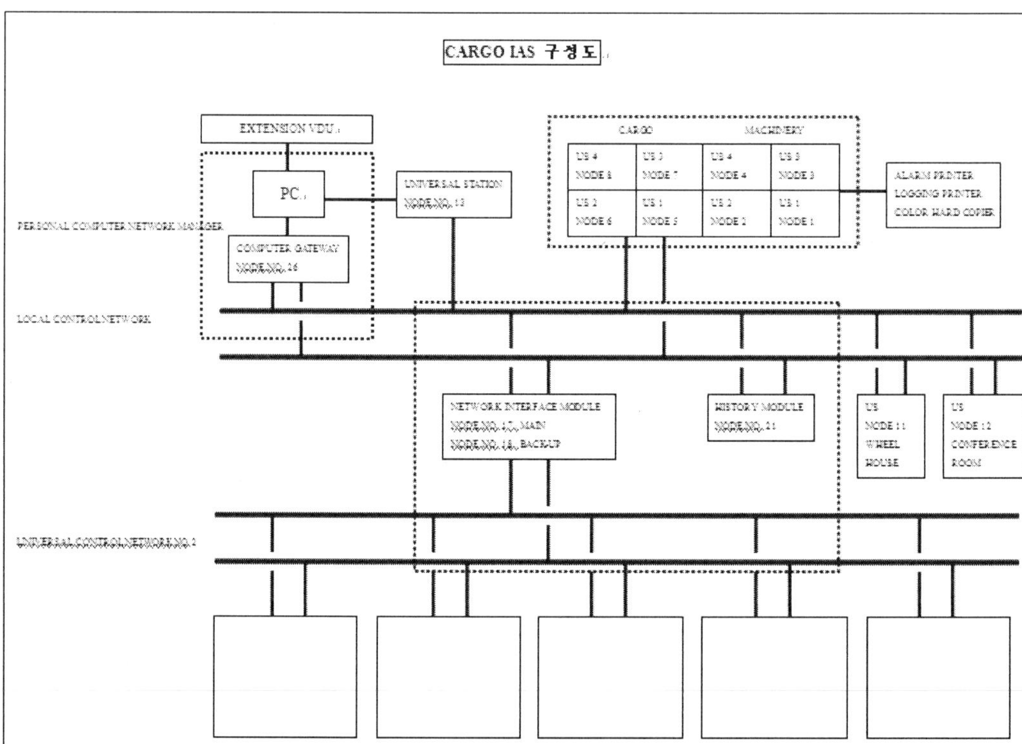

[그림 2-26] IAS System의 구성도

IAS에서 동작을 계획하고 실행시킬 수 있는 기능으로서 설정을 해두면 Sequence에 따라 자동적으로 실행되어진다.

2.3.10 Custody Transfer System

1. CTS의 개요

CTS(Custody Transfer System)는 선적 또는 양하한 전체 LNG Cargo를 계산하는데 중요한 Levels, Temperatures, Pressures와 같은 데이터를 정확하게 측정하고 기록한다. 그리고 또 다른 공급업자가 제공한 Sub-system인 선박의 Trim과 List를 수정하여 상기의 데이터를 Volumetric과 Mass(질량)로 환산한다.

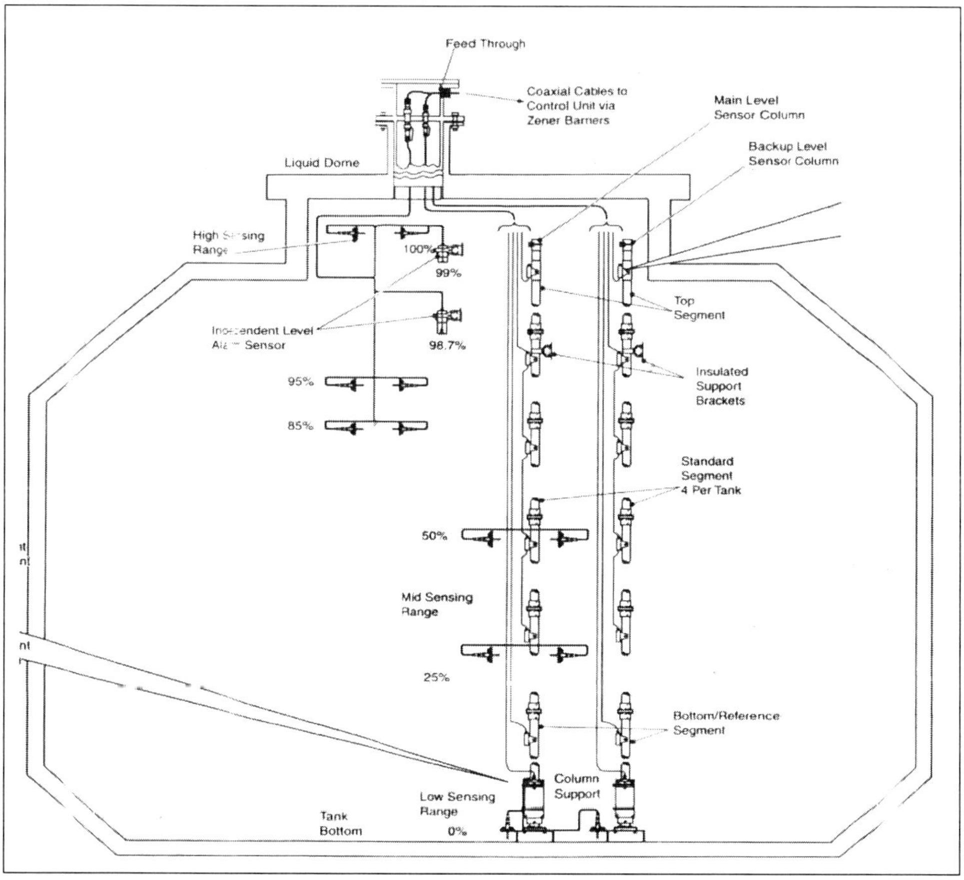

[그림 2-27] Custody Transfer System의 Cargo Tank 내측 구조

2. CTS의 원리

Level Measuring System은 Tank Bottom에서 Top까지 설치된 긴 동축 센서 구성되어 있다. 이 센서는 Tank Bottom에서 지지되고 센서가 축방향으로 움직일 수 있도록 Brackets로 잡고 있다.

센서는 케이블에 연결되어 밀봉된 Tank Feed Through를 통하여 CTIV Control Unit에 접속된다. 탱크 내의 Liquid Level이 바뀌면 Segments의 Capacitance도 Liquid Level의 변경에 비례하여 즉시 바뀌게 된다. 각 Segment의 Capacitance의 변경은 각 Input Sensing Channel에 선형변경을 나타나게 한다.

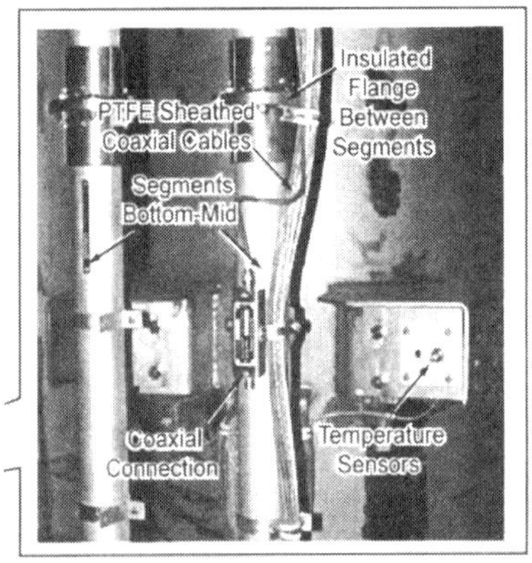

[그림 2-28] Top Segment 구조

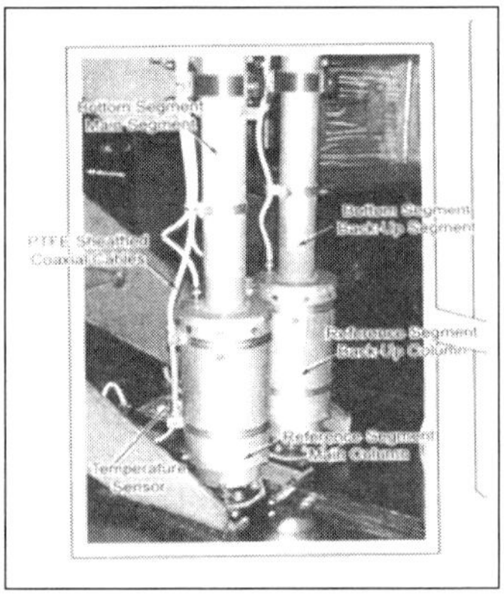

[그림 2-29] Column Support 구조

L / Level은 Submerged Segments의 수와 Liquid Surface를 가로지르는 Segment의 Liquid Levels을 측정함으로써 결정된다.

따라서 측정범위는 단 한 개의 Segment로 측정한 값과 그 Segment Bottom까지의 실제높이를 더한 것이라 할 수 있다. 그러므로 이 Level Measuring System으로 Liquid Level을 직접적이고 정확하게 측정할 수 있다.

또한 Custody Transfer Temperature Subsystem은 각 탱크에 사용하는 6개와 Spare용 6개의 센서로 구성되어 Cargo 온도측정을 하고, Custody Transfer Pressure Subsystem은 각 Cargo Tank의 절대압력을 측정한다. Pressure Transmitter의 측정정도는 Span의 + / −2%이다. 측정범위는 800Mb에서 1400mb이다.

[그림 2-30] EQ Room CTS Panel

[그림 2-31] Processor Unit

2.4 Loading

LNG선의 한 항차 중 그 결과를 내는 가장 중요한 일은 바로 적하 · 양하이다. LNG선은 주로 중동 또는 주요 산지(인도네시아, 러시아 등)에서 적하를 하게 되며, 항해기간 및 항해에 필요한 제반사항은 Buyor와 선박 측, 회사측의 회의를 거쳐 결정된다.

LNG선의 적하 기본원리는 육상의 탱크에서 본선에 펌프로서 액체를 선적해주며, 기화되는 가스 및 화물 상승에 의한 압력은 본선에서 송풍기(Compressor)로 불어서 육상으로 반송하는 것이다.

2.4.1 Tank Cooldown

Membrane 타입의 Lng선의 적하 업은 입항 30여시간 전 Cooldown에서 시작된다. Coolant(쿨런트 : 양하항에서 본선 Cooldown에 사용할 목적으로 남긴 LNG)의 양은 항해기간, 항로의 날씨 및 기상상황, 본선의 컨디션에 따라 양은 크게 바뀌지 않지만 보통 1760CBM정도이며, 이를 NO.4 Cargo Tank에 보관한다.

이 Coolant를 Stripping Pump와 Spray Nozzle을 이용하여 탱크 내에 분사하게 하며, 이를 30시간에 걸쳐 천천히 하여 탱크에 스트레스가 가지 않도록 주의한다. Cooldown의 속도에는 Compressor의 용량, N_2시스템의 용량도 관여되며, 상부, 하부의 평균온도가 −130도까지 작업한다.

이 작업 중에는 Vapor가 다량 발생하므로 이를 메인 보일러에서 연료로 사용하며, 이를 이용하여 본선은 최고의 속도로 항해하여 나아간다.

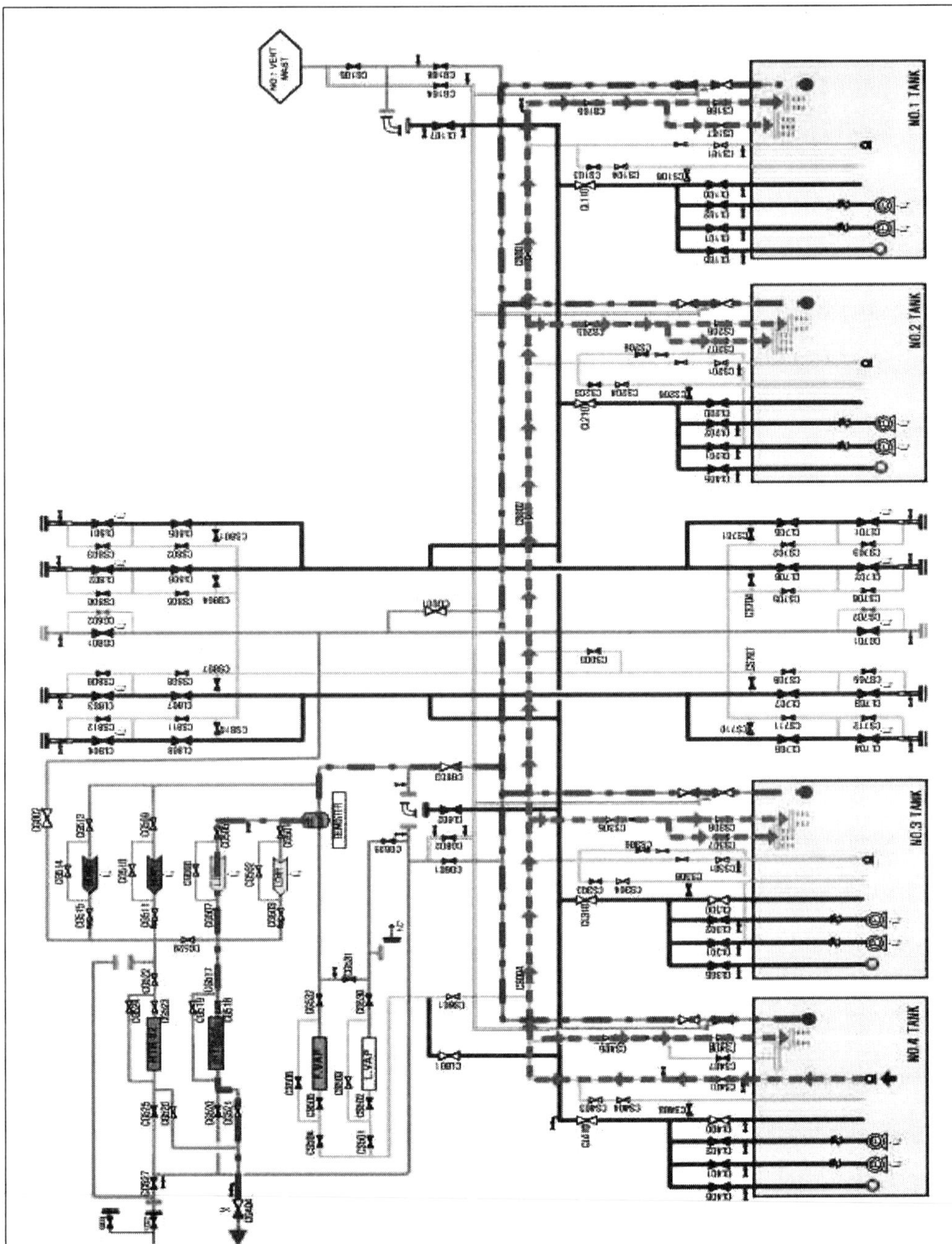

[그림 2-32] Tank Cooldown 시의 Line-up

2.4.2 Pipe Cooldown

입항 전 2시간 전부터 실시한다. Deck상의 Liquid Pipe의 온도를 떨어뜨리는 작업으로 이 또한 −130도까지 작업한다(위 Tank Cooldown 마지막에 Line-up 변경을 통하여 작업한다).

2.4.3 Unloading 준비

입항 시 화물기관사(Cargo Engineer)는 Manifold에 위치하여 본선의 Mani Fold와 육상 Chiksan Arm에 위치를 확인하여 신장에게 보고하고 본선의 위치를 수정한다. 이후 화물기관사는 Bonding Cable(접지선), ESDS Cable과 Gangway, Water Curtain(물로 만든 커튼으로 LNG 누설 시 본선 보호를 위해 선체 외벽을 따라 흐르게 함)을 설치하고, Communication Cable을 설치한다.

1. 입항 전 준비사항

① Cargo V/V 작동시험, CTS 정상작동, 각종 압력계 · 온도계의 정상작동 및 현장과 CACC간 Data 비교, 사용 Loading Arm N_2 가압 및 Purge하여 Sweat 제거(1일전), 양현 Manifold Drip Tray Drain Valve Close, H/D Compressor 가동준비 및 Line Up, Cargo Pump의 절연저항 측정, Portable Gas Detector Calibration, 각 Drip Tray에 청수 주수한다.

② Deck Machinery/Pilot Ladder 점검, Mooring Line Lay Out(Mooring Line을 준비한다. 이때 Mooring Winch의 Test, Tail Rope의 점검, Mooring Winch의 Greasing을 동시에 실시한다.)

③ Fire Hose, Dry Chemical Hose Lay Out(Fire Hose, Dry Chemical Hose는 화재 시 즉시 사용할 수 있도록 각 탱크의 Liquid Dome, Vapour Dome 및 Manifold 방향으로 Nozzle이 향하도록 한다. Deck상 Liquid Dome에 Fire Hose를 설치해서 LNG 누설 시 Liquid Dome 주위 Deck에 Fire Hose를 이용, 물을 분사함으로써 LNG가 Deck상에 직접 닿지 않도록 한다.

2. 입항 중 준비사항

① 도선사 승선 시점에서 General Service P / P를 가동시켜 Fire Main Line을 가압, Main Deck Scupper Plugging 실시, Bunkering 유무에 상관없이 항만규정에 따라 Deck상의 모든 Deck Scupper Plugging, Pilot 승선 시 선체방식장치(ICCP)의 전원을 OFF(접안하면 육상측의 ICCP에 의해 선체방식 기능을 유지하게 되고, 육상측과 Bonding Cable로 연결하기 때문), Emergency Fire Wire 준비, Cargo, Ballast Hydraulic System을 가동한다.

② 접안 예정 현의 Manifold Flange에 Bolt 4개씩 남겨두고 나머지 제거, Manifold Center에 N(Neutral)기 게양, Manifold 부근에 휴대용 소화기, Gas Detector, O_2 Meter, Deicing 청수 Hose, International Shore Connection 준비, 방폭공구, Gasket 및 비눗물을 준비한다.

3. 입항 후 작업

① Trim & List＝0에 맞춘다(Cts Opening을 위해).

② Shore Gangway 설치(Terminal Gangway 옆에 안전통로 표시 및 주의 경고판도 설치), Bonding Cable 연결, 전화선 연결(Ship / Shore Communication System), ESDS(Emergency Shut Down System) 설치, Water Curtain을 실시한다.

③ CIQ(Customs, Immigration & Quarantine) Clear한다.

④ Ship / Shore Safty Check한다.

2.4.4 Pre-Loading Meeting

① 적하개시 전 본선에서 당사자간 선적절차, 일정, 기술사항을 협의한다.

② 참석자 : Seller(Rasgas), Buyer(Kogas), Transporter(Master, C / O), Surveyor, Agent(참석자의 권한 : 계약이행상의 당사자로 관련서류에 대한 서명권을 가진다)

③ 본선측 준비 서류목록

㉠ NOR(Notice Of Readiness)

㉡ Empty Bottle Receipt

2.4.5 Loading Arm Connecting

1. Loading Arm Connecting

본선측 Manifold Flange를 분리하여 뒤로 고정시키고 육상측 인부가 Loading Arm을 연결할 때 도와준다. 연결 시 Strainer를 점검하고 Liquid 3 Line, Vapor 1 Line을 연결한다.

2. Loading Arm Leak Test

Loading Arm Purge가 종료되면 육상 N_2로 Manifold Loading Arm을 400~500kPa로 가압하여 Manifold Flange 연결부위의 Leak Test를 실시한다. 이 때 본선측에서 준비한 비눗물을 사용한다.

3. Loading Arm Purge

Loading Arm 연결이 완료되면 육상 Terminal측에서 N_2로 Purge를 실시한다. 산소를 제거하기 위해 불활성 기체인 질소(N_2)로 치환하는 작업이다. 육상 N_2로 Manifold Loading Arm을 가압한다. Loading Arm의 압력이 400~500kPa가 되면 Purge V/V를 Open하고, 100~200kPa가 되면 Purge V/V를 닫아 ESD V/V와 Arm 사이의 O_2를 Purge한다. 100~200kPa에서 V/V를 닫는 이유는 Loading Arm 압력이 대기압과 같아지면 공기가 유입될 가능성이 있기 때문이다.

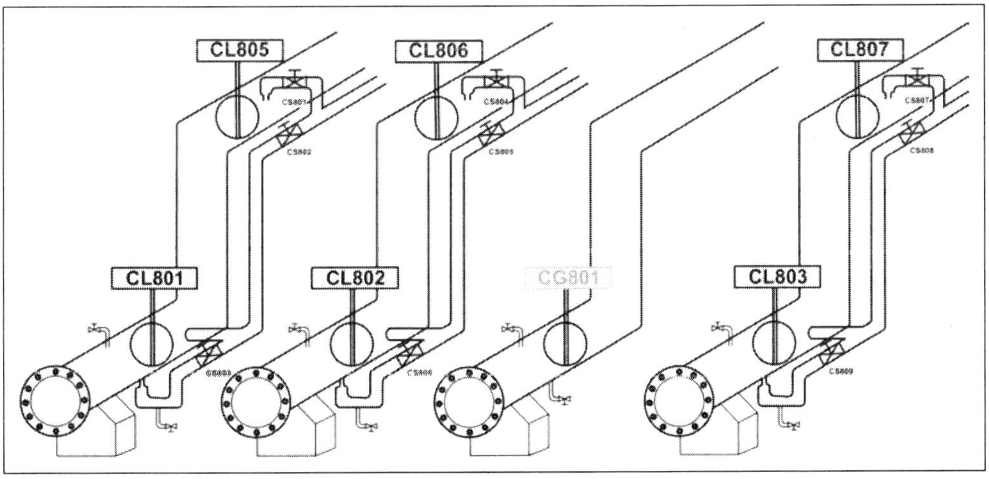

[그림 2-33] 본선측 Manifold

본선측의 Purge V / V를 열어 O_2 농도가 1% 이하가 되면 종료한다. Purge시의 N_2가 Cargo Tank에 유입되지 않도록 한다. N_2는 LNG보다 비점이 낮기 때문에 Cargo Tank에 들어가면 Cargo Tank의 상부에 자리잡게 되어 열효율이 없는 N_2가 BOG를 보낼 때 기관실의 보일러로 가기 때문이다.

2.4.6 CTMS Opening

CTMS는 본선에 남아 있는 LNG의 양, 탱크 압력 및 온도 등의 자료가 기록되고, 이를 이용하여 선적 전(CTMS Open)과 선적 후(CTMS Close)에 양을 비교하여 B / L(Bill Of Lading)량이 된다. 송, 수화주, 선주 인증 시스템이다.

CTMS Open 전 수석항해사는 관계자들에게 통보하여 동의를 구하고 다시 한 번 이상 여부를 확인하고 실시한다. CTMS를 실행할 때에는 펌프 및 Compressor를 정지하고, Fuel Gas V / V 및 육상과 연결된 Manifold의 모든 밸브를 Close하여야 한다.

2.4.7 Warm ESDS Test

Loading Arm이 연결이 잘 되었는지, 만약에 Loading 작업 중 사고 혹은 비상사태가 발생하여 즉각적으로 선적을 중단하고자 할 때를 대비하여 ESDS가 확실히 작동하는지의 여부를 확인하기 위하여 ESDS Test를 실시한다.

ESDS Test는 Arm Cooldown 전에 하는 Warm ESDS와 Arm Cooldown 후에 하는 Cold ESDS가 있으며 터미널 규칙에 따르나 보통 각 1회씩 실시한다.

본선의 CACC에서 작동시킬 경우 수석항해사가 카운트를 하며, 육상의 터미널 관계자도 트랜시버를 통하여 동시에 카운트한다. Trip 구령 후 ESD가 작동되면 (Manifold의 ESD Valve가 Close된다) 작동완료 시점을 보고하여 Valve Close Time를 기록한다. Time은 각 터미널 규칙에 따르며, 정상적으로 실시되면 상호 합의 하에 다음 작업을 진행한다.

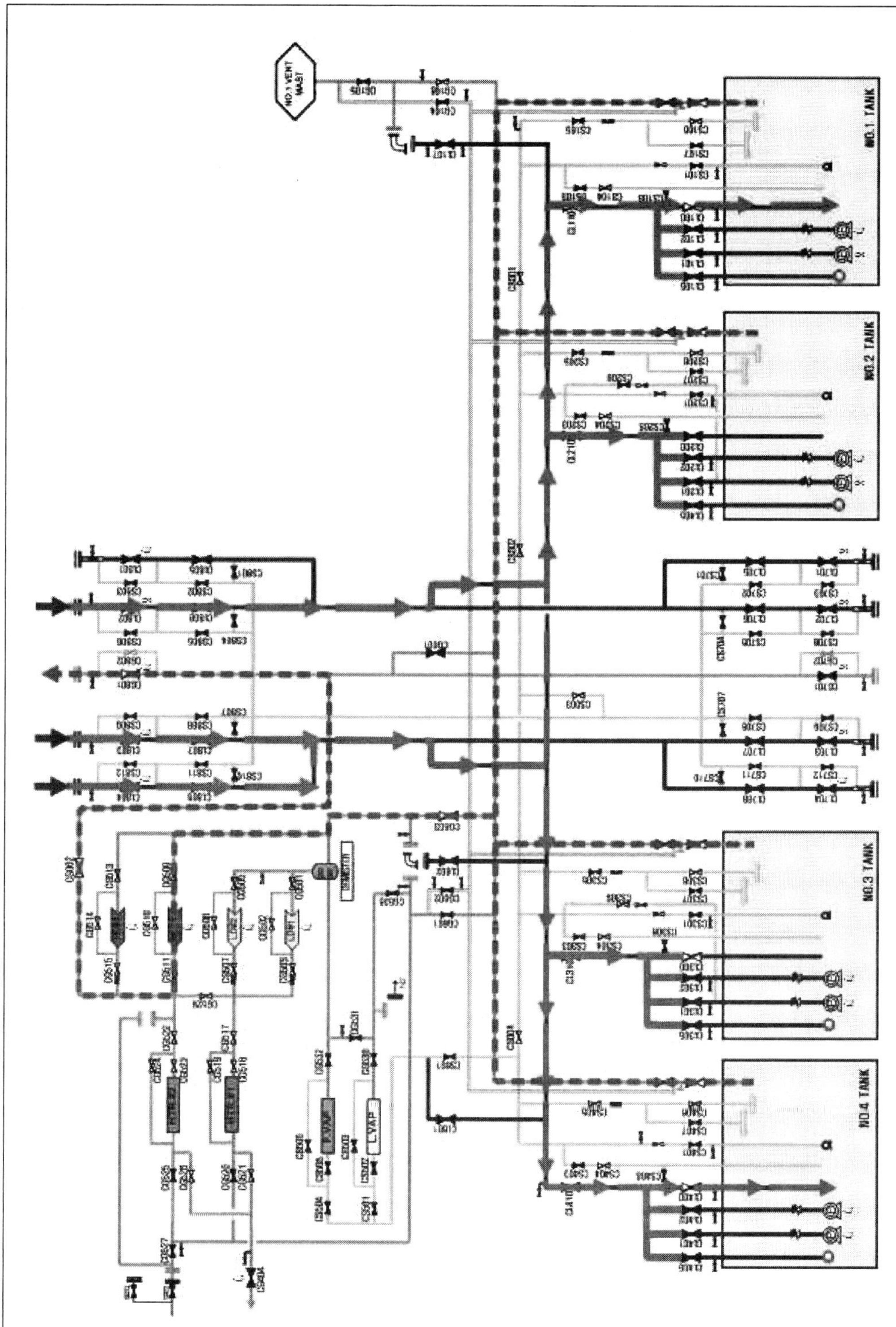

[그림 2-34] Arm Cooldown 시의 Line-up

2.4.8 Arm Cooldown

Loading Arm Cooldown 사용하는 LNG는 육상에서 제공한다. 당직자는 본선과 연결된 부위(Manifold측)에서 대기하며 수시로 CACC의 당직사관에게 Cooldown 상태 및 Leak 등의 이상여부를 점검하고 보고한다. 통상 60분~120분이 소요된다.

2.4.9 Cold ESDS Test

Arm Cooldown 이후 Cold ESDS Test를 실시한다. 방법은 Warm ESDS Test와 같다. ESD 작동 스위치는 본선의 경우 CACC와 각 탱크의 Cargo Pump 상부 및 Manifold측에 위치한다.

2.4.10 Loading & Deballasting

[Rate Up－Full Rate－Topping-Off(Rate Down)]

1. Rate Up

모든 준비가 끝나면 LNG Loading을 위한 Line-Up과 승조원 배치를 하며, Loading Master에게 본선의 선적준비가 완료되었음을 통보한다. 본선의 Line-Up은 Manifold ESD Valve 및 Double Shut Valve, 각 탱크의 Filling Valve를 Open한다.

수석항해사는 확인 후 Loading Master에게 1st Cargo Pump Start를 요구한다. 1st Cargo Pump가 작동되면 본선 승조원에게 알리고 이상 유무 및 LNG가 본선으로 들어오는지 여부를 확인하여 보고하도록 한다.

수석항해사는 Cargo Pump가 작동된 후 탱크 압력을 관찰하고 High Duty Compressor를 기동하도록 하여 탱크압력을 조절하도록 한다. 1st Cargo Pump가 작동되고 10분 경과하고 선적작업에 이상이 없을 때, 2nd Cargo Pump Start를 요청한다. 이후 5분의 간격으로 각 Cargo Pump를 작동 요청한다.

1st Cargo Pump Start에서 Last Cargo Pump Start까지의 작업을 Rate-up이라 지칭한다. 그리고 모든 펌프가 정상 작동하여 Full Rate에 도달하고 특이할 만한 이상이 발견되지 않을 경우 배치를 해제하고 정상당직에 임하도록 한다.

〈표 2-3〉 각 탱크의 Filling Valve의 개도

NO.1 Tank CL100	NO.2 Tank CL200	NO.3 Tank CL300	NO.4 Tank CL400
47%	100%	100%	75%
Remark : 1번과 2번 Tank V/V 10% 내로 조절하여 Cargo량을 조절한다.			

2. Full Rate

1) Deballsting을 실시한다

① Loading 작업이 정상적으로 이루어지고 여건이 충족된다면 Deballasting 작업실 실시한다. 당직사관은 수석항해사의 지시에 따라 각 Ballast Water Tank의 양을 조절한다. 처음에는 밸브를 열어 중력배출을 실시하며, 이 후 본선의 Ballast Pump를 이용하여 작업한다.

② Deballast는 List에 주의를 해야 한다. Loading Arm Angle은 당직 중에도 매시간 확인하며, 당직사관은 수시로 CTMS에 List값을 보며 Deballast를 한다. Trim은 만재시를 고려하려 Trim을 By The Head 30～50이 되도록 하여 Topping-Off를 시작하기 전에 먼저 여유있게 Deballasting을 끝낸다.

2) Mooring Line Tention 조절 및 확인

본선의 선수미 이동 및 Terminal에서 떨어지지 않는지 확인한다.

3) Cargo Press 조절 및 감시

H/D Compressor의 IGV(Inlet Guide Vane)를 조정하여 Cargo Tank의 압력이 적절히 유지되도록 한다.

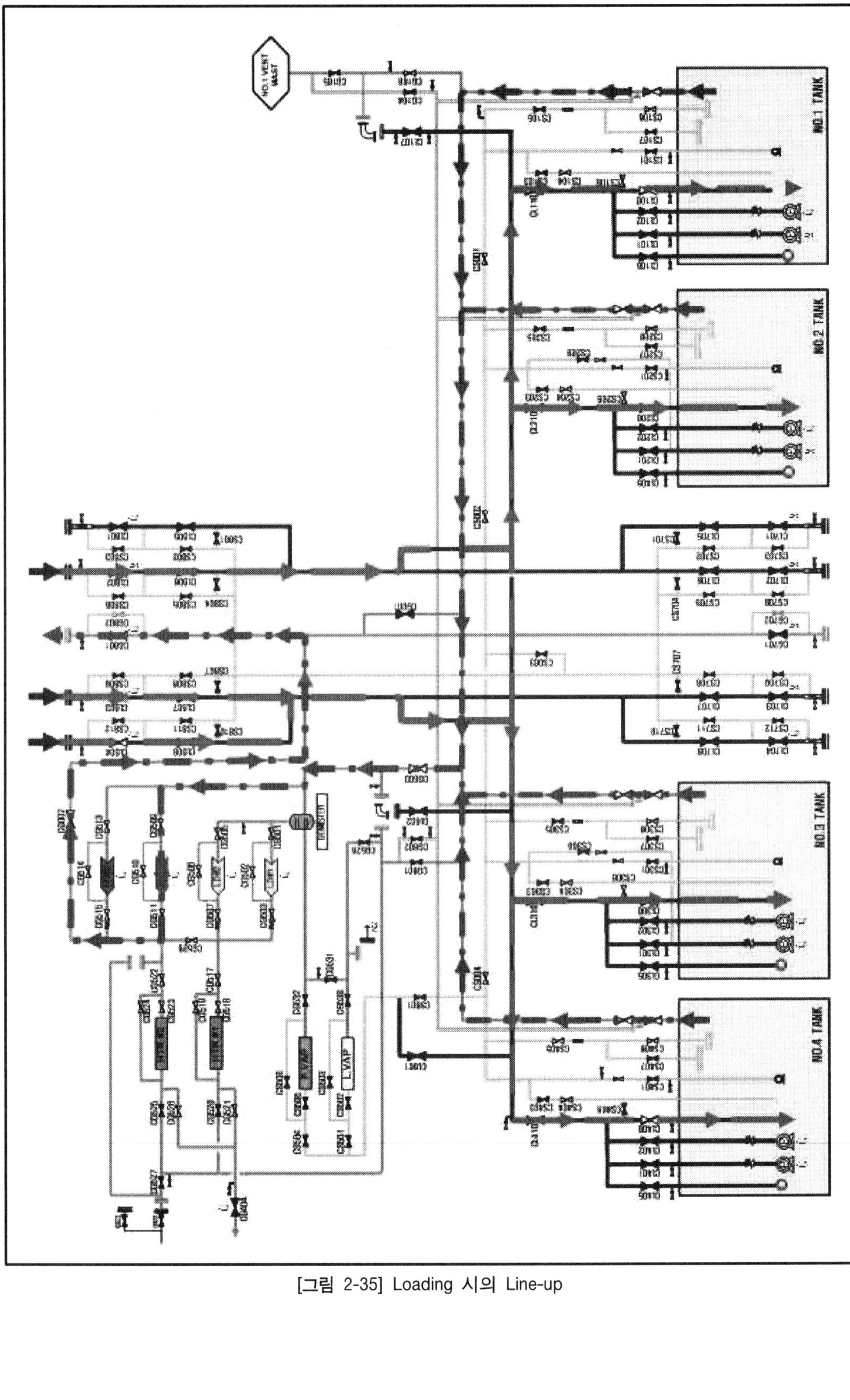

[그림 2-35] Loading 시의 Line-up

4) List 및 Trim

List '0' 유지, Trim 2M 이하 유지한다.

5) 화물량 체크 및 탱크별 화물량 조절

매시간 화물량을 체크하여 화물 종료시간을 계산하여 탱크별 화물량을 조절한다. 2, 3번 탱크는 100% 로 두고 1번 탱크와 1번 탱크의 Filling Valve를 10% 내에서 조절하여 종료시간을 조절한다.

6) 그 외 체크 사항

① INSUL. Space 압력이 적절히 유지되는지 확인한다.
② 갑판 당직자는 작업 중 정기적으로 순찰하여 액 및 가스의 누설이 있는지 확인한다.
③ 외부 출입문통제, 내방객통제, 항내 보안유지 및 규정준수

3. Topping-Off(Rate Down)

일반적으로 액체화물은 Cargo Tank에 97%~98%정도 Loading하며, LNG선의 경우 98.5%까지 Loading한다. 이 경우 만약의 실수로 인하여 Overflow가 발생할 수도 있는데, 이 경우 상상할 수도 없는 피해가 발생하므로, 탱크의 마지막 부분의 Loading인 Topping-Off는 더욱 주의를 기울여야 하는 작업이다.

Topping-Off는 하역 종료 1시간여 전에 실시하며, 그 시기는 Loading Rate에 따라 수석항해사가 계산하여 지시한다. 수석항해사는 미리 계산하여 30여분 전에 모든 항해사 및 승조원에게 알리고 각 현장에 배치하고 Float Level Gauge를 확인할 수 있도록 한다(요구에 따라 육상측 및 Loading Master에게도 통보한다).

Float Level Gauge

화물의 레벨을 기계적으로 측정하는 장치로서 CTMS의 2차 보완장치로 각 Cargo Tank의 Liquid Dome에 1개씩 설치되어 있으며, Gate V / V(CG 103, 203, 303, 403)위로 Gauge를 격납할 수 있다. 수치를 불러주는데 23m 15cm이면 23m 150, 24m 4cm 이면 24m 040이라고 한다.

Topping-Off는 첫 Cargo Pump의 Stop부터 시작되며, 이후 'One By One', 즉 Cargo Pump를 순차적으로 Stop한다. 그리고 마지막 2대(또는 1대)의 Cargo Pump가 남아 있는 상태로 하여 탱크의 Fill Valve를 순차적으로 Close한다. 당직사관은 Full Rate 도중에

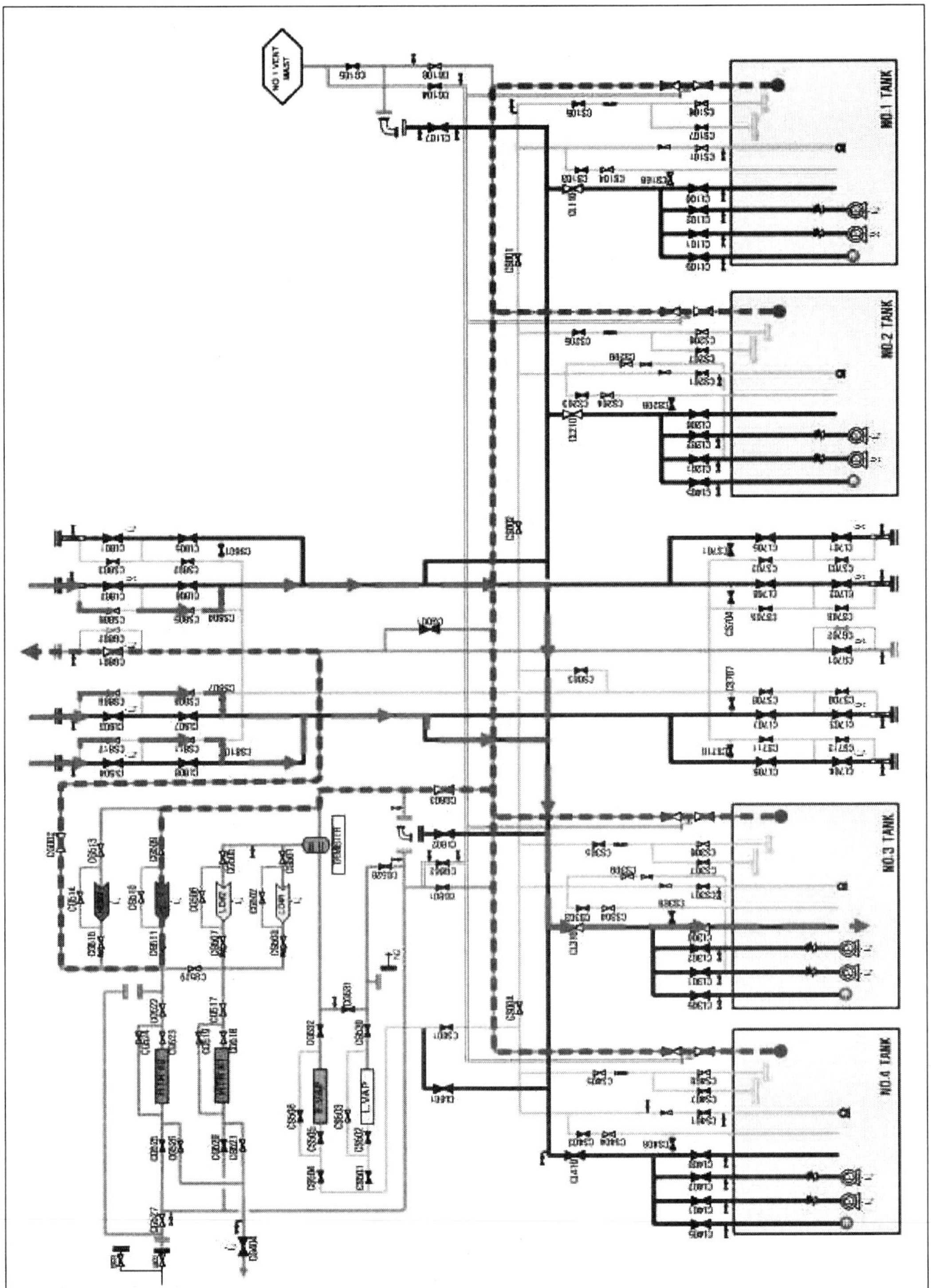

[그림 2-36] Drain 시의 Line-up

각 탱크의 레벨이 일정한 차이를 두도록 조절하여 탱크의 순서와 그 간격을 설정한다.

수석항해사는 각 탱크의 목표량이 되었을 때 각 탱크의 Filling Valve를 순차적으로 Close하며, 마지막 Cargo Tank를 NO.3 Cargo Tank(또는 NO.4 Cargo Tank)로 하고 그 양은 목표량에 70CBM 정도 적게 정하여 이에 도달하였을 때 육상의 마지막 Cargo Pump를 Stop한다.

모든 육상 Cargo Pump의 Stop이 확인된 후 Liquid Header에 남아 있는 LNG와 Line Draining 작업을 위해 NO.3 Cargo Tank(또는 NO.4 Cargo Tank)의 Filling Valve를 Open하여 둔다(이를 통하여 70CBM을 채우게 된다).

〈표 2-4〉 Topping Off Level

	NO.1 Tank	NO.2 Tank	NO.3 Tank	NO.4 Tank
98.5% Level	25.914	26.086	26.070	26.084

2.4.11 Drain & Purging

Chiksan Arm과 연결된 Manifold는 Cross Header보다 3~4M정도 아래 있으므로 여기에는 상당량의 LNG가 남아 있다. 이를 N_2 가스의 압력을 이용하여 본선의 탱크로 보내는 작업이 Drain이다.

Manifold의 Chiksan Arm측은 이미 Close되어 있는 상태이며, Double Shut Valve를 Close하여 준비한다. 여기에 Drain Valve로 N_2 가스를 넣어 가압(3BAR 이상)한다. 압력 형성이 확인되면 본선측 VAlve를 미세하게 Open(Crack Open)하여 LNG가 본선으로 들어가는지를 확인하다. 이를 반복적으로 실시하여 Drain을 종료한다. Drain 종료 후에는 N_2 가스를 이용하여 Purging을 한다. Purge는 CH 농도가 LEL 10% 미만이 될 때까지 한다.

2.4.12 CTMS Close

Arm Drain 이 종료하면 CTMS Close를 한다. 요령은 CTMS Open과 동일하다. CTS가 종료되는대로 기관실에 연락하여 Gas Burning을 재개한다.

2.4.13 Arm Disconnecting

Arm Drain과 Purging이 종료되면 곧바로 Loading Arm Disconnecting 작업을 실시한다. Disconnecting 전에 CACC에 다시 한 번 보고하며, 현장의 이등항해사(또는 화물기관사)는 육상측 작업자가 하는 과정을 감독, 협의하도록 한다. 순차적으로 하나씩 실시하며, 만약에 사고를 방지하기 위해 Spark가 발생하지 않도록 주의한다.

2.4.14 Post-Loading Meetiing

3등항해사는 Paper Onboard 시간을 확인 Port Log에 기입 후 바로 프린트하여 수석항해사에게 전달한다. LNG선의 경우 Cargo 관련 주요 서류를 본선에서 작성, 배포하며 이는 대부분 3등항해사가 작성하고 수석항해사가 검토한다. 이때 오기 등이 발생하지 않도록 주의하도록 한다.

Port Log가 준비되는대로 참석자(CAPT., C / O, KOGAS, RASGAS, Surveyor, Agent)가 모인 후 Meeting을 시작한다. 참석자는 선적량을 확인한 후 선적서류를 작성 및 서명을 한다.

2.4.15 선적서류 목록(총 7장)

① Port Log－3항해사는 Port Log를 작성하여 Paper On Board 시간을 마지막으로 적하종료 후 수항사에게 건넨다.

② B / L(Bill of Lading)－선하증권 : 화물의 선적이 끝나면 화물의 인수증 겸 교환증권으로 화물의 산적을 의미하는 증권이다.

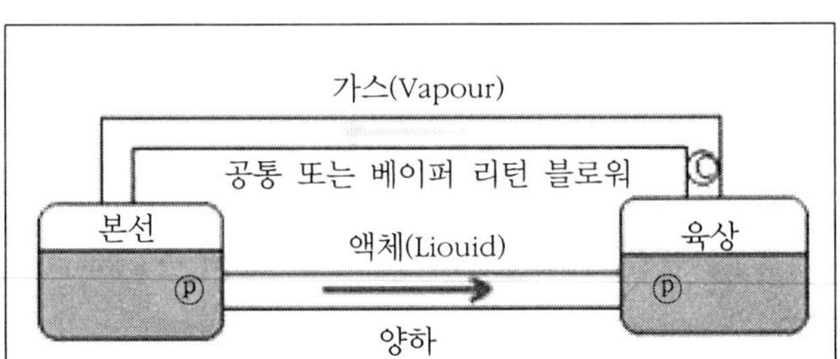

[그림 2-37] LNG선 양하의 기본원리

2.5 Unloading

LNG선의 적하 기본원리는 본선의 펌프를 이용하여 액체를 양하하여 주며, 육상 탱크와 베이퍼 라인을 공통으로 하여 균압을 시키며, 양하 중에 화물감소에 의한 부압은 베이퍼 라인의 공통, 선육간 거리가 멀어 공통에 의한 균압이 불가능할 때는 육상 베이퍼 리턴 블로워에 의한 반송 또는 베이퍼 리턴이 부족할 때는 Spray 및 본선 LNG 베이퍼라이저에 의하여 액체를 강제 증발시켜 탱크에 기체를 공급할 수 있다.

2.5.1 Unloading 준비

입항 시 화물기관사(Cargo Engineer)는 Manifold에 위치하여 본선 Manifold와 육상측 산암에 위치를 확인하여 선장에게 보고하고 본선의 위치를 수정한다. 이후 화물기관사는 Bonding Cable(접지선)과 Gangway, Water Curtain(물로 만든 커튼으로 LNG 누설 시 본선 보호를 위해 선체 외벽을 따라 흐르게 함)을 설치하고, Communication Cable을 설치한다.

1. 입항 전 준비사항

1) Cargo Part

Cargo Valve의 작동시험, 양하 시 사용되는 모든 밸브의 작동시험, CTS 정상 작동상태 확인, Fire Detection System 점검, Water Spray System 점검, Tranceiver Full Charge & Test, Cargo Pump & Spray Pump의 절연저항 측정, Feed Through N_2 압력점검, Cargo Valve Hydro Power Pack 점검, Ballast Valve Hydro Power Pack 점검, Fixed & Portable Gas Detection System 점검, Trunk Deck 소화장치 배치(Dry Pouder System), Drip Pan 충수 등을 한다.

2) Deck Part

계류설비 점검 및 Mooring Line 준비, 외부 Door 폐쇄, Deck Lighting 점검, Upper

Deck Scupper Plugging 등을 한다.

2. 접안 후 준비 및 작업사항

1) Cargo Part

Manifold Flange Bolt 제거 및 내부 점검, Portable O_2 Meter(양하 후 Portable Hc Meter), 안전, 보호장구, 소화장비, 외부인 경고판 준비, Gasket, 비눗물 준비, Deicing용 청수 Hose 준비, Shore Gangway 준비, ESDS 연결, 선교 Air-Con. 중단, Damper 폐쇄, 외부 출입문폐쇄 등이다.

2) Deck Part

N기 게양, International Shore Connection 준비, Fire Wire 설치, ICCP Off 접안 직전, Water Curtain 실시 등이다.

2.5.2 Loading Arm Connecting

1. Loading Arm Connecting

본선측 Manifold Flange를 분리하여 뒤로 고정시키고 육상측 인부가 Loading Arm을 연결할 때 도와준다. 연결 시 Strainer를 점검한다. Liquid Line, Vapor Line 연결을 한다.

2. Loading Arm Leak Test

Loading Arm Purge가 종료되면 육상 N_2로 Manifold Loading Arm을 400～500kPa로 가압하여 Manifold Flange 연결부위의 Leak Test를 실시한다. 이때 본선측에서 준비한 비눗물을 사용한다.

3. Loading Arm Purge

Loading Arm 연결이 완료되면 육상 Terminal측에서 N_2로 Purge를 실시한다. 산소를 제거하기 위해 불활성 기체인 질소(N_2)로 치환하는 작업이다. 육상 N_2로 Manifold Loading Arm을 가압한다.

Loading Arm의 압력이 400~500kPa가 되면 Purge V/V를 Open하고, 100~200kPa가 되면 Purge V/V를 닫아 ESD V/V와 Arm 사이의 O_2를 Purge한다. 100~200kPa에서 V/V를 닫는 이유는 Loading Arm 압력이 대기압과 같아지면 공기가 유입될 가능성이 있기 때문이다.

본선측의 Purge V/V를 열어 O_2 농도가 1% 이하가 되면 종료한다. Purge 시의 N_2가 Cargo Tank에 유입되지 않도록 한다. N_2는 LNG보다 비점이 낮기 때문에 Cargo Tank에 들어가면 Cargo Tank의 상부에 자리잡게 되어 열효율이 없는 N_2가 BOG를 보낼 때 기관실의 보일러로 가기 때문이다.

2.5.3 Pre-Unloading Meeting

① 양하 개시 전 본선에서 당사자 간 선적절차, 일정, 기술사항을 협의한다.

② 참석자 : Buyer(KOGAS), Transporter(Master, C/O), Surveyor, Agent(참석자의 권한 : 계약이행상의 당사자로 관련 서류에 대한 서명권을 가진다)이다.

③ 본선측 준비서류 목록

㉠ Sample Bottle Receipt

㉡ NOR(Notice Of Readiness)

㉢ CTS Data Before/After/Certificate of Loading

2.5.4 CTMS Opening

CTMS는 본선에 남아 있는 LNG의 양, 탱크 압력 및 온도 등의 자료가 기록되고, 이를 이용하여 양하 전(CTMS Open)과 양하 후(CTMS Close)에 양을 비교하여 양하량이 된다. 송화주·수화주, 선주 인증 시스템이다.

CTMS Open 전 수석항해사는 관계자들에게 통보하여 동의를 구하고 다시 한 번 이상 여부를 확인하고 실시한다. CTMS를 실행할 때에는 Pump 및 Compressor를 정지하고, Fuel Gas V/V 및 육상과 연결된 Manifold를 Close하여야 한다.

2.5.5 ESDS Trip Test(WARM)

① Loading Arm Cooldown 전 비상시를 대비한 선박 및 육상 공급설비의 자동 폐쇄 장치를 시험 가동하는 ESDS Trip Test(WARM)을 실시한다. Dock Master와 수항사는 사전에 상의하여 Arm Cooldown 전, 후 2번 실시할 것인지 한 번만 실시할 것인지 결정한다.

② ESD 항구별 선택 스위치가 올바르게 선택되었는지 확인한다.

③ ESD Test 전 기관실에 Test가 있음을 통보한다. ESD에 의한 기기의 Trip으로 기관실에 알람이 발생하기 때문이다.

④ 본선 수항사와 Dock Master은 본선이나 육상측에서 ESDS를 작동하여 정상 작동 여부를 확인한다. Manifold Gas Officer은 Stop Watch를 준비하여 V/V가 닫히는 시간을 체크하여 수항사에게 보고한다. 30초 이내에 Trip 조건에 만족하여야 한다.

⑤ Test 후 사용할 V/V를 Open하고 H/D Compressor를 Reset한다.

2.5.6 Loading Arm Cooldown

1. Loading Arm Cooldown을 하는 이유

상온상태의 Cargo Pipe 등에 급격히 화물을 통하게 하면 열충격 및 과대한 열응력이 발생한다. 이런 현상은 부재의 급냉, 국부적 냉각, 온도분포의 불균일로 인하여 일어난다. 또한 저온의 액이 순간적으로 라인을 통하게 되면 액이 순간적으로 기화하면서 라인 압력 제한범위(10Bar ; 1000kPag)를 넘어설 위험이 있다.

이러한 현상이 일어나는 것을 방지하기 위해 양하전 Loading Line은 적당한 속도로 가능하다면 전체적으로 냉각해야 한다. 이것을 Loading Arm Cooldown이라 한다. 육상 Loading Arm과 본선 Liquid Header쪽의 냉각을 실현하므로 LNG액의 이송을 가능한 상태로 만들기 위해서는 Liquid Line 및 Loading Arm을 −150℃ 이하로 만들어야 한다.

2. Cooldown 작업 중 중요과제

① 탱크 압력관리 : 탱크압이 올라갈 것을 대비해 L/D Compressor 준비한다.

② Cooldown 진행속도 조절 : Manifold의 Cooldown V/V를 Crack Open 정도를 조절함. Dock Master와 협의사항이다.
③ Spray Line 압력조절 : Spray Return V/V(CS303)를 이용하여 조절하고 Auto Mode 또는 MAN. Mode 설정한다.
④ Cooldown이 시작되면 Tank Press는 상승하게 된다. 만약 육상 Tank Press가 본선 Tank Press 보다 낮은 경우 BOG Return V/V를 Open하여 Tank Press를 낮추어 준다.

3. 작업 중 유의사항

① Spray Pump 구동 시 각 부위별 서리가 끼는지를 확인하고 Leakage 여부 및 Manifold의 온도 하강정도 및 서리가 끼는 정도를 확인한다.
② Line-up 실시할 때 Valve Open/Closing을 시행함에 있어 라인상에 Blocking이 발생하지 않도록 유의해서 실시한다.

2.5.7 ESDS Trip Test(Cold)

Loading Arm Cooldown이 완료되면 ESDS Trip Cold Test를 실시한다. Test는 절차는 상기의 Warm Test와 같다. Test를 준비하는 동안 Unloading Line-up을 해놓는다.

2.5.8 Unloading & Ballasting

[Rate Up-Full Rate-Topping-Off(Rate Down)]

1. Rate Up

1) Unloading Line Up 및 준비사항

① 육상 Loading Arm의 Cooldown이 끝나고 본선 LIQ. Header의 냉각정도가 만족되면 Dock Master와 협의하여 Cooldown을 종료한다.
② Spray Pump를 정지하기 전에 CS309를 Open하여 Cl302 Line에 Liquid를 채워 Cooldown한다.

③ Spray Pump를 정지한다. CS301 V / V Close한 후 바로 Spray Pump Stop한다. CS303 V / V MAN. Mode 전환 후 Out Put 0%(Close)

④ Cooldown V / V(CS801, 4, 7, CS802, 5, 8)들을 Shut한다.

⑤ Tank Spray V / V CS X05-SHUT, CS X07-Shut, CS X06-Open

⑥ Spray P / P Return V / V CS X03-Shut(CS403은 Blocking 방지를 위해 Open), CS X04-Open

⑦ CS108, 208, 308, 408, CS209, 309 V / V Open한다.

⑧ NO.3 Tank NO.1 & 2 Cargo Pump Discharging Valve를 25% Open한다(CL301, CL302).

⑨ NO.3 Tank Branch Valve를 Shut하고 Filling Valve를 Open한다(G38 : CL310, L300).

⑩ IAS의 Log Ineterval을 1시간으로 맞춘다(C35).

⑪ IAS 화면의 시간을 맞춘다(Ships Time & Standard Time).

⑫ IAS C31 OPE. Plan 화면에서 SEQ. Pump Stop Level, SEQ Pump Start Initial Load, 사용할 Loading Arm 선택, Berthing Side, Initial Opening Discharge V / V를 세팅한다.

2) Cargo Pump Start

① Pump Start 전 해당 Tank Branch V / V Shut, Filling V / V Open, NO.1, NO.2 Discharge V / V Open, CS X08 Open한다.

② Line-up이 끝나면 도크 마스터와 상의하여 본선 펌프를 Start할 준비를 한다.

③ Pump Start 순서는 해당 탱크의 2번 또는 3번 펌프부터 반드시 Start해야 한다. 탱크 순서는 3-2-4-1 또는 2-3-4-1으로 5분 간격으로 펌프를 Start한다. 약 40분 소요된다.

④ NO.3 Tank의 Sequence가 완전히 실행되면 Manifold는 정상적으로 하역이 실행되고 있는지 확인하여 CACC에 보고한다(보고사항 : 현장의 온도, 압력, 누설여부, 소리 등).

⑤ NO.3 Tank의 하역이 정상적으로 진행되었음을 확인하고 NO.2 Tank의 Brench Valve(Group34 : CL210)를 Open하고 NO.2 Tank NO.1 & 2 Cargo Pump Discharging Valve(CL201, CL202)를 25% OPEN하여 Pump를 Cooldown시켜 준다.

⑥ NO.2 Tank Discharging Line에 서리가 완전히 끼면 NO.2 Tank도 Cargo Pump Auto Start를 한다(Group37).

4 Step Sequence(Cargo Pump Auto Start)

Cargo Tank의 첫 번째 펌프가 구동한 후 탱크 내에서 순환하며 두 번째 펌프가 구동한 후 같이 순환하다가 Brench V/V Open되고 Filling V/V Shut되면서 액이 육상측으로 이송되는 1Step의 과정이 이루어진다. 총 4개 탱크에서 4번의 액이송이 발생한다(4Step).

❶ NO.3 Tank NO.2 Cargo Pump SEQ. Start(Group38)
❷ CL302 V/V 20% Open → CL300 V/V Open → CL310 V/V Close → Pump가 Start (만약 미리 Line-up이 되어 있지 않더라도 SEQ.에 의해 위와 같이 실행된다. 펌프가 Start 되어지고 액은 탱크 내에서 순환하게 된다.)
❸ 펌프가 시동되는 것을 확인한 후 NO.1 Cargo Pump쪽 라인에 서리가 끼는 정도를 확인하여 펌프가 Cooldown이 되는지 확인한 다음 NO.1 Pump SEQ. Start할 준비를 한다.
❹ NO.3 Tank NO.1 Cargo Pump SEQ. Start
❺ CL 301 20% Open → Pump Start → Chime Ringing → NO.1 Pump SEQ. Off(이것은 CL310 V/V를 통해 액이 육상으로 이송되기 전을 확인하기 위한 과정이다.)
❻ 다시 NO.3 Tank NO.1 Cargo Pump SEQ. Start → CL310 V/V가 Open → 5초 후 CL300 V/V Close → NO.3 Tank 육상으로 액 이송시작 (위의 CL310 V/V Open과 CL300 V/V Close 사이에 5초의 Delay가 있다.)
❼ NO.2 Tank의 CL201, 202 V/V를 20% Open하여 Column Cooldown을 해준다.

8 Step Sequence(Cargo Pump Auto Start)

NO.1 Pump를 구동시킨 후 Brench Valve와 Delivery Valve가 열려 바로 Cargo가 Discharge된다. 즉 본선 펌프 구동이 있을 때마다 LNG가 양하되는 것이다. 총 8번의 펌프 구동이 이루어진다(8STEP).

❶ NO.3 Tank NO.2 Cargo Pump SEQ. Start(GrouP38)
❷ CL302 V/V 20% Open → CL300 V/V Open → CL310 V/V Close → Pump Start (펌프가 시동되는 것을 확인한 후 NO.1 Cargo Pump쪽 라인에 서리가 끼는 정도를 확인한다.)
❸ Chime Ringing → NO.2 Pump SEQ. Off한다. (정상적으로 시동되면 Chime이 울린 후 SEQ.가 꺼진다.)
❹ 다시 한번 NO.3 Tank NO.2 Cargo Pump SEQ. Start해준다. (펌프가 정상적으로 시동이 되고 액이송을 시작하려면 SEQ. Start한다.
❺ NO.3 Tank CL310 V/V Open → 5초 후 CL300 V/V Close → 첫번째 액 이송시작
❻ NO.3 Cargo Pump Discharge V/V CL302 25~30% Open (Pump Column Cooldown 및 액을 채워 Surging을 방지하기 위해)
❼ NO.3 Tank NO.2 Cargo Pump 시퀀스를 Start
❽ CL 301 20% Open → NO.1 Pump Start → 두 번째 액 이송시작 (25~25% 열어 놓았던 CL301 V/V가 SEQ.에 의해 20%로 Open되는지 확인한다)
❾ NO.2 Tank의 CL201, 202 V/V를 20% Open하여 Column Cooldown을 해준다.

⑦ NO.2 Tank가 정상적으로 하역되면 NO.4 Tank도 위의 과정대로 시작한다.

⑧ NO.4 Tank가 정상적으로 하역되면 NO.1 Tank도 위의 과정대로 시작한다(3-2-4-1).

⑨ 모든 Pump Start 후 펌프가 안정이 되면 Pump Load를 조절하여 Full Rate Load로 조절한다.

2. Full Rate

1) 정상하역 당직업무

① Full Rate 작업이 시작되면 정상 당직에 들어간다.

② 당직사관은 Pump Load 또는 Pump Delivery Valve를 조절하여 모든 탱크가 순차적으로 끝날 수 있도록 조절한다.

③ Full Rate가 되면 Ballasting을 시작한다(처음에는 중력으로).

④ 당직 중 탱크압을 주시하여 탱크압이 너무 떨어지지 않도록 한다. 보통 Vapor ESD Valve와 G001 Valve는 Full Open한다. 압력이 계속 떨어지는 경우에는 수석항해사에게 연락하여 Dis Charge Rate를 줄인다.

⑤ 양하 중 안전점검표에 의거 탱크별 작업 Rate를 구하고 예상 ETD를 구한다. Manifold Line별 압력과 온도, 그리고 Deck 이상여부, Line 상태 등을 점검한다.

2) 양하작업 중 주요 과제

① 탱크압력 Control : CG001을 개폐하여 적정 압력을 유지한다(7~8kPa).

② Cargo Pump 기동 시 상태확인 : Ampare Meter를 확인하여 처음 구동시 기동부하로 인해 눈금이 계기 끝단에 닿았다가 떨어지게 되는데, 만약 떨어지지 않으면 즉시 펌프 구동을 중단해야 한다. 현장에서 직접 소리를 들어서 이상여부를 확인한다.

③ Cargo Pump를 구동하면 Ampere Meter의 레벨이 끝에 닿았다가 떨어지는데 그 떨어지는 속도가 평균보다 느리다고 생각되면 즉각적으로 Cargo Pump Switch Board에서 Conduct Open한다.

④ Cargo Pump는 1시간 내에 3번 이상 On / Off를 해서는 안된다.

⑤ 각 탱크별 적재용량(NO.2, NO.3를 100%로 볼 때) Full Rate Load Setting : (1CT－78%, 2 & 3CT－100%, 4CT－95%)

3) 양하작업 중 주의사항

① 화물설비의 감시
  ㉠ Liquid Header 및 Manifold의 온도 및 압력
  ㉡ Vapor Header 및 Manifold의 온도 및 압력
  ㉢ Insulation Space의 압력
  ㉣ Cargo Pump의 운전상태
  ㉤ Cargo Line 및 Valve의 Leakage 여부
  ㉥ Cofferdam, Trunk Space의 온도
  ㉦ 기타 하역 관련 설비의 이상 유무

② Flow Rate
  ㉠ Cargo Unloading Rate
  ㉡ Unloaded Cargo Quantity
  ㉢ Vapor Flow From Shore

③ 계선설비 및 안전관리
  ㉠ Mooring Line의 조절
  ㉡ Fire Wire의 조절
  ㉢ 외부출입문의 통제
  ㉣ 내방객 통제
  ㉤ 항내 보안유지

3. Rate Down

1) Rate Down 전 준비사항

① Rate Down 30분 전에 Duty Officer는 C / O, G / E에게 연락한다.

② KOGAS 직원, Terminal측에 Rate Down 30분전임을 통보한다.

③ Trim은 By The Stern 2m 유지한다.

④ Cargo Tank별 순차적으로 마칠 수 있도록 당직사관은 Pump Load를 조절한다.

⑤ Rate Down 30분 전 CG001, CG002를 Close한다.

⑥ IAS상 C31 화면에서 NO.2 Pump의 Stop Level을 입력시키고 확인한다.

2) Rate Down

① 차례로 종료될 수 있도록 Pump Load를 조절하여 Level을 조절한다.

② 각 Tank Level이 2.0M에 이르면 NO.2, 3, 4, Pumps Load 90%로 Set한다.

③ NO .1, 2, 3, Tank Level 0.6M일 때 NO.4 Tank Level 1.200M일 때 1st Pump가 SEQ.에 의해 자동으로 Stop된다.

④ NO.1, 2, 3 Tank Level 0.3M가 되면 2nd Pump Stop한다(수동).

⑤ NO.4 Tank Level 0.910M가 되면 2nd Pump(NO.2 Pump)를 Stop한다.

⑥ 전 Cargo Tank Pump가 Stop된 후 약 5분 후 CL400 V / V를 10% 정도 Drain을 위해 Open하여 둔다. 마지막 Pump Stop 후 바로 열게 되면 육상측으로 가던 LNG가 역류하여 유입되기 때문에 시간을 두고 Open한다.

Cargo Pump 수동 Stop 절차

1st Pump는 SEQ.에 의해 Setting Level에 이르면 자동으로 Stop된다.
2nd Pump는 각 Tank Level에 이르렀을 때 수동으로 Stop해야 한다.

절차는 다음과 같다.

❶ NO.1~3 Tank의 Level이 360MM, NO.4 Tank Level 1000MM 이르면 IAS 36, G37, G38, G39 화면에서 Pump Mode를 CAS. Mode에서 Auto Mode로 전환한다.
❷ 각 Tank Level이 시간차이를 두고 이르도록 CL101, 201, 301, 401 V / V를 조정 및 Pump Load를 조절한다.
(이때 펌프가 Hunting하는지 AMP. Meter를 주시한다(IAS G36~39).
❸ Stop하려는 펌프의 레벨이 목표 레벨에 다다르면 Discharge V / V 개도를 20% 정도로 줄인다.
❹ 목표 레벨에 다다르면 Discharge V / V를 Full Shut(20% → 0%)하면서 펌프를 Stop시킨다.
❺ 각 탱크의 펌프를 위와 같은 방식으로 Stop시킨다.

3) Pump Stop Level 및 Coolant 잔량

〈표 2-5〉 Tank의 Pump Stop Level 및 Coolant 잔량

Tank NO.	Stop NO.2 Pump (Sequence Stop)	Stop NO.1 Pump (Manual Stop)	Q'TY
NO.1 Cargo Tank	0.600m	0.300m	152 CBM
NO.2 Cargo Tank	0.600m	0.300m	216 CBM
NO.3 Cargo Tank	0.600m	0.300m	214 CBM
NO.4 Cargo Tank	1.200m	0.910m	940 CBM
Trim 2.0 M B / S 유지			1592(+70, DRAIN)

2.5.9 Loading Arm Disconnecting

1. Drain

양하종료 후 Arm을 분리하기 위해 라인상에 남아 있는 LNG를 본선 탱크쪽으로 반송하는 작업이다. 본선 Manifold Drain Valve를 1 / 4바퀴 정도 Open한 다음 육상측에서 N_2를 보내면 압력에 의해 라인에 남아 있던 LNG가 Stripping Line으로 넘어간다.

2. N_2 Purge

① 잔액이 완전 제거되면 N_2로써 라인 내 화물가스를 Purge시킨다(가스 농도 0%).

② Vapour Return이 종료되면 CG801 Shut하여 Purge를 실시한다.

③ Purge Cock에서 가스 농도 1% 이하를 확인한다.

3. Loading Arm 분리

가스 농도 VOL.1% 이하 확인 후 Loading Arm 분리작업을 실시한다.

2.5.10 CTMS Closing

1. CTS Closing 전 준비사항

Trim List '0'에 맞춘다. CTMS Computer의 List와 Trim에 기준을 둔다(IAS의 Trim, List와 CTMS Computer와 약간이 차이가 있다).

2. CTS Closing(End / After)

① CT IV → Start_End_Tran을 Click한다.

② 화면 우측 상단에 No Of Report을 Start와 동일한 매수가 Set되어 있다. 필요에 따라 매수를 Set한 뒤에 Accept을 Click하면 End가 시작된다.

③ 약 3분 후에 Printout된다(2매에 1Bset).

④ 내용에 문제가 없으면 End가 종료된다. No More Commit...을 Click하면 CTMS가 완료되며 Exit로 화면을 원상복귀시킨다.

2.5.11 Post Unloading Meeting

① 참석자 : Buyer, Dock Master, Transporter(Master, C / O), Surveyor

② 준비서류 목록

1. 본선측 준비서류 목록

① NOR(Notice Of Readiness)

② CTS Data Before / After / Certificate Of Loading

③ Port Log

2. 육상측 준비서류 목록

① Receipt For LNG Sample

② Sample Bottle Receipt

위의 서류 모두를 1Set로 총 6Set를 준비하여 나누어 준다.

2.5.12 Gathering

양하 후 적하항에서의 Cooldown을 위해 남기고 가는 Coolant는 Tank 1개(NO.4 Tank)에 모아서 적재한다. 이것은 Coolant를 한 곳에 모으므로 기화되는 표면적을 줄여 최대한의 BOG 발생량을 줄이기 위함이다.

1. Gathering 작업 전 Line-up 및 작업환경

1) 작업환경

양하항 출항 후 탱크 압력을 확인하여 상승 시 L / D Compressor 운전(Auto Mode) 또 는 S / BY한다. Ship's Condition 확인하여 Ballasting하여 선수 8m 이상 Trim 2.5m 이상으로 조절한다.

2) Line - up

① NO.4 Tank CL 410, CL 400, CS403, CS404−Open

② CS 601, CL 601−Open, CS501, CS504−Shut 확인

③ CS 001, 002, 004−Open, CS 003−Close

④ Strip Pump Return V / V CS X03, X04−Open

2. Gathering 작업시작

① 먼저 1번 Tank Start 후 Load 안정되면 계속하여 2, 3번 Tank도 Strip P / P Start시킨나.

② CS 101을 20% Open한다.

③ NO.1 Stripping Pump를 Start(초기 Load80)한다.

④ Strip Pump AMP.가 안정된 것을 확인 후 Return V / V CS103 V / V 천천히 Close한다. Strip HDR. Press를 고려하면서 MAN. Mode로 100%에서 40 → 20 → 0% 순으로 천천히 Close한다(액인 다시 Return되는 것을 방지하기 위해 MAN. Mode OP 0% Set한다).

⑤ Return V / V Close 후 Discharge V / V 및 Pump Load를 조절한다.
(Pump Load 80∼100, Discharge V / V 20∼35%)

⑥ CS 001이 서리가 끼는지 확인한다.

⑦ CS002, CS004가 서리가 끼는 것을 확인한다.

⑧ 모든 것이 정상임이 확인되면 CS 201을 20% Open하고 NO.2 Sprip Pump를 Start한다.

⑨ NO.2 Strip Pump Load를 80∼100으로 맞춘다(Auto Mode).

⑩ CS 301을 20% Open하고, NO.3 Sprip Pump를 Start한다.

⑪ NO.3 Strip Pump Load를 80∼100으로 맞춘다(Auto Mode).

부 록

1. 용어정리
2. 컨테이너 시스템 관련 전문용어
3. 탱커의 용어정리

1. 용어정리

- B / L : Bill Of Lading
- BOG : Boil Off Gas
- CBM : Cubic-meter(M^3)
- COMP. RM : Compressor Room
- CTMS : Custody Transfer Monitoring System
- CTS : Custody Transfer System
- EOS : Enhanced Operation Station
- ESDS : Emergency Shut-Down System
- H / D : High Duty Compressor
- IAS : Integrated Automatic System
- IGC Code : International Gas Carrier Code
- IGG : Inert Gas Generator
- L / D : Low Duty Compressor
- LEL : Lower Explosion Level
- LNG : Liquefied Natural Gas
- NOR : Notice Of Readness
- S / W : Switch
- UEL : Upper Explosion Level
- UPS : Uninterupted Power System

2. 컨테이너 시스템 관련 전문용어

- FCL Cargo(Full 컨테이너 Load Cargo) : 한 화주의 화물이 컨테이너 1개에 만재될 수 있는 대량 화물을 말하며, 만재 컨테이너 화물이라고도 한다.
- LCL Cargo(Less than 컨테이너 Load Cargo) : 한 화주의 화물이 1개의 컨테이너에 가득 차지않는 소량 화물을 말하며, 소량 컨테이너 화물이라고도 한다.
- CFS(Container Freight Station) : 컨테이너 터미널 내의 화물집하소로 주로 일반 트럭으로 LCL Cargo를 운송하며, 컨테이너 화물조작장이라고 한다.
- CY(Container Yard) : 컨테이너가 적양하 전후에 일단 입고되는 곳을 말한다.

- Stuffing(Vanning) : 컨테이너 용기내에 화물을 적부하는 일을 말한다.
- Unstuffing(Devanning) : 컨테이너 용기내에 적부되어 있는 화물을 꺼내는 작업을 말한다.
- Full Container Ship(Fullcon) : 컨테이너만을 전용으로 적재 운송하는 선박을 말하며, LO / LO선, RO / RO선, LASH 등이 있다.
- LO / LO Ship(Lift On / Lift Off Ship) : 일반적으로 본선에는 하역장비가 없고, 다만 육상의 갠트리 크레인으로 컨테이너의 적하 · 양하 작업이 수직방향으로 이루어질 수 있는 컨테이너 전용선박을 말한다.
- RO / RO Ship(Roll On / Roll Off Ship) : 갑판 및 선창의 구조가 육상 · 해상의 Rampway로 연결되어 있어서 컨테이너의 적하 · 양하가 트레일러나 포크리프트에 의하여 수평방향으로 이루어질 수 있는 컨테이너 전용선박을 말한다.
- LASH(Lighter Aboard Ship Handling) : 지역의 항로특성에 알맞게 특수 건조된 선박으로 화물이 적재된 Barge을 본선 자체에 설치된 거대한 선내 크레인으로 적하 · 양하하며, 하천이나 항만의 하역설비가 미비한 지역에서 유용하다.
- Semi 컨테이너 Ship : 일반화물과 컨테이너 화물을 함께 실을 수 있는 선박을 말하며, 주로 재래의 일반화물선을 개조하여 많이 이용되고 있다.
- TEU(Twenty-foot Equivalent Units) : 일반적으로 많이 볼 수 있는 길이 20ft의 컨테이너 박스 1개를 나타내는 단위이며, 컨테이너 전용선의 적재용량은 주로 TEU단위로 나타낸다.
- FEU(Forty-foot Equivalent Units) : 길이 40ft 컨테이너 박스 1개를 나타내는 단위를 말한다.
- High Cubic 컨테이너 : 표준형 컨테이너 박스의 높이는 원래 8ft이나 최근에는 화물의 특정상 8.5ft~9.5ft 높이의 박스가 많이 사용되고 있으며, 이러한 표준형 이상의 높이를 가진 박스를 말한다.

3. 탱커의 용어정리

- Accumulator : 밸브 조작용 유압 펌프가 정지하고 있을 때 혹은 계통내로부터 기름의 누설이 있을 때에도 유압회로 내의 유압을 일정하게 유지하거나 또는 하역 밸브를 개폐의 위치에 고정시켜 두기 위한 것으로 회로내에 발생한 순간압력의 흡수나 토출

유의 맥동완화의 역할을 한다.

- Air Draft : Air clearance라고도 한다. 수면상 선체 구조물 최상부까지의 높이로서, 교량통과 시 및 부두작업 시 Loader의 높이 등의 이유로 제한된다.
- API : American Petroleum Institute의 약자로서 미국석유협회에 의해 만들어진 석유류의 비중표시법. 화씨 60도의 기준온도를 기본으로 한다.
- Automatic Tank Gauge : 자동적으로 Tankso 액면의 깊이나 Ullage를 지시하는 장치이다.
- Boiling Point : 비등점, 표준대기압하에서 액체의 내부에서 증발이 시작되는 온도
- Bonding Cable : 불량도체 간을 전기적 연결에 의하여 확실하게 접속하여 양 물체의 전위차를 없애기 위한 것으로 탱커의 계류 중의 케이블로 육상과 선박을 결합하여 전위차에 의하여 발생하는 Spark를 방지한다. 같은 이유로 Tank Cleaning용 Portable hose에도 내장되어 있다.
- Breather Valve : 원유는 상온에도 휘발성이 있으며, 이 때문에 탱크 파손을 방지하기 위한 목적으로 통기관을 설치하여 그 말단에 부착하는 것이 Breather Valve이다. 탱크압 +1400mmAq 이상이 되면 가스 방출을 행하며, 탱크압이 −700mmAq가 되면 외기를 흡입한다.
- BS & W(Basic Sediment & Water) : 적재한 원유 중에 이미 포함되어 있는 모래, 점토, 녹물 등을 말한다. S & W라고도 하며 Free Water와는 구별된다.
- Butterfly Valve : 현재의 탱커의 Cargo Line에는 주로 이 밸브가 사용되고 있으며 유압 또는 수동에 의한 구동방법이 있다. Valve Spindle을 따라서 Valve Disc가 90도 회전하여 Seat Ring에 밀착시킴으로써 폐쇄되어 유밀이 된다.
- Chiksan Joint : 부두에 설치된 관제탑에서 자유롭게 조작할 수 있는 Cargo Hose로서 Chiksan Loading Arm이라고 하며 그 선단에 Joint가 부착된다. 이 장치는 선박의 흘수변화에 따라 Arm이 자유자재로 신장하고 선체의 전후이동에 대한 가동범위는 약 3m이다.
- COC : Cargo Operation Control Room의 약자로서 화물작업이 진행되는 장소를 말한다. 같은 말로서 CCR(Cargo Control Room)이 있다.
- Compound Gauge : 압력이나 진공도를 지시하는 지시계이다.
- COW : Crude Oil Washing의 약자로서 원유세정을 나타내는 말이다.

- Collect Tank : Gathering tank라고도 하며 통상 Cargo Tank의 선미측에 있는 탱크가 이에 해당된다. 적재유가 적어져서 Main Pump로 양하가 불가능한 탱크는 Eductor 또는 Stripping Pump로 Stripping하여 Collect Tank에 모아서 Main Pump로 양륙하게 된다.
- Combustible : 착화나 연소가 가능한 상태, Flammable과 같은 뜻이다.
- Cross-over Line : Main Line간을 접속하는 라인으로서 양현에 걸쳐서 횡통하는 라인의 총칭. 좌우양현의 Manifold를 연결하는 각 라인, 좌우양현의 Sea Chest를 연결하는 Sea Line 및 Bottom Line을 연결하는 By-pass Line 등은 어느 것이나 Cross-over Line의 일종이다.
- Direct Filling Line : Drop Line이라고도 하는 적하전용의 유관으로서 상갑판부터 탱크 내의 Bottom Line(Suction main)까지를 말한다.
- Distance Piece : 파이프와 파이프를 연결할 때 양자 사이에 삽입하는 단관으로서 양단의 크기가 같은 파이프이다. 실패의 모양을 하고 있기 때문에 속칭 Spool-piece라고도 한다. 또 양단의 크기가 다른 것을 Reducer, 구부러진 것을 Elbow라고 한다.
- Dry Certificate : 적하 전과 양하 후 탱크 내가 Dry(기름이 없는) 상태라는 것을 증명하는 서류로서 Terminal에 따라서 적하전 검사를 하지 않는 곳도 있다. Remark가 없는 것을 Clean Dry Certificate라고 한다.
- EDP(Early Departure Procedure) : 탱커가 화물을 적재한 후에 B / L 등의 Cargo Documents의 수령 또는 B / L 양의 확정을 기다리지 않고 본선의 검량이 끝나면 곧바로 출항하는 것으로 탱커 접안에 따른 Terminal의 안전을 확보하기 위한 것이다.
- Emergency Line : Cargo Pump를 사용하여 분리 Ballast를 배출하지 않으면 안되는 비상사태 시에는 Pump Room 내에서 Ballast Line과 Cargo Line을 접속하지 않으면 안된다. 이를 위하여 통상은 분리되어 있고 Portable인 Spool Piece를 이용하여 양 라인을 연결하여 Emergency Line으로 사용한다. 항상 이 Spool Piece는 Pump Room 내의 눈에 잘 띄는 장소에 설치하여 둔다.
- Emergency Towing Wire : 계류 중인 탱커나 그 부근에 화재 등의 긴급사태가 발생했을 때에 즉시 그 선박을 Tug Boat 등에 의하여 계류장소로부터 끌어내기 위한 것으로서 계류 중인 선박은 계류 반대현 선수미에 각 1개씩 반드시 준비하여 두지 않으면 안된다. Fire Wire와 동의어이다.

- Emergency Valve : 긴급한 경우 Pump Room에 들어가지 않고 갑판상에서 Stripping Pump의 작동 및 Suction Valve나 Delivery Valve의 조작이 가능하도록 설비한 Valve이다.
- Expansion Joint : 온도변화에 의한 Pipe Line의 팽창 및 응축과 선체의 굽힘응력에 부수하여 일어나는 신축력을 흡수하는 부분을 말한다.
- Innage : 액면으로부터 Tank Bottom 또는 기준면까지의 깊이, Ullage에 상대되는 용어이다.
- Flame Arrester : Vent Post로부터 가스 방출 중, 낙뢰 등에 의한 화재가 발생하여도 그 화염이 탱크 내에 진입하는 것을 방지하기 위하여 화염방지 금속망(Gauze Wire Net)을 설비한다. 금속망의 Mesh가 적으면 가스나 증기는 통과할 수 있으나 화염은 통과하지 못하는 특징을 이용하는 것이다. Flame Screen, Gauze Screen이라고도 한다.
- Free Oil : 양하 후 탱크 내에 남아있는 유동성의 기름. Dry Certificate상에 이러한 Remark가 들어가지 않도록 노력해야 한다.
- Gas Free : 유해 가스, 가연성 가스 및 Inert 가스를 배출하여 체적비로 가연성 가스를 0.05% 이하, 산소농도를 21%까지 증가시킬 목적으로 신선한 공기를 탱크에 주입하는 것을 말한다.
- Header : 탱커에서는 보통 Manifold 부근에 각 라인이 한 군데로 모여서 By-Pass되어 있는 것을 Header라고 한다.
- Insulating Flange : Pipe Line, Hose 혹은 Loading Arm의 전기적 접속을 차단시키기 위하여 절연 Gasket이나 Washer를 삽입한 Flange. 반대로 두 물체간의 전위차를 없애기 위하여 전기적 결합에 의하여 확실하게 접속하기 위한 것으로 Bonding Cable이 있다.
- IGS : Inerting Gas System의 약자로서 보일러에서 생성되는 가스를 다소 깨끗한 불연소가스로 만들어서 사용하는 장치이다.
- ISCOTT : ICS / OCIMF에서 제정한 International Safety Guide for Oil Tankers and Terminals의 약칭이다.
- Lower Flammable Limit(연소하한계 : LFL) : 이 한계 이하에서는 탄화수소 가스가 불충분하여 연소를 유지하여 전파할 수 없는 탄화수소 가스 농도를 말한다. 폭발하

한계 LEL과 동수치로서 취급된다.

- Manifold : 분기관의 의미로서 탱커에서는 주로 상갑판 중앙부에 Main Line이 집합하여 있는 부분을 Manifold라고 한다. 이 외에 Steam Line 혹은 Pump Room 내의 Bilge Suction이 집합되어 있는 부분을 Manifold라고도 한다.
- OCIMF : Oil Companies International Marine Forum(석유회사 국제해사평의회)으로 세계의 석유회사 해운담당관계자가 회합하여 설립한 것이며, IMO의 자문기관이다.
- Oil Discharge Monitoring and Control System(ODM System) : 해양에 배출되는 유성수의 유분농도 감시와 배출제어를 위하여 사용되는 시스템이다. Oil Tanker의 Cargo Tank 구역으로부터의 배출을 감시 제어하는 것과 선박의 기관구역으로부터의 배출을 감시 제어하는 것이 있다.
- OBQ(On Board Quantity) : 적하전에 탱크에서 측정된 Volume이다.
- Oil-Control Meter(유분농도계) : 배출되는 유분농도를 계측하는 것이며 통상 ODM System 중에 내장되어 있다.
- Oil Record Book(유기록부) : MARPOL 73 / 78의 부속서 1의 제20규칙에 의하여 의무화되어 있으며 Part 2는 Oil Tanker를 대상으로 Cargo Oil이나 Ballast 작업을 했을 경우에 기재하며, 보존기간은 3년이다.
- Pressure Surge : 밸브 조작에 의하여 Pipe Line 내에서 유속변화가 생길 경우에 일어나는 급격한 압력변화이다. 특히 구부러짐이 적고 직선부분이 긴 라인의 말단에 있는 밸브의 폐쇄 시에 일어나기 쉽다. 이러한 밸브(예를 들면 Deck상의 Master Valve)를 폐쇄할 때는 조작을 서서히 하여야 한다.
- Product Oil(제품유) : 원유를 분류, 정제하여 제품이 된 기름을 말한다. 그 용도, 품질 등에 의하여 여러 종류가 있으며 분류법도 목적에 따라서 여러 종류가 있다.
- P / V Breaker(Pressure Vacuum Breaker) : 탱크 내압의 변화에 의한 Cargo Tank의 손상을 방지하기 위하여 Breather Valve에 추가하여 설치한 안전장치이다. 이 장치는 Breather Valve의 작동불량이나 Flame Arrester의 막힘에 의하여 탱크에 과부압이 생겼을 경우에 작동한다. 설정압은 Breather Valve(과압 +1400mmAq, 부압 −700mmAq)보다 약간 큰 것이 원칙이며 Breather Valve의 작동을 우선시킨다. 한냉지에서는 Seal수에 부동액을 첨가시켜 두어야 한다.

- Purge Pipe : Cargo Tank 내를 Purging 또는 Gas Free할 경우 치환효율을 높이기 위하여 설치한 것으로 상갑판부터 선저부 부근까지 도달하는 중간 크기의 파이프이다.
- Purging : 이미 Inert 상태에 있는 탱크 내에 산소농도 또는 탄화수소 가스의 농도를 감소시킬 목적으로 Inert Gas를 주입하는 것을 말한다.
- Reducer : 유관 또는 Hose의 직경이 다른 것을 연결할 때에 사용하는 것으로 북모양의 강제 기구로서 Size의 단위를 Inch로 표시한 ANSI(American National Standards Institute)의 규격이 사용된다.
- Riser : 펌프로부터 상갑판의 Delivery Line과 수직으로 연결되어 있는 부분을 말한다.
- Spill Line : Hose Disconnection 시에 누유를 방지하기 위하여 Hose 및 Cargo Line 내 잔유를 Cargo Tank에 Drain Out시키는 라인으로 통상 Gate Valve 외측에 설치되어 있다. Drain Lin 또는 Drip Line이라고도 한다.
- Spool Piece : Distance Piece의 속칭으로 실패형을 하고 있기 때문에 Spool Piece라고 한다.
- Topping Off : 화물작업의 끝나가는 무렵에 펌프의 Rate를 낮춰서 화물의 Overflow 등을 막기 위해 하는 작업으로 이때 API, 온도 등을 측정하여 최종 Ullage를 맞춘다.
- Standard Discharge Connections(표준 배출연결부) : 기관구역으로부터 유성잔류물을 양육할 경우에 사용되는 연결부를 말한다. 기관구역으로부터의 파이프와 육상수용시설로부터의 파이프를 연결하기 위하여 국제적으로 표준규격화되어 있다. 모든 선박은 MARPOL 73 / 78에 의하여 이 표준 배출연결부를 설치하여야 한다.
- Strainer : 펌프의 Suction측에 붙어 있고 이 물결이 펌프에 흡입되는 것을 방지하기 위한 여과장치로 같은 목적으로 Hydro Line이나 Air Line에도 설치되어 있다.
- Upper Flammable Limit(연소상한계 : UFL) : 이 한계 이상의 농도에서는 탄화수소 가스의 농도가 너무 높으므로 산소농도에 관계없이 연소가 일어나지 않을 때의 탄화수소 가스의 농도, 폭발상한계 UEL과 같은 수치로서 취급한다.
- Vent line : 탱크의 압력을 조정하기 위한 통기관으로서 Inert Gas의 공급과 가스의 방출을 겸용한 집중 Vent 방식과 각 탱크마다 설치한 독립 Vent 방식이 있다. 상갑판을 관통하여 직접 탱크에 부착하거나 Hatch Coaming에 부착하며, 주관은 Mast나 Derrick Post 등과 함께 직립으로 설치하고 그 정부에는 Flame Arrester를 부착한다.

- VEF(Vessel Experience Factor) : 지금까지의 본선 수량에 대한 B / L 수량의 비, 단일항 적재의 Full Cargo에 대해서만 계산한다. 양자간의 차가 0.50%를 넘는 것을 제외한 최근 10항차의 단일항 Full Cargo의 화씨 60도에 있어서의 Gross Barrel을 비교한다.
- VLCC : Very Large Crude oil Carrier의 약자로 통상 25만DWT 이상의 원유운반선을 칭하는 약자이다.
- Volume : 기름의 체적을 나타내는 방법은 다음과 같다.
  - TOV(Total Observed Volume) : 관측온도에 있어서 S & W와 Free Water를 포함한 모든 체적
  - GOV(Gross Observed Volume) : TOV에서 Free Water를 제외한 체적
  - NOV(Net Observed Volume) : GOV에서 S & W를 제외한 체적
  - GSV(Gross Standard Volume) : GOV의 표준온도(화씨 60도 또는 섭씨 15도)의 체적
  - NSV(Net Standard Volume) : NOV를 표준온도에서의 체적으로 환산한 체적
  - TCV(Total Calculated Volume) : GSV에 관측온도에서의 Free Water의 체적을 더한 체적
- Water Finding Paste : 탱크 내 Cargo Oil의 저부에 침전되어 있는 수분의 검출에 사용하는 것이다.

참고 문헌

- 김세원, 해운론, 다솜출판사, 2011
- 김종성 외, 최신항해실무, 다솜출판사, 2005
- 배병덕 · 김종성 · 이상득, LNG CARRIERS, 다솜출판사, 2004
- 배병덕 외, 액화천연가스 운반선 개관, 경안기획, 2014
- 쇼우지 · 구니아키, 항해조선학, 해문당, 2005
- 양시권 · 김순갑, 선박적화, 다솜출판사, 2001
- 윤귀호 외, 탱커기초교육, 상학당, 2011
- 고등학교 선화운송, 교육인적자원부, 2005
- 재화와 해상운송, 해문당, 2005
- 탱커기초교육, 해양수산연수원, 2007
- 한국선주협회 홈페이지(www.shipowners.or.kr)
- 해양수산부 홈페이지(www.mof.go.kr)
- Alphaliner 홈페이지(www.alphaliner.com)

찾아보기

(기타)

□ 저자 약력 □

■ **김 종 성** (주저자)

- 한국해양대학교 항해학과 졸업(공학사)
- 목포해양대학교 대학원 공학석사 / 공학박사
- 한진해운(주) 수석항해사
- 한국해양대학교 실습선 한바다호 / 한나라호 선장
- 한국해양대학교 교수

■ **이 윤 석** (교신저자)

- 한국해양대학교 항해학과 졸업(공학사)
- 일본 고베대학 대학원 상선학석사 / 공학박사
- 한국해양대학교 해사대학 조교 및 실습선 항해사
- 한국해양대학교 실습선 한바다호 / 한나라호 선장
- 한국해양대학교 교수

■ **조 익 순**

- 한국해양대학교 항해학과 졸업(공학사)
- 일본 고베대학 대학원 자연과학연구과 공학박사
- 선박안전기술공단 해사안전연구센터장
- 한국해양대학교 실습선 교학부장
- 한국해양대학교 교수

■ **전 해 동**

- 한국해양대학교 항해학과 졸업(공학사)
- 영국 사우스햄튼 대학교 법학석사 / 법학박사
- 현대상선(주) 항해사
- 한국해양대학교 실습선 교학부장
- 한국해양대학교 교수

■ **배 병 덕**

- 한국해양대학교 항해학과 졸업(공학사)
- 현대상선(주) 선장
- 한국해양대학교 실습선 한바다호 / 한나라호 선장
- 한국해양대학교 운항훈련원장
- 한국해양대학교 교수

■ **윤 귀 호**

- 한국해양대학교 항해학과 졸업(공학사)
- 부산대학교 대학원 법학석사 / 법학박사(수료)
- 현대상선(주) 일등항해사
- 한국해양대학교 실습선 한바다호 / 한나라호 선장
- 한국해양대학교 교수

최신항해실습(V)

2018년 9월 10일 1판 2쇄 발행

저 자 김 종 성 외
발행인 남 승 우

발행처 도서출판 상尙 학學 당堂

서울시 동작구 사당로9가길 6(사당동)
TEL : 02) 595-1692~4
FAX : 02) 595-1394
E-mail : namdoo6@unitel.co.kr
신고 : 2-155호 (1968. 11. 29)

정가 27,000원

ISBN 978-89-6587-145-3 93500
ISBN 978-89-6587-140-8 (전5권)

〈디자인〉 편집 엄해숙 / 표지 토틀컴